网络空间
全球治理观察

Observations on Global
Cyberspace Governance

张 晓　王 朗　姚咏林 / 著

電子工業出版社

Publishing House of Electronics Industry

北京·BEIJING

内 容 简 介

本书是中国互联网络信息中心近年来参与网络空间国际治理部分工作成果的汇编。全书共分七个专题，从不同侧面切入，介绍了网络空间国际治理机制的基本面和主要矛盾，探讨了网络空间国际规范的现状与未来，围绕数据和互联网基础资源两个关键要素以美欧为重点研究对象深入探讨了在全球数字化转型背景下网络空间国际治理的突出问题，并概述了我国网络空间治理的现状和部分的建议方案。

本书主要面向对网络空间国际治理感兴趣的读者，对互联网国际交流合作、数字化发展、国际关系等领域的从业人员也具有一定的参考价值。

图书在版编目（CIP）数据

网络空间全球治理观察 / 张晓，王朗，姚咏林著. —北京：电子工业出版社，2024.1

ISBN 978-7-121-47016-5

Ⅰ. ①网… Ⅱ. ①张… ②王… ③姚… Ⅲ. ①互联网络-治理-研究-世界 Ⅳ. ①TP393.4

中国国家版本馆 CIP 数据核字（2023）第 247436 号

责任编辑：魏子钧（weizj@phei.com.cn）

印　　刷：三河市君旺印务有限公司

装　　订：三河市君旺印务有限公司

出版发行：电子工业出版社

　　　　　北京市海淀区万寿路 173 信箱　邮编：100036

开　　本：720×1000　1/16　印张：15.5　字数：322.4 千字

版　　次：2024 年 1 月第 1 版

印　　次：2024 年 1 月第 1 次印刷

定　　价：98.00 元

前　　言

　　网络空间作为人类社会生存与发展空间的延伸，长期以来一直是信息通信科技治理、公共治理、全球治理等的热点领域。当今世界正经历百年未有之大变局，国际网络空间治理风起云涌，我国网络空间治理也越来越受到国际关注。近年来，我国移动网民数突破 10 亿人，移动应用风靡全球。同时，基于丰富的互联网产业发展经验，我国也积极向世界贡献网络空间治理的中国方案。这期间，推进网络空间治理体系和治理能力现代化也对我们全面了解和深度参与网络空间治理提出了更高的要求。

　　2024 年，我国将迎来全功能接入国际互联网三十周年纪念。近三十年来，我国信息通信和互联网技术的创新与应用取得了举世瞩目的成就，我国逐步成为全球数字化转型进程中的重要贡献者和推动者。中国互联网络信息中心（以下简称"中心"）作为我国信息社会重要的基础设施建设者、运行者和管理者，在我国互联网基础资源领域起着重要的作用：一方面，中心以技术社群的身份，身体力行参与 ICANN、IETF、IGF、ITU 等互联网治理领域关键国际组织的活动，积极为亚太地区互联网基础资源行业发展和国际互联网治理提出中国方案、发出中国声音、贡献中国力量；另一方面，中心以见证者的身份，记录我国互联网的发展历程，深耕国际互联网治理研究领域。

　　本书是中心近年来参与网络空间国际治理的部分工作成果的汇编，记录了一些重要会议活动的一手观察，也基于工作实际提出了一些体会。全书共分七个专题，从不同侧面切入国际互联网治理话题，阐述了相关治理进程的现状、特点和趋势。

　　第一、二专题突出国际视角、国家站位，介绍了网络空间国际治理机制的基本面和主要矛盾，探讨了网络空间国际规范的现状与未来，为读者整体了解本书的研究背景提供了线索。当前，网络空间国际治理进程众多，国家政府、政府间组织、非官方组织等不同类型的主体广泛关注，关于网络空间治理的国际话语场异彩纷呈。我们需要更加积极地参与国际对话，深入参与构建网络空间国际新秩序。

　　第三、四专题从地缘视角，选取了美国和欧盟两个网络空间治理较为活跃的政治实体进行研究分析，这是考虑到美国和欧盟的治理进程已经形成了自身的特点，对全球其他国家或地区具有示范作用，且实际上也给一些国家和地区提供了借鉴。美欧作为全球互联网的先发地区，相关的公共治理难题暴露得也较早，关于网络空间治理的讨论也较为充分，相关的观察研究具有一定的参考价值。

第五、六专题从数据和基础资源的角度出发，聚焦与网络治理关键要素相关的内容。网络空间国际治理的进程越复杂，互联网基础资源和数据要素的关键作用就越突出。如果说第一、二专题突出国际视角之"面"，第三、四专题强调典型国家和地区之"线"，那么第五、六专题就瞄准关键资源之"点"，在国别和地区分析方面也与第三、四专题经纬交织，探讨了在更为宏大的全球数字化转型背景下网络空间国际治理的突出问题。

第七专题围绕我国的网络空间治理，介绍了世界互联网大会、中国互联网治理论坛（中国 IGF）等平台的基本情况，简析了互联网基础资源、数据、数字贸易领域的中国方案。本专题作为全书的收尾，落脚自身，面向未来。

本书的大部分内容源自内部工作报告，也包括业内资深专家学者的协助供稿。为了满足公开出版的需要，我们对文本内容进行了相应的修改完善。借此机会，向全体参与本书撰写工作的专家和机构表示衷心的感谢！特别感谢电子工业出版社编辑的专业校阅和润色，使本书既保留了各篇章原本的撰写意图，又加强了阅读的整体感，较好地兼顾了内容的实效性和参考价值。

习近平主席指出，互联网发展是无国界、无边界的，利用好、发展好、治理好互联网必须深化网络空间国际合作，携手构建网络空间命运共同体。我们希望，本书的出版能够为互联网基础资源领域的相关部门和企业，以及关心我国互联网发展的相关人士了解网络空间国际治理趋势提供有益的参考，共同助力新时代网络强国建设，为加快构建网络空间命运共同体略尽绵薄之力。

目　　录

第一专题
网络空间国际治理纵览

进入 21 世纪的第三个 10 年，世界百年未有之大变局加速演化，俄乌冲突爆发使能源危机、粮食短缺、金融安全、气候变化等矛盾更加突出。发展是解决问题的金钥匙，尤其是在数字化时代，更需要全球携手，共谋发展、共克时艰。2020 年 6 月，联合国在数字合作高级别小组的报告的基础上，发布了《数字合作路线图》，凸显出紧迫的差距和挑战，提出了加强全球数字合作的行动方案。

在网络空间治理领域，全球也共同面临着虚假信息泛滥、安全威胁频发、数据隐私泄露等问题，各类机制竞相发力，但协作方面取得的进展不尽如人意。俄乌冲突更进一步强化了地缘政治因素的影响，国家行为体之间分歧明显，网络空间国际规范难以达成一致意见。立法作为治理的依据和抓手，各国虽有不同的路径，但近年来趋于往数据资源、数字市场、数字内容三个方向集中。

展望未来，数字创新合作仍是落实联合国可持续发展目标的重要手段，《全球数字契约》肩负着协调数字愿景共同原则的使命，让我们拭目以待，携手共进。

当前网络空间国际治理机制的形势特点

（2020 年 9 月）

新冠疫情爆发以来，国际形势总体表现为中美在诸多领域的矛盾进一步复杂化，美国、德国、日本等国家领导人更迭，二十国集团（G20）等国际治理机制在网络空间合作方面的进展不明显，各国在网络空间的关系"地缘政治化"的特征日益突出。

一、全球合作机制陷入僵局

2019 年 6 月，在日本召开的 G20 大阪峰会中，G20 机制随着全球气候议题的破裂而陷入僵局。G20 峰会一直因为议题过于宽泛导致难以达成协议而饱受争议。日本原本打算推动聚焦于气候变化的议题，结果未能达成一致意见。G20 机制受到美国退出巴黎协议、英国脱欧、中美贸易关系紧张、德国政府换届等多方因素的不确定性影响。对此，日本早稻田大学的国际政治学者山本武彦（Takehiko Yamamoto）说："气候变化方面的议题令人遗憾的结果凸显 G20 的局限性。大家同船共渡，却又各怀异心。"

新冠疫情爆发后，共同抗击疫情成为各国最为关注的议题。2020 年 3 月 26 日，G20 领导人应对新冠疫情特别峰会召开，这是 G20 历史上首次通过视频方式举行的领导人峰会。如何合作应对疫情蔓延、稳定世界经济成为此次峰会的主题。根据此次峰会的公报，G20 将致力与世界卫生组织、国际货币基金组织、世界银行集团、联合国和其他国际组织一道，为战胜疫情作出一切努力，重点保护民众的生命和健康、保障就业与收入、恢复信心、保持金融稳定并促进经济恢复，最大限度地降低疫情对贸易和全球供应链的影响程度，并向所有需要援助的国家提供帮助，同时协调公共卫生和财政政策。

加拿大国际治理创新中心（Center for International Governance Innovation）研究员托马斯·伯恩斯（Thomas Bernes）说："G20 作为合作论坛而创设，问题可能在于，我们是否已经到了无法完成这一目标的地步？"

二、联合国提出数字时代的治理挑战及发展目标

2019 年 6 月，联合国数字合作高级别小组发布了纲领性报告《数字相互依存的时代》（简称报告），总结了数字时代政府的发展前景和面临的治理挑战。报告提出以全球数字合作实现可持续发展目标，论述了如何以数字技术支持实现可持续发展目标、应对相关的发展问题，并提出了全球数字合作的行动建议，强调完善多边数字合作机制，弥合全球数字鸿沟。报告的主要建议如下。

一是建设包容性的数字经济和社会。数字技术应当帮助更多人接入互联网，并与各利益相关方围绕数字公共产品和公益性数据库开展深度合作。

二是加强人与机构的数字化能力。报告提议建立区域性和全球性的数字技术服务平台，以帮助政府、民间组织和私营部门了解数字问题，发展与数字技术相关的合作能力。

三是推进全球人权保护与合作。数字时代需要加强对妇女、儿童等弱势群体的权利保护，确立清晰透明的隐私标准和数据使用范围，增强提前识别和数据保护的能力。

四是增强数字信任与数字安全。数字时代的合作基础在于数字信任和数字环境的安全稳定，需要通过多边和多方共建来实现数字环境的和平、安全、开放与合作。报告建议联合国主导《数字信任与安全全球承诺》，汇总各国对数字时代的共同愿景，明确技术的责任规范，提高社会网络安全能力和应对虚假信息的能力。数字合作可以尝试软治理机制先行，各方实现价值观、原则、标准和认证的全球共识，从而为后续的深度合作奠定基础。报告提出完善全球数字合作机制，并在 2020 年通过《全球数字合作承诺》，健全全球数字合作架构的共同价值观、原则、理解和目标，倡导各国增强内部数字治理的系统性，并逐步试点推广创新治理办法。

三、数字贸易机制问题受到国际社会的关注

近年来，随着全球数字经济的蓬勃发展，围绕数字规则制定主导权的博弈也日趋激烈。《数字中国建设发展报告（2018 年）》显示，2018 年我国的数字经济规模达到 31.3 万亿元，占 GDP 的比重为 34.8%，数字经济正成为我国经济高质量发展的重要支撑。根据中国信息通信研究院 2018 年底发布的《G20 国家数字经济发展研究报告（2018）》，2017 年 G20 国家数字经济的总量达 26.17 万亿美元。

与此同时，世界数字经济的发展并不平衡，总体呈三级梯队发展特征。美国独占第一梯队，数字经济的总量及各行业的发展水平均遥遥领先；中、日、德、英、法等国紧随其后，重点发展数字经济关键领域；其他国家属于第三梯队。此外，各国数字经济占 GDP 的比重均呈上升趋势，德、英、美占比最高，均超过 59%，之后是日、韩、法、中等国。

数字经济本身体量巨大，并将引发全球经济根本性变革。数字贸易规则成为当前全球贸易规则的重要内容，主要经济体加紧争夺数字规则制定的主导权。美、欧、日等发达经济体纷纷以自身所长推广各自的数字规则或理念，力图在即将到来的数字贸易浪潮中占领规则的制高点，在数字经济时代延续自身的辉煌；发展中国家则希望联合起来，保护本国数字经济的发展利益。

数字经济的全球扩张及数字化转型进程的加速，在加快全球经济结构变革的同时，也对既有的全球治理体系提出了挑战。近年来各国围绕"如何对数字经济征税"（简称"数字税"）的公共政策讨论，便是继网络空间治理、跨境数据流动、新兴技术规制等焦点议题之后国际社会的又一集中关切。"数字税"引发的国际争端也凸显了该问题的复杂性和相关矛盾的尖锐性。自 2017 年以来，法国、西班牙、意大利等国家出台了单边数字税政策，向大型互联网企业在当地的营业额加征数字税，此举很快招致美国的反对，特朗普政府迅速启动了"301 调查"，并对来自有关国家的进口产品施加惩罚性关税以作为反制措施，多国之间围绕数字税问题进行反复磋商。随着 2021 年 10 月，美国、奥地利、法国、意大利、西班牙和英国，以及其他 130 个来自经济合作与发展组织（OECD）和二十国集团（G20）的成员共同签署了全球税制改革方案，同意实施 15% 的最低公司税率并撤销单边数字税政策，数字税争议方告一段落。

作为目前数字经济最发达的国家，美国拥有不少数字公司巨头，从数字贸易中获益颇多，也非常重视数字规则的制定。在理念上，美国提出"数字市场的开放意味着世界更美好"；在具体落实上，重点打造数字贸易规则的"美国模式"，并以贸易协定的方式加以推广。以美韩自由贸易协定中的有关规定、美国后来退出的 TPP 谈判中的数字贸易规则、美墨加协定为标志的"美国模式"，提出了促进数字贸易、信息自由流动及互联网开放等倡议，具体包括：不能对跨境数据收费；不能将数据本地化作为公司在当地开展业务的先决条件；政府要开放公共数据，但同时又被限制要求公司披露源代码和算法的做法；互联网平台对其处理的第三方内容负有限责任等。

美国、欧盟和日本等发达经济体在数字规则制定与执行方面处于世界领先位置。总体来看，美日之间基本立场无明显冲突，美欧在对个人数据的保护程度与方式的规定方面存在分歧。相比于美欧关于隐私保护的小分歧，美欧日的共识和共同利益诉求要大得多。三方均支持全球数字市场开放、支持降低或消除数据跨境流动收费、反对强制技术转让等。三方还试图将一些多边组织或会议打造成推介西方互联网治理理念的平台，促进西方标准的数字规则被更多国家所接受和执行，从而为他们的跨国数字贸易创造更多的价值。比如，除日本在 G20 大阪峰会上提出"全球数据治理"理念外，76 个 WTO 成员在 2019 年达沃斯世界经济论坛上宣布了启动数字贸易谈判的计划。

在这一过程中，欧盟以《通用数据保护条例》（GDPR）为基础推动"数据贸易圈"的建立，日本因其为 CPTPP 和 EPA 的核心成员，也以此推广其数字规则。美欧日理念相合，正将各自的影响范围对接形成较大的"数字利益圈"。这对包括我国在内参与国际数字治理的其他国家构成了压力。

网络空间治理面临的主要问题及应对措施

（2020 年 5 月）

中国互联网络信息中心于 2020 年 5 月邀请来自国家创新与发展研究会、中国社科院、中国信通院、中国现代国际关系研究院、上海国际问题研究所等机构的专家举行内部研讨，针对我国网络空间国际治理领域当前及未来所面临的形势变化及突出威胁进行分析研判。本文为会上专家学者观点的梳理和汇总。

当前，全球疫情持续蔓延，加速推动世界政经格局发生重大转变，网络空间国际治理面临现实挑战，一些区域性治理合作对未来国际规则的构建的影响日益增强。随着美国对华发动科技冷战的战略布局日益清晰，技术和经贸领域博弈的影响快速向各领域蔓延，各国在网络空间治理领域的分化态势加剧，国际上各种治理机制联盟正在结成。面对当前外部形势的急剧变化，有必要加紧评估其对网络空间治理的影响，周密研究应对策略，推动构建新形势下我网络空间国际治理的战略。

一、当前我国网络空间国际治理外部形势的变化及特点

（一）国际格局正经历重大变化，对网络空间国际治理体系将产生深远影响

当前，新冠疫情在全球持续蔓延，加速了世界政治经济格局的演变。有专家评估认为，此次疫情对世界政治经济格局的冲击与影响大于"9·11"事件，小于冷战，是世界政治经济格局变革的催化剂。

1. 疫情对世界经济的影响

疫情导致全球经济下行加速，根据国际货币基金组织（IMF）2020 年 4 月发布的《世界经济展望》报告，"发达经济体及新兴市场和发展中经济体同时处于衰退之中，2020 年全球经济经历大萧条以来最严重的衰退，超过十年前全球金融危机期间的严重程度。我们可以将目前的状态称为'大封锁'，预计它将导

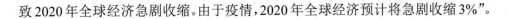

致 2020 年全球经济急剧收缩。由于疫情，2020 年全球经济预计将急剧收缩 3%"。

2．疫情对国际政治的影响

随着双边、多边合作的增加，大国竞争逐步升级，意识形态因素被捆绑的趋势进一步突出，同时，各国国内政治也面临着矛盾激化并对外交政策产生复杂的影响。

随着疫情的发展对各国产生显著的政治冲击，以国家行为发布的信息被用于转移注意力与内部矛盾。例如，疫情导致美国经济受到严重打击，为了转移国内政治竞选的压力，特朗普以总统身份不断通过个人推特发布指责中国的信息、炒作中国话题。一些国家为追求自身利益采取"两面下注"的策略，进而加剧了我国的国际环境风险。

（二）传统的网络空间国际治理机制进入改革及迭代期，区域合作机制得以深入发展并影响国际体系

目前，在传统的联合国框架中涉及网络空间国际治理的相关机制众多，一些重要治理机制曾在一定历史阶段发挥了成效。随着网络空间治理问题的复杂化及日益对国际政治产生重大的影响，一些传统机制在适应新的国际形势上已出现困难。例如，信息社会世界峰会（WSIS）是联合国框架下较早提出的关于信息社会发展的问题的国际合作机制，但其难以调和日益突出的矛盾，也难以达到国际治理的目标；联合国信息安全政府专家组（UN GGE）曾于 2015 年在打击全球网络犯罪活动方面取得过一定的进展，然而，在网络空间威胁日益加剧的背景下，各国政府后期并未就网络空间行为规范形成共识性文件。美国先后退出跨太平洋伙伴关系协定（TPP）、巴黎协定、联合国教科文组织、伊核协议、中导条约等国际条约和国际组织，并对世界贸易组织（WTO）、联合国等现有国际机制提出强烈批评。在如此大的国际变局中，网络空间治理的国际合作机制也同样面临重大挑战。

随着传统的网络空间治理机制日益陷入困境，一些区域性的合作机制得到深入发展，并开始发挥全球影响，试图成为未来国际规则的"政策自助餐"。

1．塔林路线：美国网络空间政策的对外延伸

塔林路线以爱沙尼亚塔林为中心，成员主要包括爱沙尼亚、捷克等部分中东欧国家，以"北约合作网络防御卓越中心"（NATO Cooperative Cyber Defence Centre of Excellence）为大本营，其网络安全外交路线在较大程度上依附于美国。

随着网络空间国际冲突加剧，尤其是在 5G 安全问题上，美国政府通过这条路线在欧洲打开了炒作我国技术威胁的突破口。2018 年 12 月，捷克网络安全部门表示华为、中兴等公司威胁国家安全，并将矛头指向我国的法律和政治环境，其指责内容完全复制了美国的立场。2019 年 5 月，捷克政府举办 5G 安全大会，召集了来自欧盟、北约、日本、韩国等的代表参加会议，通过了对我国企业不利的《布拉格提案》。

2. 海牙路线：全球网络空间稳定委员会酝酿未来国际规则

以荷兰海牙为中心，成员以全球网络空间稳定委员会（Global Commission on the Stability of Cyberspace，GCSC）为代表，核心国家是荷兰、德国及法国，构成慕尼黑-海牙-巴黎路线（简称"海牙路线"）。该路线向亚洲延伸，分别获得新加坡和日本政府的支持，同时还获得以国际互联网协会为代表的技术社群及民间团体的非官方行为主体的广泛认可。在不到一年的时间里，GCSC 不断完善机制、抛出研究主题，并将自身的议程嵌入其他重要的国际会议以推行其主张。2019 年 11 月，GCSC 在巴黎和平论坛上发布了《推进网络空间稳定性》报告，公布了八条规范的最终版本，试图成为国际社会的最大公约数，并逐步将其推动成非强制性规则或者国际法。如其中的第一条规则"不干涉互联网公共核心"已写入法国总统马克龙 2018 年提出的《网络空间信任与安全巴黎倡议》，并进入《欧盟网络安全法案》。

3. 巴黎路线：显示欧洲日益高涨的国际参与姿态

以法国巴黎为中心，以互联网与司法管辖权政策网络机制（Internet & Jurisdiction Policy Network，I&J）为支撑机制，核心欧洲国家是法国和德国，构成了巴黎-柏林路线，外部官方盟友是北美国家加拿大，由此延伸成为巴黎-柏林-渥太华路线（简称"巴黎路线"）。近年来，I&J 在与美国保持统一立场的同时，逐渐意识到需要改变自身网络主权陷落的现状。在参与机制上，I&J 拥有欧洲理事会、欧洲委员会、ICANN、联合国教科文组织等合作伙伴，并分别于 2016 年在法国、2018 年在加拿大、2019 年在德国召开了三次全球大会，推进构建全球数字社会规则。

（三）全球高科技领域未来"两个平行体系"的不确定性增强，网络空间治理国际合作分化风险日益凸显

目前，随着中美在高科技领域的竞争加剧，国际社会在高科技领域和互联

网领域的合作机制面临着更大的不确定性。可以预见，疫情过后全球将面临一次广泛而深刻的产业链调整，主要表现是产业链的"脱钩性调整"，其核心目标是构建安全、可靠的产业链。但在中美竞争的大背景下，意识形态和大国博弈在产业链调整中恐将扮演重要角色。有专家认为，这可能会导致未来出现分别以中、美为中心的两个平行的产业体系。

二、应对措施

面对当前及未来相当长一段时期内复杂严峻的网络空间治理形势，我们在国际参与和应对挑战的总体指导思想上，应进一步贯彻落实习近平总书记关于推进全球互联网治理体系变革的"四项原则"和构建网络空间命运共同体的"五点主张"。总体策略上，应重视加强与"一带一路"沿线及周边国家的合作，进一步构建和强化对华友好的网络空间合作，勇于创新发展，增强实力和自信，充分研判形势的变化；具体措施上，应扎实做好在技术与标准领域的国际参与、国际合作，提出政策主张，继续推动科技创新、强化技术力量，在中美竞争的大背景下力争"求同存异"，争取与世界主要国家达成最大公约数。

加强对"一带一路"沿线及周边国家的外交工作，以互惠合作打造产业合作新格局。进一步打造我与有关国家的命运共同体，深化供应链国际合作。同时，有必要加大力度帮助"一带一路"沿线及周边国家开展数字能力建设，使其有效掌握自身数据资源，与我形成网络空间命运共同体，积极应对数字时代的挑战。加强与新兴国际治理机制的交流与合作，多渠道参与国际规则制定。

新冠疫情对全球网络空间安全与稳定的影响

（2020 年 5 月）

全球新冠疫情持续蔓延，人类生产生活受到极大的影响，许多活动转移到互联网上，极大地提高了人类生产生活的数字化水平。与此同时，全球范围内的大国博弈不断激化、互联网流量大幅增加，以及不成熟的互联网应用、安全意识不足的网民、特殊时期泛滥的虚假消息等，使得新冠疫情期间全球网络空间的安全与稳定受到严重挑战。

一、疫情影响下的全球网络空间安全与稳定情况

新冠疫情对全球网络空间安全与稳定的影响总体可分为四个方面：一是疫情期间网络攻击、网络犯罪的数量呈现暴发性的增长态势，严重危害网络空间安全；二是网上疫情相关的虚假信息泛滥，对防疫抗疫工作造成严重干扰；三是出于疫情防控的需要各国纷纷推出疫情追踪 App，个人数据隐私保护与公共卫生管理之间的矛盾凸显；四是疫情期间互联网流量大幅增加，对互联网稳定运行形成一定的挑战。

（一）以疫情信息为诱饵，网络犯罪愈加猖獗

新冠疫情期间互联网活动增加，加之不成熟的网络安全防护措施和薄弱的网络安全防范意识，都为网络犯罪提供了温床。疫情爆发以来网络攻击和网络诈骗行为的数量在全球出现暴增趋势。同时，一些人利用人们对疫情信息的高度关注，以疫情相关的信息作为诱饵实施不法行为且屡屡得手。

一是疫情严重的地区受到的网络攻击更为密集。疫情期间通过包含"疫情""新冠肺炎"等关键词的诱饵文件引诱受害者"中招"的情况大为增加。从疫情相关的网络攻击目标分布来看，美国、意大利、中国等疫情影响最为严重的国家同样是疫情相关的网络攻击的重点地区。由此可见，网络攻击者正是利用了疫情严重的地区对疫情信息关注度更高的特点来执行诱导性的网络攻击。

此外，国际刑警组织称疫情期间针对医院等医疗机构的网络攻击大幅增加。

2020 年 3 月，拟参与新冠疫苗测试的英国海默史密斯药物研究所遭到不法分子的网络攻击，攻击者将部分窃取到的数据和病历公布到了网上以勒索该研究所；5 月，制造瑞德西韦的一家美国公司遭受网络攻击，有关人士指控黑客具有伊朗背景。此类对医疗机构的攻击严重影响了抗疫工作，造成了恶劣的影响。

二是疫情相关的网络诈骗数量激增。由于新冠疫情造成了较大的不确定性，群众对疫情相关的信息高度关注，因此给了犯罪分子可乘之机。例如，自 2020 年 2 月底以来，全球钓鱼邮件等网络诈骗行为的数量暴涨超过 600%。在美国，超过 15000 名美国人报案表示遭遇新冠疫情相关的诈骗，钓鱼网站或电子邮件是此类诈骗的主要手段。美国联邦调查局警告说新冠疫情期间伪造商务电子邮件的案发率增加，有不法分子伪装成医疗物资提供商骗取地方政府的信任，或借口新冠疫情要求将钱款打入犯罪分子的账户等。

为应对疫情相关的网络诈骗行为，各方除提醒网民加强自我保护外，还采取了技术手段遏制不法行为。ICANN 在疫情期间积极参与反域名滥用和打击网络钓鱼攻击的工作，利用技术手段识别网络钓鱼攻击和恶意软件威胁相关的网址和域名。谷歌则表示每天有超过 1800 万个与新冠疫情有关的恶意软件和钓鱼邮件在网上传播，针对防疫机构的网络攻击和冒充防疫机构的网络诈骗等网络犯罪行为在疫情期间也频频出现，为此，谷歌正在通过机器学习等手段对这些钓鱼邮件进行过滤。

（二）疫情相关的虚假信息泛滥，或成为国家博弈的工具

疫情期间相关的虚假信息持续干扰抗疫工作，阻碍正确信息的传播。据统计，自 2020 年 1 月 22 日至 3 月 14 日，推特上有超过 27 万个账户发布了 170 万条关于新冠病毒的错误信息。社交平台低门槛的传播途径为虚假消息大开方便之门。同时，部分国家将疫情政治化，故意持续散播和利用虚假信息，严重损害了全球抗疫的共同努力。

政府、企业、国际组织等多方均积极采取措施打击虚假信息。例如，东盟呼吁域内国家加强打击虚假信息、假新闻的合作，形成相关的工作指引并探索建立信息共享平台。脸书、推特、WhatsApp 等社交平台和即时通信工具也采取了设立防疫信息专页、加大审核力度等措施打击疫情虚假信息。但总体上效果仍不理想，虚假信息仍对防疫抗疫工作造成了较大影响。

部分国家在将虚假信息的矛头指向外国干扰的同时自身也成为了虚假信息的源头。俄罗斯、美国等都表示本国成为了外国虚假信息的受害者。俄罗斯总统普京表示，外国敌对势力向俄罗斯散播新冠疫情的假新闻，试图引发民众恐慌。美国官员也同样发出了类似的指控。然而，某些国家在发布和传播疫情相

关的信息时，缺乏客观、科学、实事求是的态度，通过散布阴谋论转移国内民众的视线，这些国家的政府实际上成为了虚假信息的发源地。虚假信息在某种程度上已成为国家间政治博弈的工具，严重妨碍了国际抗疫合作。

（三）疫情追踪 App 引发个人隐私泄露的担忧

疫情期间，各国普遍推出疫情追踪手机 App 以便跟踪疫情来源。由于 App 除提供疫情有关的信息外，还包括个人行程追踪功能，需要收集设备的地理位置信息，有些还需要收集个人姓名等个人信息，进而引发欧美等发达国家的民众对于隐私和数据保护的担忧。

为此，各国政府致力于在保护隐私和更大限度地利用数据之间保持平衡。例如，美国白宫科技政策办公室表示，为对抗疫情，计划与美国电信机构及科技公司合作收集民众的相关信息，同时取消隐私相关的处罚；欧盟委员会表示希望欧盟成员国能够为疫情期间以公共利益为目的使用数据提供便利；欧洲数据保护委员会（EDPB）也表示将制定收集与新冠病毒大流行相关的地理位置、接触者追踪和健康信息等监测数据的指南。同时，也有企业和专家表示可以通过蓝牙等无须设立集中数据库且收集信息较少的方式对疫情传染途径进行追踪，但由于蓝牙功能需用户主动开启，恐出现防控漏洞。

总体上，疫情或对美、欧等国家和地区的个人信息保护和相关政策法规产生一定的影响，但以欧洲为代表的大多数国家在疫情期间仍以保护个人隐私和数据安全为优先考虑，总体上欧洲的数据治理政策并未产生方向性的变化。

（四）互联网流量显著增加，考验互联网基础设施的韧性

由于疫情期间人们更为依赖互联网开展社会生产活动，导致互联网流量大幅增加。疫情期间多国政府和基础设施服务运营商采取积极措施，以避免出现互联网拥堵。

例如，美国联邦通信委员会允许 AT&T、T-Mobile、Verizon 等基础设施运营商增加移动网络带宽，以应对不断增长的互联网流量。欧盟委员会和欧洲电子通信监管机构（BEREC）联合发表声明，表示将继续致力于维护全欧盟范围内互联网的开放和畅通，禁止运营商对互联网流量进行阻碍、降速或区别对待，流量管理必须遵循公开、非歧视、适当的原则，并且只根据客观的技术指标对流量进行区分。欧盟内部市场专员蒂埃里·布列顿则建议视频流媒体平台降低视频分辨率以避免网络拥堵。ICANN 发布报告称，尽管疫情期间域名系统访问量有显著增加，但对整个域名系统不会造成影响，域名系统有足够的韧性应对此次疫情。

总体来说，尽管疫情期间互联网流量大幅增加，对互联网稳定性形成了一

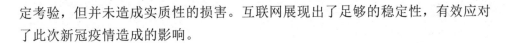

定考验，但并未造成实质性的损害。互联网展现出了足够的稳定性，有效应对了此次新冠疫情造成的影响。

二、疫情期间国内网络空间安全与稳定的形势与应对措施

作为最先受到疫情影响的国家，我国在维护疫情期间网络空间安全与稳定方面承受了较大的压力，但整体上应对有效有力，在疫情期间保证了互联网的安全稳定运行，最大限度地杜绝了疫情相关的网络犯罪活动。

在网络攻击方面。疫情期间，长期针对我国的境外网络攻击组织利用疫情相关的文件为诱饵，继续进行高级持续性威胁（APT）攻击。数据显示，2020年3月以来境内感染网络病毒的终端数、境内被篡改的网站数量、境内被植入后门的网站数量、针对境内网站的伪造页面数量均出现较为明显的增长。对此，国家计算机网络应急技术处理协调中心于2020年2月17日起将网络安全指数调低至"中"级。有报告表示，一些网络攻击行为的背后有南亚、东南亚国家的国家级APT组织的身影，如海莲花、摩诃草、毒云藤、金眼狗等，在疫情爆发初期对我国境内目标开展了集中攻击。随着疫情在全球范围内蔓延，攻击范围逐步扩展到所有受疫情影响的国家。

在网络犯罪方面。在新冠疫情防控期间，诈骗犯罪案件数占涉疫情的各类犯罪案件数的四成，位居"榜首"，且社交平台是诈骗的主要渠道。根据违法和不良信息举报中心的数据，2020年3月全国各级网络举报部门受理举报1481.2万件，环比增长40.9%，同比增长34.5%，其中，微博违法和不良信息举报受理数量环比增长57%；4月，举报受理数量虽有小幅下降但仍居高位，疫情期间打击网上违法和不良信息的压力持续存在。

为应对疫情对网络空间安全稳定带来的一系列挑战，最高检、国家网信办、工信部等多个部门采取了多项措施，积极遏制了网络攻击和犯罪行为，保证了互联网基础设施的稳定运行，有效维护了网络空间的安全与稳定。

此外，中央网信办于2020年2月4日发布了《关于做好个人信息保护利用大数据支撑联防联控工作的通知》，在疫情防控早期迅速部署，积极预防以疫情防控为由出现的随意收集个人信息和个人信息泄露的情况。从世界范围来看，我国应为最早出台针对疫情联防联控个人信息保护有关文件的国家之一，总体上应对及时有效，妥善保护了人民群众的个人信息安全。

三、态势展望

尽管全球新冠疫情仍在持续，但疫情对于网络空间安全与稳定的影响已经

大体形成。总体上，此次疫情在网络空间治理层面起到了"放大器"和"加速器"的作用。疫情本身暂未对互联网技术或网络空间治理演进方向造成质的影响，但由于互联网在疫情期间发挥了重要作用，信息化、数字化加速推进，人类生产生活网络化、数字化水平大为提升，疫情前便已存在的网络安全与稳定问题在疫情期间以更显著、更广泛的方式暴露出来，势必导致各国对于网络安全和稳定的重视程度进一步提高。同时，网络空间由于其前沿、泛在的特点，恐成为后疫情时代大国博弈的重要"战场"。

（一）企业进一步提升数字化水平，数字能力的重要性凸显

疫情加速了企业网络化、数字化转型的步伐，且这一趋势在疫情结束后仍将持续。疫情期间，企业通过云办公等形式持续开展业务；传统零售业通过"互联网+外卖配送"的手段缓解了大城市居民生物资调配的困难；餐饮行业通过线上转型，积极拓展外卖业务，尽可能挽回疫情造成的损失。

疫情后，企业对网络化、数字化工具产生的爆发式需求和由此形成的使用习惯、工作模式将持续和深化。与此同时，疫情导致一些企业收入骤减和现金流出现危机，企业将诉诸网络化、数字化手段以求转"危"为"机"。而此次疫情的经验表明，网络化、数字化程度高的企业受疫情的负面冲击较少，因此企业必将进一步促进网络化、数字化能力建设以作为规避危机的重要手段。

需要注意的是，随着企业对互联网依赖程度的提高，企业网络安全风险也必然相应地增大。因此，有必要督促企业在提升网络化、数字化能力的同时加强企业网络安全防护能力，以免造成不必要的损失。

（二）接入水平影响应对能力，数字鸿沟或将进一步加深

由于疫情的影响，许多社会生产活动转为线上，这对各国、各地区、各企业的线上办公、线上生产组织、资源协调能力提出了挑战。原本网络化、数字化水平较高的国家、地区和企业将在疫情期间进一步获得比较优势，若疫情持续时间较长，由此形成的马太效应恐进一步加深数字鸿沟。国际电信联盟的统计显示，全球仍有近30亿人没有接入互联网，其中大多数来自发展中国家。

以美国为例，高达31%的美国人家中没有接入宽带，其中黑人和西班牙裔的宽带接入率相对白人更低。由于缺少网络接入，这些人的就业机会、教育资源、医疗保障都更为不足，且由于在疫情期间仍需外出购物或赴医院问诊，在给疫情防控造成压力的同时也使他们进一步陷入贫困。从国内来看，疫情期间大中小学普遍采取了网上学习的方式继续开展教学工作。由于各地区不同收入

水平的家庭接入互联网的能力不同，这对部分学生的学习造成了一定困难。互联网接入能力在疫情期间成为影响接受教育能力的重要因素。

此外，较差的接入水平也意味着较弱的网络安全防护能力，使其更易受到网络攻击、网络诈骗、虚假信息等的影响。

四、思考与启示

（一）继续坚持推动构建网络空间命运共同体

人类正处在大发展大变革大调整时期，各国相互联系、相互依存，全球命运与共、休戚相关。事实证明，全球肆虐的新冠病毒需要全人类共同应对，只有全人类共同合作才能有效应对此类事件。在疫情期间，人类生产生活高度依赖网络空间。网络空间具有泛在性的特点，其和平、安全与稳定也需要全人类共同维护。我们应继续高举网络空间命运共同体的旗帜，团结对我友好的各方共同维护网络空间和平安全，合作打击网络犯罪，促进有序发展。

（二）提升网络安全等非传统安全领域的应急能力

随着全球化在 21 世纪达到了前所未有的高度，公共卫生、恐怖主义、气候变化、网络安全等非传统安全威胁逐步显现和加重。此次疫情凸显了加强非传统安全威胁应对能力的重要性。网络空间现已成为人类生产生活不可或缺的组成部分，维护网络空间的安全稳定、加强网络安全应急处置能力应成为维护国家安全的重要组成部分。可借鉴医疗卫生应急体系建设的经验，完善全国性网络安全应急管理处置平台，制定应急处置预案，开展必要的网络安全应急处置演习，形成快速有效应急处置的能力。进一步加强互联网基础设施建设，提高互联网在特殊时期应对流量大幅增长的韧性，最大程度地保障人民生产生活不受影响。

（三）提升群众防范意识，用新技术手段阻断犯罪渠道

从疫情期间的网络攻击、网络诈骗的行为模式可以看出，不法分子利用群众对疫情的高度关注，以疫情相关的信息为诱饵引诱潜在的受害者点击有害链接。

未来，可充分利用人工智能等新技术手段，通过对包含有关词汇的网站、邮件、信息等进行筛查监控，对识别确认的钓鱼网站或钓鱼邮件，可及时采取有效措施避免受害者"中招"。同时，继续加强宣传教育以提升网民的自我防护意识，使不法分子无可乘之机。

G7 数字发展与治理的新特点及启示

（2022 年 5 月）

2022 年七国集团（G7）数字部长会议于 5 月 10 日、11 日分别发表两份宣言，阐述了 G7 关于数字化转型的发展理念、治理原则和行动框架。本文结合近年来 G7 同类部长会议的成果，分析 G7 数字发展与治理构想的新特点与新趋势，为我参与全球数字发展、推动全球数字治理提供参考。

一、会议成果显示 G7 谋求更强的战略竞争力

2021 年的 G7 数字部长会议以"重建美好"（Building back better）为主题、以经济复苏为核心。2022 年的 G7 数字部长会议的主题是"团结一致，更加强大"（Stronger together），会议成果文件对数字发展的构思稳中有进，显示出 G7 国家已经调整视角向前看，谋求更高水平的战略竞争力。

此次 G7 数字部长会议发表了两份宣言，阐述了 G7 关于数字化转型的发展理念、治理原则和行动框架。《数字部长宣言》全面介绍了 G7 国家在数字发展方面的构想，《关于俄乌冲突背景下数字基础设施网络弹性的联合宣言》结合俄乌冲突阐述了 G7 对数字基础设施网络安全局势的评价及各方联合行动的意见。

二、数字发展体系稳中有进

基于 2021 年 G7 数字部长会议成果，2022 年 G7 在数字发展方面的主张体系已经成型，包含数字基础设施、标准化、数据流动、网络安全、市场监管、数字贸易、可持续发展等方面。

前几年，G7 数字发展相关的主张在技术型增长与人权价值追求之间徘徊，受主办国自身诉求的影响明显，且以原则性倡议为主。2016 年和 2017 年的相关部长会议分别由日本和意大利主办，聚焦数字连接，展望下一代产业革命的包容性、开放性和安全性。2018 年和 2019 年的相关部长会议分别由加拿大和法国主办，将重点放在了未来经济社会的人文影响，讨论网络开放与国家安全、

数字科技与社会公平、人工智能与人类权利等问题。

2021 年，G7 国家负责数字与科技事务的部长们在英国签署了《数字与科技部长宣言》及其附件，初步建立了以物理基础设施和数字技术标准为基础、以数据为核心资源、以网络应用程序和网络内容为上层建筑的体系。2022 年的数字部长会议发表的两份宣言及其附件沿袭了 2021 年的内容板块，并结合俄乌局势，以及联合国可持续发展议程在应对气候变化方面的进展进行了补充。

具体来说，在数据方面，2022 年的《数字部长宣言》对 2021 年提出的可信数据自由流动（DFFT）有关的构想加以了完善，继续以数据自由流动为基本导向。新宣言在 2021 年《DFFT 路线图》的基础上提出了《DFFT 行动计划》，同时指出将 DFFT 限制在数字贸易场景中，从而兼顾了数据权利的需求，可见致力于平衡美欧对于数据流动性与可靠性的优先级差异。新宣言还提出了探究"国际数据空间"（International Data Spaces）的新目标，旨在进一步激活可信与自愿数据的利用空间。这一目标也将为 G7 国家谋划长远合作、引导各国求同存异开辟新空间。

在网络安全方面，新宣言提出了"eSafety"的概念，整合了 G7 以往在传统网络安全和数字素养两方面的倡议，将综合技术手段和社会教育措施，以提高经济部门与社会各方的网络安全能力水平。

在贸易与市场政策方面，新宣言继续强调合作。基于 2021 年提出的《货运信息电子化（ETR）合作框架》，推进货运信息电子化（ETR）及程序数字化，推动各国制定或调整相关法律予以落地实施。新宣言还提出将梳理 G7 各国有关政策，以提高集团内监管的协同水平，这将有利于提高数字治理可预期性，促进市场活力。

此外，新宣言与应对气候变化、保护环境相联系。新宣言将其置于第一个事项，策略考虑或高于实质意义。相比往年泛泛地提倡以科技支持实现联合国可持续发展目标（SDGs），新宣言进行了聚焦，有意呼应已经取得国际普遍共识的议程，有利于进一步争取国际支持。

三、数字治理中价值观诉求更明显

通常，G7 的相关部长会议成果以促合作、谋发展为主，在治理方面除常规性地宣示经济社会愿景外，较少直接反对特定的治理方式。2022 年，俄乌冲突搅动国际时局，G7 国家也借此树立对立面，加强内部凝聚和共识。

具体来说，在数字基础设施安全方面，此次部长们关于俄乌问题的联合宣言将俄乌冲突与数字基础设施稳定性的问题进行了关联，强调了对"安全和弹性"采用更宽泛的定义，表示在关键活动日益依赖数字连接的背景下，应将"民主价值"贯穿于网络信息传播、数字基础设施安全及互联网治理进程中。在标准方面，此次的《数字部长宣言》继续强调产业驱动和多利益相关方模式，与此前成果文件一致，但是明确反对由国家主导的标准化工作。在信息传播方面，此次宣言提出运用 G7 快速响应机制（RRM），保卫"民主系统与社会"免受信息操纵等外部威胁。

纵观 G7 近年来 ICT 及数字经济相关会议的成果，数字经济已经成为 G7 国家的战略性合作领域，G7 有关构想已基本具备稳定的体系，未来可能基于 2021 年和 2022 年的工作成果继续完善。在 G7 国家放眼未来、积极寻求扩大国际共识的背景下，我国可将 G7 2021 年的《数字与科技部长宣言》和 2022 年的《数字部长宣言》作为西方数字发展与治理理念的参照，拓展对外数字发展合作，促进全球数字治理。

网络空间国际规范生成：现状、难点与进路

（2020 年 11 月）

自互联网诞生以来，国际社会就在不断探索网络空间的行为规范。在互联网发展初期，人们认为互联网应独立于现实空间成为信息自由传播的工具，要形成一套独立于政府的全新的治理模式。然而，随着互联网的迅猛发展和广泛应用，网络犯罪、网络恐怖主义成为全球性问题，各国政府逐步开始通过立法和行政手段参与网络空间治理。由于互联网的跨国属性，生成符合各方利益的网络空间国际规范也成为大多数政府、跨国企业等行为体的共识。但由于互联网技术的快速发展、互联网的内生性特点，以及美国在网络空间的先发优势和主导地位等因素，一个能被广泛接受的网络空间国际规范迟迟未能诞生。长期以来，全球网络空间治理体系处于不公正、不合理、不平等、不稳定的状态，不完善的网络空间治理规则阻碍了全球网络空间的健康发展。时至今日，全球网络空间治理规则仍以软法为主，约束力较弱，既有国际共识和法规在网络空间的适用性亦不明确。

从国内层面来看，随着网络技术与应用的不断发展，网络空间加速向现实空间的政治、经济、文化、社会、军事等各领域融合渗透，包括西方发达国家在内的各国政府对国内网络空间治理的主导权在不断加大，政府通过内容监管、数据治理、反垄断调查等多种手段，对互联网巨头实现了相对以往更为有效的管控。网络空间治理呈现"再国家化"趋势。

从国际层面来看，当今世界，全球实力分布格局发生了根本性的变化。二战后，美国在经济和军事上的支配地位创造出的经济、技术事务与安全问题分离的异例，正逐渐成为过去。网络空间正在成为大国博弈的重要领域和工具，以政治、安全因素主导经济、技术事务的情形在网络空间将会愈发频繁地出现。

在"自下而上"和"自上而下"两个因素的共同影响下，西方发达国家正在抛弃以往的新自由主义视角，逐渐倾向于通过现实主义考量将网络空间作为地缘政治权力争夺的新领域。受此影响，网络空间国际合作"内顾化"的风险

增大，西方发达国家由多边主义转向双边，并将维护本国利益而非维持"统一、自由"的互联网作为最高目标的可能性大为增强，促进网络空间国际规范生成的动力正在消失，网络空间无序化风险增大。在这一背景下，新冠疫情期间网络空间中的虚假信息泛滥，严重干扰了全球抗疫的共同努力，这再次证明网络空间治理是全球治理中的重要组成部分，生成促进网络空间有序发展的国际规范十分必要。为此，有必要对网络空间国际规范生成作梳理回顾，分析大国博弈态势下全球网络空间治理的难点与分歧，找出在这一大背景下我国参与推动网络空间国际规范生成的路径。

社会学和国际关系理论一般将"规范"理解为特定社会群体的共同行为模式。有关国际规范的研究一般集中于国际规范的扩散、内化和竞争，对国际规范生成的专门研究相对少见。芬尼莫尔（Finnemore）和斯金克（Sikkink）有关国际规范动力学的研究将国际规范定义为"既定身份下的恰当行为标准"，并就规范的创建、扩散直至内化的生命周期做了初步分析。潘亚玲着重对国际规范生成理论作了进一步扩充，创建了"安全化"视角下的国际规范生成模型，并将国际规范的生成和演变与时空环境和理性设计作了联系。"安全化"即哥本哈根学派提出的将某一议题社会建构为"实际威胁"的过程，"当某一议题被表述为对特定指涉对象的存在性威胁时，它就是安全议题"，应当采取紧急措施。

本文对网络空间国际规范的生成作简要回顾，厘清大国博弈时空环境下网络空间国际规范生成的现状与难点，对网络空间国际规范生成中"安全化"逻辑的变迁作分析。本文认为，西方发达国家以往以新自由主义为内核的网络空间国际规范"安全化"逻辑将难以适应大国博弈的地缘政治形势，规范蓝本无法进一步细化和内化，网络空间国际规范生成将面临重大调整或经历较长的搁置期。同时，参考国际规范生成的历史经验，探索大国博弈形势下我国参与网络空间国际规范生成的可行进路。

一、网络空间国际规范的生成与调整

基于"安全化"视角下的国际规范生成模型来梳理网络空间国际规范的历史可以看出，现阶段网络空间国际规范的议题已经生成，网络空间的各类问题已经完成"安全化"操作，确立了"安全化"逻辑。政府、企业、国际组织等网络空间行为体（即"安全化施动者/规范倡导者"）正在就网络空间国际规范进行公共辩论，试图说服听众接受网络空间的"安全化"逻辑，形成网络空间国际规范的公共倡导联盟。这些努力已经取得了一定的成果，部分国际规范已经进入政治辩论进程。一些国家开始建立规范创建者联盟，试图寻找或创建能够将网络空间国际

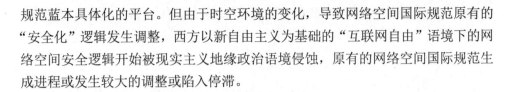

规范蓝本具体化的平台。但由于时空环境的变化，导致网络空间国际规范原有的"安全化"逻辑发生调整，西方以新自由主义为基础的"互联网自由"语境下的网络空间安全逻辑开始被现实主义地缘政治语境侵蚀，原有的网络空间国际规范生成进程或发生较大的调整或陷入停滞。

（一）近十年来大国博弈期间的网络空间国际规范生成

基于国际规范生成模型分析网络空间国际规范生成进程可以发现，网络空间国际规范已经完成公共议程创建，正处于公共辩论阶段，甚至已初步进入政治辩论阶段。自 20 世纪 90 年代起，网络空间就已成为各方关注的话题。在数十年间，网络空间治理理念经历了从"自由放任"到"全球治理"的过程。本质上，无论是更早期的《网络空间独立宣言》还是联合国信息社会世界峰会的召开，尽管主张和形式各异，但都已启动网络空间问题"安全化"的进程，网络空间国际规范的公共议程创建已经完成。

进入 21 世纪第二个十年，随着"棱镜门"等事件的发生和网络技术的快速发展，各方对于网络空间的利益和主张逐渐明确，逐渐形成符合各自发展利益的网络空间国际规范主张，塑造了本国网络空间问题的"安全化"逻辑。上海合作组织、世界互联网大会、联合国政府专家组、北约合作网络防御卓越中心、全球网络空间稳定委员会等国际组织和平台，甚至微软等互联网企业纷纷提出网络空间国际规范蓝本，并随着互联网技术的发展与网络空间的变化，逐步提升规范的具体性、持久性和一致性，试图推动网络空间国际规范由弱规范向强规范转变。

将以往的现实空间国际规范向网络空间扩展的努力取得了一定的成果。2013 年和 2015 年，联合国政府专家组成果报告两次确认国际法适用于网络空间。北约合作网络防御卓越中心则更进一步，试图建立适用于网络空间的国际法体系，其牵头制定的两版《塔林手册》，在国际法在网络空间适用性达成的初步共识上，对国际法具体适用问题进行了详细的讨论，初步构建了一个包括战时法和平时法的相对完备的网络空间国际规则体系。但在网络空间的一些新问题上，现实空间国际规范并无可参照的做法，而各国正是在这些问题上存在重大分歧。

在生成新的网络空间国际规范方面，欧洲国家对建立网络空间国际规范最为积极。例如，2018 年法国总统马克龙提出的《网络空间信任与安全巴黎倡议》囊括了全球网络空间稳定委员会、微软等非国家行为体所推动的规范，提出要"促进网络空间负责任国际行为规范和建立信任措施的广泛接受和实施"。在荷兰政府的支持下，全球网络空间稳定委员会于 2019 年 11 月 12 日发布了报告《推进网络空间稳定性》（*Advancing Cyberstability*），在其以往的主张基础上，进一步提出了促进网络稳定的框架、四项原则、八条行为规范及六点建议，试图提出各方能形成共识的基础性主张。欧洲采取的以新自由主义为基础的网络空间国际规范以维护互联网完整性、推崇多利益相关方治理模式为特征，尽管承认主权在网络空间的适用性，但竭力淡化政府在互联网治理中的角色。总体上，这些网络空间国际行为规范反映的是西方发达国家的立场和诉求，忽视了发展中国家对于构建以主权、和平、开放、有序为特征的网络空间的诉求，没有体现发展中国家关心的议题。

美国则长期利用其在互联网技术及应用上的优势谋求自身利益。通过对外宣称"互联网自由"，即公开不受国家主权约束的信息并自由流动，进行实际上的对外监控和对内控制。作为现实世界的霸权国家，美国一直以冷战思维试图在网络空间中确立其压倒性的优势和主导地位并谋求自身相对利益，对生成网络空间国际规范并不热心。

这一时期，西方针对网络空间的"安全化"逻辑集中于经济安全、社会安全两个类别，军事安全和政治安全相对较少。各方提出的网络空间国际规范蓝本主要将互联网视为公共产品，在各类文本中强调网络空间的安全威胁对商业部门和个人的影响。近年来，由于社交媒体与选举的联系日趋紧密，"剑桥分析"事件被认为对美国大选结果造成了影响，"预防境外行为体通过恶意网络活动破坏选举进程"等政治安全领域的话语才进入网络空间国际规范生成的"安全化"逻辑。

（二）西方网络空间国际规范面临较大的调整

当时空环境发生变化时，旧有的规范难以实现利益最大化和多方共赢，同时也难以应对新的挑战，因此出现新的规范就成为必然。随着大国地缘政治博弈向网络空间快速渗透，网络空间治理日益呈现碎片化、对抗化的趋势，网络空间军事化、武器化进程加快。网络空间的国家权力争夺，乃至国家与非国家行为体之间的权力争夺逐步激化。网络空间治理原有的以打击网络犯罪、打击网络恐怖主义、维护互联网完整性为主轴的"安全化"逻辑，逐渐被强调政治安全和军事安全的"安全化"逻辑替代。"安全化"逻辑的变化并不必然导致国际规范的变化，也可能导致国家间关系的紧张甚至发生冲突。为适应"安全化"逻辑和具体实践的剧烈变化，网络空间国际规范生成必然面临较大的调整压力，原有的生成努力将陷入停滞。

美国在网络空间国际规范方面态度的转变是主要诱因，网络空间最重要的行为体之一成为了既有网络空间国际规范的破坏者。早在 2009 年，美国开发的"震网"病毒就对伊朗核设施造成了破坏，但此时美国仍在国家战略层面宣称"互联网自由"。2012 年，美国国家情报委员会坦言"很有可能发生网络军事竞赛"。2018 年 9 月，特朗普总统签署美国《国家网络战略》，正式将"美国优先"战略引入网络空间，该战略明确指出"战争期间，美国网络部队将会配合海陆空及太空力量共同作战"，全面倒向现实利益和安全考量，使美国的网络空间战略转向了更富进攻性的立场。后续多次有报道称，美国对俄罗斯、伊朗等国进行了网络攻击。2020 年 7 月，特朗普甚至在采访中公开承认美国已经对俄罗斯进行了网络攻击。在美国的推动下，网络空间的军事化势头已难以避免。

欧盟在特朗普政府"美国优先"战略的压力下，开始在"主权欧洲"的话语体系下推动对外战略转型。在技术领域，欧盟委员会主席冯德莱恩于 2020 年初提出"技术主权"的概念，表示欧盟将"根据自己的价值观并遵守自己的规则来做出自己的选择"，试图降低欧盟在包括互联网在内的技术领域的对外依赖，"凭借自身实力成为一个科技超级大国"。欧盟未来在网络空间国际规范生成领域也会采取类似的调整，更多地将地缘政治纳入其考量范围。时任德国总理默克尔于 2019 年 11 月呼吁在与硅谷的竞争中维护自身"数字主权"。随后，欧盟在其《欧洲数据战略》中表示，将加快数据领域立法、加大投资力度、鼓励技术发展，确保其在全球数据经济竞争中的地位。

总体上，欧盟仍具有长期战略规划能力，能够平衡短期得益与长期发展，同时由于其在互联网领域的相对弱势，其对网络空间国际规范生成仍有一定的诉求。2020 年 10 月，欧盟成员国联合其他国家提出制定推进网络空间负责任国家行为的《行动纲领》，试图整合联合国政府专家组和开放式工作组，以期搭建能够继续推动构建网络空间国际规范的新机制。

现有的西方网络空间国际规范公共议程基本上生成于大国博弈尚不激烈的时期，其新自由主义逻辑内涵并不必然适用于现阶段地缘政治不断渗透的网络空间国际治理态势。正如相互依赖增加了对全球公共产品的需求，随着逆全球化潮流涌动，贸易保护主义和现实主义地缘政治将削弱全球公共产品的存在基础，现阶段对多边规则、制度的需求在不断下降。2020 年初，世界经济论坛认为网络倡议将于 2020 年在数量上达到饱和，从而转为加强协调合作，各类倡议进入"优胜劣汰"阶段。

当"安全化"逻辑发生变化，其生成的网络空间国际规范势必面临调整。这种调整并非自发性的，其对网络空间国际规范生成不必然有正面作用，分裂和极化的可能性也在增加。目前，推动生成网络空间国际规范的公共辩论中的新自由主义"安全化逻辑"正逐步被地缘政治驱动的大国竞争和安全焦虑所替代。近期，美国利用身为公共产品提供者的优势，对中资技术企业、互联网应用的打压将进一步加重这种焦虑。在此种焦虑下，网络空间问题的公共辩论对于网络空间国际规范生成很难起到正面作用，甚至是会起到"去规范化"的作用，原先已在公共辩论中形成初步共识的网络空间国际规范蓝本正面临被逐渐摒弃的风险。可以预见，网络空间国际规范生成将经历一次较大的调整。如这轮调整无法协调新逻辑下网络空间各行为体的行为，那么网络空间国际规范生成恐面临较长的停滞期。然而，在2020年新冠疫情的"黑天鹅"事件中，全球地缘政治博弈并未放缓，而西方主导的网络空间国际规范生成在国际交流受限的情况下没有形成大的突破，故而网络空间碎片化、无序化的风险增加。

二、现阶段网络空间国际规范生成的难点

在原有的网络空间国际规范的"安全化"逻辑基础逐渐"变质"、网络空间国际规范生成动力减弱的同时，网络空间治理既有的难点继续存在，并随着网络空间与现实空间的加速融合及新冠疫情这一"黑天鹅"事件的发生而日益复杂化，致使生成符合大国博弈现状的新的国际规范将面临更为复杂的局面。本文在卡内基国际和平基金会关于网络安全规范的研究的基础上做进一步的延展，将现阶段网络空间国际规范生成的难点归纳为以下五个方面。下面将结合"安全化"视角下的国际规范生成模型对网络空间国际规范生成难点进行分析，为找出生成基于政治安全和军事安全的替代"安全化"逻辑，且能够最大化网络空间经济和文化效应的网络空间国际规范的进路打好基础。

（一）网络空间的特性

网络空间的特性给网络空间国际规范生成造成的技术性困难将持续存在。首先，网络空间的概念缺乏明确的定义和边界，而其内涵又极为广泛，涵盖了从信息基础设施到虚拟空间行为者和管理者等多个不同维度。简单规范难以规制纷繁复杂的网络行为，网络空间的虚拟特性又使得现实空间的现有规范不能作为有效参照。这就限制了各国针对网络空间问题立法的效率，连带着对各国间监管体系的协调沟通产生了负面影响。

其次，网络空间相关的技术快速发展，规范生成的效率难以及时应对网络空间的行为的变化。随着技术的快速发展，行为者之间、行为者与基础设施之间的行为模式发生着快速变化，而且这种变化难以有效预见，远快于国内立法

和国际规范生成的速度。当国际规范生成的公共议程进入政治辩论阶段，其所指涉的问题及时空环境本身很有可能已经发生了变化——在以往的"互联网治理"向"网络空间治理"演变的过程中，以新自由主义为核心的网络空间国际规范在形成全球共识前就已经"过时"。因此，从生成难度上来看，网络空间国际规范要大于以往的各类议题。

最后，网络空间的进入门槛极低，若要确保各类行为体均遵守规范，则需要各国掌握足够的技术手段，展现出非常强大的执行能力。换言之，维护网络空间行为规范需要较高的执行成本。在全球互联网基础资源分布和网络空间安全能力水平极为不平衡的情况下，许多国家尚难以对网络空间行为进行有效规制，更谈不上生成符合其利益的国际规范，网络空间国际规范生成完全依赖个别国家的意愿。

（二）国家行为缺乏透明

与传统的现实空间行为不同，网络空间行为具有更强的保密性，网络攻击行为成本较低且难以追溯，因此一些国家不可避免地将网络作为达成国家目的的工具。随着物联网、区块链、量子技术等新一代信息技术的发展，网络攻击行为的隐蔽性进一步增强，网络攻击溯源难度进一步加大，应对跨境网络攻击已成为网络空间治理的难题。

由于网络空间是一个开放的互联体系，缺乏统一、权威的监管，第三方很难清晰地了解目前网络空间实际发生的行为。遭受网络攻击的受害国本身如不具有一定的技术能力很难查清网络攻击者的身份，更不用说考察某一国家的行为是否符合国际规范。尽管在奥巴马任内美国政府对外宣称要建立开放、透明、安全、稳定的网络空间，但也是在其任内，斯诺登公开揭露了美国对他国实施大规模网络监控的行为。

在网络空间"易攻难守"的情况下，违反网络空间国际规范的行为难以追踪和溯源，违反规范的实际成本较低，使得国家更倾向于利用网络空间谋取利益，这严重削弱了网络空间国际规范的权威性和约束性。此外，由于网络空间的新兴性和复杂性，在国际法领域网络攻击行为的定义仍未有国际共识，网络攻击难以区分是犯罪行为还是军事行动，导致采取网络攻击行为很难受到有效的遏制和惩治。

（三）网络与现实加速融合

随着互联网与人类生产生活的加速融合，现实空间的治理模式开始向网络空间延伸，传统安全与网络空间安全的联系愈发紧密。政府在网络空间治理领域扮演的角色愈发重要，政府的利益和诉求开始更多地反映在网络空间治理议题上。对内，现实空间的强主权属性推动各国政府的网络空间治理理念正在向"网络主权"转变，各国的政策立场更加明确，开始设立专门的法律和机构对本国境内的互联网基础设施和网络空间行为体的活动进行规制。对外，由于网络空间实力差异极大，各国为维护自身安全、扩大自身利益，以欧盟《通用数据保护条例》和美国《澄清境外合法使用数据法案》为代表的具有"长臂管辖"效应的法律法规不断出现，各国的国内规则在外溢的同时发生碰撞。

在这一大趋势下，形成网络空间国际规范的难度进一步加大。以往占据主流的以私营部门为主导的治理机制（如 IETF、ICANN 等）和主导权缺位的治理机制（如 WSIS、IGF 等）难以反映这种变化，近年来在国际规范领域较少有实质作为。反而是传统的政府间国际组织（联合国、上合组织、G20 等）在引入网络相关的议题后，在经济、安全等"高政治"领域的网络空间国际规范生成方面形成了较显著的成果。

（四）大国推动规范扩散的意愿缺失

霸权国有利于实现国际体系的稳定性和公益性，但如果霸权国自身损害公益以谋私利，以霸权国为主导的霸权体系将会被极大地削弱。现阶段世界经济逆全球化的趋势愈演愈烈，特朗普领导下的美国作为网络空间的单一霸权国家，倾向于采取单边主义和贸易保护主义政策，将网络空间作为获取相对得益的手段，无意推动构建一个具有全球共识的网络空间国际规范。这与西方以往试图推动的新自由主义网络空间国际规范背道而驰，致使相关规范的存在基础被极大削弱，使得已形成的公共议程难以推动规范的进一步扩散。因此，现有的以新自由主义为基础的网络空间国际规范生成"安全化"驱动者在美国的"美国优先"战略压力下，被迫开始向以地缘政治为基础的"安全化"逻辑转向，最终将导致两种情形：一是全球范围的网络空间国际规范的生成和扩散乏力，全球地缘政治"离心力"导致很难形成具有广泛共识的网络空间国际规范，同时现有规范的推动者也无力将蓝本进一步发展细化；二是在地缘政治下的政治安全和军事安全相关网络空间国际规范生成和扩散加速，网络空间治理阵营化加剧。

随着 2020 年美国大选落幕，我们必须对未来美国的网络空间政策进行评估，判断美国参与推动网络空间国际规范生成的意愿是否会发生调整。经过前文的分析我们可以看到，美国对于网络空间国际规范生成的兴趣缺失是一贯的且符合自身利益的，特朗普政府在这方面并未有颠覆性的举措。拜登尽管承认

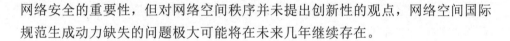

网络安全的重要性，但对网络空间秩序并未提出创新性的观点，网络空间国际规范生成动力缺失的问题极大可能将在未来几年继续存在。

（五）正向规范的内化动力缺乏

目前看来，网络空间国际规范的"内向约束力"较低，世界上部分大国仍将网络作为获取国家间相对优势的工具。温特将国际规范内化分为武力、代价、合法性三级。在现阶段霸权国家对外干涉意愿降低导致传统武力干预缺失，以及全球多边主义受挫的情况下，以武力和合法性为推动力的网络空间国际规范内化动力缺乏。

从代价的层面来看，国家承认和内化国际规范通常需经过成本收益考量，只有当遵守规范的收益大于成本时，规范才会被遵守。在全球互联网技术水平、网络攻防能力、互联网经济体量存在较大差距的情况下，一些国家认为遵守西方国家主导的网络空间国际规范的收益并不明显，使得相关国际规范扩张的难度较大。如前所述，网络空间"易攻难守"的特点使得确保境内甚至跨国网络行为者遵守相关规范需要有较高的技术实力并付出较大的成本。而现阶段霸权国家维持世界秩序的意愿降低，使得利用网络空间实现自身利益的成本相应降低，网络空间正面临"霍布斯"式的非正式国际规范蔓延的风险。

综上所述，一是现阶段网络空间的内生性特点持续存在，且随着技术和应用的发展有进一步复杂化的趋势，形成有效的规范仍存在一定的难度；二是全球地缘政治格局致使现有国际规范"安全化"逻辑的存在基础被削弱，其扩散和内化的动力匮乏。若长此以往，现有的网络空间国际规范生成的公共议程恐出现存在性危机。

三、网络空间国际规范生成的进路

生成符合各方利益的网络空间国际规范，有助于网络空间更好地发挥正面作用服务人类。面临百年未有之大变局，我国应承担起自身的历史责任，继续推动网络空间国际规范生成。尽管上述五个方面给网络空间国际规范生成带来了较大的困难，但历史经验也表明，国际规范并非与大国博弈互斥，在两极对抗的冷战时期依然存在阵营内甚至跨阵营的国际规范，这对全球风险管控起到了正面作用。

有效推动网络空间国际规范生成的核心在于形成能够促进网络空间和平、安全、开放、有序发展的，基于政治安全和军事安全的"安全化"逻辑，并通过温特的武力、代价、合法性三个层面实现网络空间国际规范的扩散和内化。

总体上可采取三重进路：一是推动形成积极的公共议程，应推动设置以和平、安全、开放、有序为主基调的公共议程，着力将网络空间命运共同体理念推广成为国际共识；二是加强区域性规范生成合作，可先从加强区域性网络空间国际规范生成合作入手，通过构建符合域内国家利益的区域性规范，形成示范效应，加快网络空间国际规范的生成与扩散；三是持续加强网络攻防能力建设，推动形成新的平衡的网络空间攻防能力分布态势，有助于促进网络空间国际规范的生成，构建多边、民主、透明的网络空间治理体系。

（一）推动形成积极的公共议程

芬尼莫尔和斯金克认为"各国都遵循将行为与特定身份联系起来的规范，这些身份'使他们感到自豪，或从中获得自尊'"，这指出了道德在国际规范生成中的正面作用。历史经验也表明，推动积极的公共议程，在议题上形成道德优势有助于推动国际规范的建立。以军控领域为例，当核战争的威力足以毁灭全人类时，削减核武器成为了具有道德优势的行为，美国内部的核裁军呼声是《中导条约》签署的重要推动力之一。在禁止集束弹的问题上，一些非政府组织将挪威树立为道德领袖，在国际谈判中迫使英国放弃原有的以利益为基础的立场而转为支持禁止集束弹，以免受到国际社会的谴责。

我国推动发展网络空间国际规范的目的是，通过国际社会平等参与和共同决策，构建多边、民主、透明的全球互联网治理体系，让网络空间更好地造福人类，这既符合历史发展的规律也符合全人类的利益。因此，我们应有足够的自信，积极推动设置以和平、安全、开放、有序为主基调的公共议程，缓和网络空间国家行为不透明带来的不信任问题，继续着力将网络空间命运共同体理念推广成为国际共识。应在某些国家鼓吹竞争与对抗的时候继续保持战略定力，坚守开放合作的理念，提供更多的国际公共产品，推动建立符合我发展利益相关主张的对话渠道和国际平台。2020年9月，我国提出《全球数据安全倡议》，针对美国放弃多边主义实施网络霸权的行为作出了有力回应，在国际上赢得了广泛赞赏，这有利于推动相关公共议程更广泛、深入地发展。未来，可进一步推动倡议具体化、落地化，形成可行的数据安全认证机制，构建一套以开放、安全、稳定为核心的数据安全国际规范。

此外，国际规范问题在西方实践中常呈现道德等级的色彩，对我国等新兴国家主导规范生成颇有异见，在网络空间亦不例外。潘亚玲认为其主要原因是，主流的国际规范理论都假设了规范生成时期规范倡导者的正确性，并将西方假定为理应的规范倡导者，广大非西方国家为规范的追随者、接受者，甚至反对者。任何试图改变过时规范的动作都被冠以"修正主义"的帽子，而在规范生成中话语权的增加也被视作对现有规范的挑战。对此，我国有必要团结广大非西方国家，努力解构网络空间国际规范的道德等级制，积极设立网络空间相关公共议程，推动构建符合全球普遍利益的网络空间国际规范。

（二）加强区域性规范生成合作

世界正处于大发展、大变革、大调整时期，和平与发展仍然是时代主题。网络空间的特点使得网络空间的问题不能只靠任何单一国家自己来解决。只有加强国家之间的互助合作，才能有效应对网络犯罪、数字鸿沟等各类问题，使各国共享互联网发展红利，实现网络空间对人类利益的最大化。由于目前大国间存在较大分歧，且全球网络攻防能力和发展水平仍处于不平衡状态，网络技术强国从网络空间无序状态牟利的收益大于成本，因此短时期内难以形成大范围的网络空间国际规范共同体，可先从加强区域性规范生成合作入手，通过区域性实践加快网络空间国际规范的扩散。

扩散是国际关系领域规范研究的重要概念，主要指国家接受国际规范并将其嵌入国内的过程。从理性选择理论出发，行为体对规范的适应和内化是一种战略的、利益最大化的行为。从建构主义出发则有观点认为，规范扩散过程中国际规范与行为体国内观念是否具有一致性、行为体之间联系是否紧密是决定国际规范扩散能力的重要因素。从以上逻辑出发，现阶段"一带一路"沿线国家、东盟地区及周边国家在网络空间治理问题上相对于美欧国家来说与我国利益更近，对于和平利用网络空间、开展网络空间治理合作有着更大的诉求。我国参与生成和推广符合"一带一路"沿线国家、东盟地区及周边国家共同利益的网络空间国际规范乃是应有之举。以"一带一路"沿线国家为例，部分国家政局不稳，恐怖主义持续蔓延，网络治理能力薄弱，对于国际网络反恐合作需求较强，同时，网络恐怖主义对"一带一路"倡议的顺利推进形成了实质威胁。2013 年，《上海合作组织成员国元首关于构建持久和平、共同繁荣地区的宣言》纳入了网络空间治理的内容，反对将信息和通信技术用于危害成员国政治、经济和社会安全的目的，表达了防止利用国际互联网宣传恐怖主义、极端主义和分裂主义思想的一致立场，为"一带一路"沿线国家开展更为广泛的网络空间治理合作、逐步建立区域性网络空间国际规范提供了经验参考。

（三）持续加强网络安全能力建设

尽管我国不鼓吹网络空间军事化和网络军备竞赛，倡导和平利用网络空间，但仍有必要持续加强网络安全能力建设。事实上，推动形成新的平衡的网络空间安全能力分布态势，有助于促进以"国家安全"为主轴的"安全化"逻辑与网络空间国际规范生成的整合，构建多边、民主、透明的网络空间治理体系。

现阶段，部分国家倾向于在"无序化"中获取更大的利益。以美国为例，特朗普上台后，美国淡化网络空间治理理念的政治辩论，不再提及"互联网自由"等民主党政府的涉网主张，加快在网络空间的军事扩张，最大化美国在网络空间的实力优势。同时，特朗普将互联网社交媒体作为竞选工具影响选民，甚至传播虚假信息，旨在"无序"当中追求党派甚至个人的利益。

但是，部分国家试图在网络空间无序化中牟利，并不意味着大国竞争就必然导致全面且长期的对抗状态和国际规范的空白。国家对于国际规范的认同和遵守意愿关键在于成本收益考量。历史经验表明，在大国竞争背景下，经过成本收益考量，大国间仍然可以在某些领域形成自限性的国际规范。同样以《中导条约》为例，20 世纪 70 年代到 80 年代中期苏联国力转衰，在与美国的军备竞赛中感到了巨大的压力，削减军费改善外部环境的诉求逐渐凸显。此时，维护核力量平衡的成本及核战争的潜在后果，已经大于可能带来的战略收益，最终导致苏联的态度发生了转变，与美国在 1987 年签署了《中导条约》。《巴黎协定》的签署也是类似的逻辑，关于气候科学的讨论集中于减少排放能够为国家带来多少利益，而非只强调减排的道德义务。

在网络空间国际规范问题上，当全球一般行为体甚至非国家行为体进一步掌握网络安全能力，对主要国家的安全造成威胁，导致大国维护自身网络安全的成本大于收益时，或是网络对抗可能造成的后果远大于网络攻击的收益时，全球主要行为体将倾向于设定和遵守网络空间行为规范。因此，适当发展网络空间防御能力和威慑能力，提高部分国家利用无序化的网络空间牟利的成本，有助于将这些国家拉回到平等协商共同促进国际规范生成的轨道上来。

在安全概念日益泛化的今天，网络空间正在加速成为国家安全、军事安全博弈的"战场"。尚未成熟的网络空间国际规范面临停滞或重置的风险。然而，随着主权国家重新在网络空间发挥重要功能，主权国家在网络空间中未来的角色、主权国家间应当如何在网络空间中互动、非国家行为体和超国家行为体与主权国家的关系，以及国家主权在网络空间中的边界应当如何界定等问题，仍需要相应的国际规范进行明确和协调。促进网络空间行为透明化、可追溯化，改善网络空间安全环境等也需要技术社群来提出具体方案并通过一定的国家间互动加以认可。国际社会对网络空间国际规范的需求依然存在。

中外网络法治进程比较

（2021 年 10 月）

随着数字全球化的纵深发展，如何更好地兼具效率与公平，协调不同治理主体间的分歧，更好地推进全球数字合作，既是未来全球数字治理的重要方向，也是我国参与数字领域国际规则和标准制定面临的新挑战。数据作为数字治理的重点对象，在整个数字治理中越来越引人关注。通过研究比较，我们发现全球网络治理表现出与数字治理交叉的趋势，网络治理趋于向数据治理、平台反垄断和网络内容监管三个方面集中，分别对应数字竞争的核心资源、数字市场发展形态、数字内容治理。一些国家或地区的治理路径趋于形成事实上的国际示范，因此应加强国际交流与对接，并加快系统立法，加强立法合作、理念沟通、市场标准互认。

一、数据、平台及内容治理是中外网络法治共同关注的焦点

"十四五"规划和 2035 年远景目标纲要提出，要"**迎接数字时代，激活数据要素潜能，推进网络强国建设**"，"**以数字化转型整体驱动生产方式、生活方式和治理方式变革**"。随着我国数字经济进入高速发展期和数字全球化的纵深发展，我国对网络应用和治理能力重要性的认知也进入新的阶段。通过对中外网络治理进程相关领域及治理方式的研究比较，我们发现全球网络治理的热度趋于向**数据治理、平台反垄断和网络内容监管**三个方面集中。在经济社会加速数字化的背景下，这三方面的网络治理将影响数字核心资源竞争、数字市场发展和数字内容治理。本文将按照以上三个维度，从中外网络法治进程的角度入手，分析中外治理的异同点，对我国下一步网络法治进程提出建议。

（一）三方对立融合，进一步提升数据治理的战略意义

一是数据治理难点主要体现在权衡"**个人、经济、国家安全**"三方关系。个人权益、经济发展、国家主权安全和发展利益三极之间如何权衡阶段性利弊，

决定了一国或地区的数据法规政策面貌。当前一般认为，欧盟侧重于消费者个人权益，美国侧重于经济，我国在保障国家安全和发展利益的基础上，向另外两极探索。目前，我国已经出台的《数据安全法》通过"规范数据活动"来兼顾国家数据安全与数据行业发展，《个人信息保护法》则以"保护个人权利"为核心来平衡国家安全与行业发展。

二是国际数据治理范式"模板化"。当前，国际数据治理主要形成了"欧式模板"和"美式模板"，两者确立的一些原则和机制得到其他一些国家的仿效。欧盟以《通用数据保护条例》（GDPR）为标志形成了以明示同意、最低限度收集处理、可"携带"、可"遗忘"等原则为特征的"欧式模板"，塑造在全球的立法影响力。美国以《亚太经济合作组织隐私框架》《加州消费者隐私法案》（CCPA）等为标志，形成了主张数据自由流动的"美式模板"，依靠其经济和政治影响力，通过区域贸易协定和市场主体互认协议来扩大影响范围。

三是数字治理超越网络治理范畴，战略意义进一步提升。第一，数据治理成为网络治理的一个根本性问题，与互联网平台反垄断等治理热点产生密切联系。以德国和法国为例，两国认为数据霸权与网络效应之间的积极互动可以使市场支配地位永久化[①]。第二，随着各行业领域经历数字化，数据规范的范围已从网络数据扩展到互联网、金融、航空、医疗等所有涉及个人数据处理的行业领域。第三，"数据政治"兴起，使得数据治理在自身法治化、规范化的轨道上增添了更多时局和国际政治博弈的考量。美国《澄清境外合法使用数据法案》（CLOUD Act）、欧盟《电子证据条例》出台之后，数据治理与司法管辖问题交叉、重叠加速，以数据为要素的数字经济成为各国的战略要地，国际治理更加关注数据主权问题，推动数据治理正进入一个新的历史时期，从微观的个人信息保护等议题向宏观的数据治理发展，形成了围绕数据隐私保护、创新竞争、安全主权等多维的公共政策讨论场[②]。

（二）不断强化平台反垄断监管，防止无序扩张，维护市场公平

反垄断是每个经济体维护市场良性发展和社会公平的基本措施之一。互联网平台扩张深刻地影响着民生、社会公共治理、市场活力、经济秩序等诸多方

---

① 参见德国联邦经济事务与能源部发布的报告 *A New Competition Framework for the Digital Economy*，第 13 页。

② 北京航空航天大学法学院、腾讯研究院：《网络空间法治化的全球视野与中国实践（2019）》，法律出版社，2019 年，第 13 页。

面。一些互联网发达地区的政府已经不同程度地注意到了大数据、算法共谋、免费补贴等网络竞争特性，并采取了有效措施防范资本过度扩张、市场恶性竞争和创新受限、消费者维权弱势等问题[①]。互联网反垄断也将是下一阶段全球迈入数字时代必然面对的挑战。

欧盟保护中小企业发展的原则一以贯之。在欧洲数字单一市场的建设进程中，这一原则与隐私数据安全和用户数据权利保护相关联。保护企业平等竞争与保障普通消费者福利、保护公民数据权利和隐私权等任务交叉推进[②]，形成了边管边治、多方共同监督的治理面貌[③]。同时，欧盟对数据及科技巨头的强监管态势没有改变。2020年12月，欧盟推出《数字服务法案》和《数字市场法案》，旨在规范数字市场秩序，重点规制科技巨头的不正当竞争行为。

美国对巨型网络平台的监管正从宽松向审慎收紧。初期，美国为保持其数字经济的国际领先地位，对网络平台竞争的态度相对宽松。由于美国国内反垄断呼声的高涨及国际反垄断实践的加强，美国的反垄断态度明显从宽松转为审慎。以美国众议院司法委员会下属的反垄断小组委员会发布《数字市场竞争调查报告》为标志，美国立法者已经开始警惕巨型网络平台对资本、公共服务、行业生态等产生的影响，并与英国、欧盟、澳大利亚的主管部门持续开展执法经验和理念的沟通。

我国网络平台反垄断力度加大，维护市场公平竞争、保护相对弱势企业、保障消费者权益多管齐下。2021年8月，中共中央、国务院印发的《法治政府建设实施纲要（2021—2025年）》将反垄断列入我国五年法治政府建设的总体目标。同年8月30日召开的中央全面深化改革委员会第二十一次会议强调，反垄断与公平竞争势在必行。我国反垄断以保护市场公平竞争、促进社会主义市场经济健康发展为内核，规制互联网巨头与保护中小企业和科创企业发展、保护消费者利益，在本质上殊途同归。在相关市场方面，我国网络平台反垄断呈现出问题导向的特点：互联网金融涉及国民经济的重要领域，平台快速扩张导致互联网金融存在触发系统性金融风险的隐患；电商领域关乎普通民众的利益，国内电子商务发展较全面，市场竞争问题暴露早，监管执法关注也较早；随着数字文化消费的发展，2021年7月，我国开始对网络音乐播放平台进行反垄断监管[④]。

---

① 张志安、李辉：《互联网平台反垄断的全球比较及其中国治理路径》，《新闻与写作》2021年第2期。
② 同上。
③ 贾开：《"实验主义治理理论"视角下互联网平台公司的反垄断规制：困境与破局》，《财经法学》2015年第5期。
④ 2021年7月，国家市场监督管理总局对腾讯收购中国音乐集团的行为作出行政处罚，认定相关市场为网络音乐播放平台市场，腾讯的收购行为构成违法实施的经营者集中，可能带来版权资源壁垒提高、用户转换成本提高、市场进入活跃度下降等不利影响。

（三）保障长治久安，网络内容监管引起全球重视

从发展形势上来看，网络内容监管是我国的专长，实际上，美国和一些欧洲国家也较早关注了网络内容的问题，但阶段性的关注领域有所不同，路径、手段及效果也存在差别。

一是网络内容监管都以维护社会安定、保障国家安全为首要目标，以不实信息为共同打击对象。 我国的社会治理注重整体性，网络内容治理侧重社会风险的"线上-线下"传导，较早地关注具有舆论动员能力的媒体平台、意见领袖（KOL）、组织等的异常动向，防范舆论波动刺激线下不稳定因素发酵。据中国互联网络信息中心的数据显示，截至 2021 年 12 月，我国网民规模达 10.32 亿，互联网普及率达 73%，网络新闻用户规模达 7.71 亿①，社交平台成为资讯传播的重要途径，庞大的用户群体让内容监管愈显重要。

在欧美国家，网络不实信息与选举安全密切关联。2016 年，"意大利修宪公投""英国脱欧公投"和"俄罗斯涉嫌干涉美国大选"三件"黑天鹅"事件发生后，西方国家对网络内容治理的态度发生显著变化，争议焦点由"是否应该进行监管"转变为"如何进行监管"。自 2016 年开始，虚假新闻（Fake News）问题受到全球关注，越来越多的国家通过立法予以坚决打击。2016 年至 2019 年间，欧美政府大力推动对选举期间网络内容监管的立法，然而囿于其"有限监管"的传统，有关立法和执法活动普遍进展缓慢。

打击恐怖主义是国际社会的共同诉求。我国于 2019 年 12 月通过的《网络信息内容生态治理规定》，将宣扬恐怖主义、极端主义列为网络信息内容生产者禁止触碰的十条红线之一。欧美国家尤其关注国家安全和反恐，并借此扩大国家跟踪有关信息的权力。早在 1977 年，美国就制定了《联邦计算机系统保护法》，"9·11"事件更是为美国政府加强网络内容监管创造了借口，随后便出台了《爱国者法》和《国土安全法》，允许政府或执法机构调查人员大范围截取嫌疑人的电话内容或互联网通信内容。欧盟、法国、英国也在几起恐怖事件后颁布了类似的监管法案。2021 年 4 月，欧盟通过了《关于阻止恐怖主义内容网络传播的条例》，首次以条例的形式严厉管制网络上的恐怖主义内容。

二是对未成年人的涉网权益进行重点保护。 美国出台了《儿童在线隐私保护法》（COPPA）以保护儿童在网上不会遇到只有成人才能接触的内容，并对在线收集 13 岁以下儿童个人信息的行为作出严格规定。2018 年，欧盟修订了《视听媒体服务指令》，新增保护未成年人、反仇恨言论等内容，并将用户生成

---

① 参见中国互联网络信息中心发布的第 49 次《中国互联网络发展状况统计报告》。

内容（UGC）纳入监管范围。2019年，英国发布了《网络危害》白皮书，提出设立专门的网络内容监管机构，并将损害未成年人权益与恐怖主义、暴力犯罪等作为网络有害内容分类的关键指标。

据中国互联网络信息中心数据显示，截至2021年12月，我国未成年网民达1.83亿人，互联网普及率为94.9%[①]。互联网已经成为未成年人学习、社交、娱乐的重要工具，对未成年人的成长将形成巨大的影响。2021年6月1日，我国新修订的《未成年人保护法》正式实施，其中的"网络保护"专章具有里程碑意义，重点预防和干预未成年人沉迷网络，并对保护未成年人个人信息、保护未成年人身心健康、防控和打击网络欺凌行为等进行了专门规定。

三是防范新技术、新业态扩大社会风险，压实平台主体责任，提高处置机制的透明度。 我国网信主管部门及文化、宣传主管部门针对热门传播平台出台了相关管理规定，压实平台主体责任，监管的平台类型从传统的网络新闻平台，逐渐扩展到网络群组、社交媒体、网络评论区、区块链等[②]。例如，针对即时通信群组存在诱导转发、违规转发、谩骂和地域歧视等不文明行为，我国在2017年制定了《互联网群组信息服务管理规定》，落实群组管理主体责任，打击利用群组渠道传播不良、不法内容的行为[③]。

在欧洲国家中，德国较早注意到大型社交网络平台对舆论的引导作用。2017年，德国颁布了《改进社交网络中的法律执行的法案》（简称《网络执行法》，NetzDG），首次将"网络平台"作为一个法律概念写入国家正式法律文本，不再单纯依赖行业自律，而是要求大型平台的内容投诉和处置机制应"透明高效"，同时赋予德国联邦司法局行政处罚的权利。2018年，欧盟委员会发布了《关于有效处理非法网络内容的措施建议》，对平台的"通知-移除"规则进行了细化，包括建议平台内容规则透明化、鼓励平台与专业的第三方合作、允许使用自动决策技术合理地处置不当内容等。

二、中外网络法治进程的底色差异

（一）治理的层次和重心不同导致治理视野差异

从共同起点出发，到有所交叠，又存在差异。起初，各国普遍聚焦网络物

---

① 参见中国互联网络信息中心发布的第49次《中国互联网络发展状况统计报告》。
② 参见国家互联网信息办公室发布的《网络信息内容生态治理规定》《互联网新闻信息服务单位内容管理从业人员管理办法》《互联网新闻信息服务管理规定》《互联网论坛社区服务管理规定》《互联网跟帖评论服务管理规定》《互联网群组信息服务管理规定》《互联网用户账号信息服务管理规定》《微博客信息服务管理规定》。
③ 参见中国互联网络信息中心发布的第42次《中国互联网络发展状况统计报告》。

理层、逻辑层的治理，随着中外网络发展情况和认知差异的逐渐显现，中外网络治理的差异加剧。

我国从网络行为的治理入手引导网络平台企业有序竞争。我国大型网络平台企业迅速壮大，网络应用在商业贸易、内容消费等领域快速发展，国内互联网尤其是移动互联网在2015年和2016年进入竞争白热化阶段，关于"BAT占据国内80%生态""流量红利吃紧"的议论升温，也推动了2015—2018年国内互联网公司开拓国际市场。激烈的国内外市场竞争，更快地暴露了网络新业态中出现的平台垄断问题，让立法和执法机构较早关注到网络行为层的治理。

美西方国家之前重点着力于网络基础层的治理。随着网络平台垄断、网络不实信息等问题恶化，美西方网络治理逐渐关注平台治理、网络行为治理。各国之间政治、经贸、科技领域的碰撞加剧，加之斯诺登"棱镜门"、网络信息涉及选举安全等事件频发，促使各国成立网络主管部门，统筹推进网络治理。

（二）治理的出发点不同导致治理路径迥异

我国的网络治理体现了"为人民服务"的一贯理念，突出治理网络中涉及民情民怨的"急难险重"问题，以专项行动等方式灵活开展针对新技术、新业态、典型问题、隐患风险等的专项整治行动。

欧美等互联网发达的国家和地区普遍对消费者理性、市场自净能力、社会监督机制等过于依赖，并且认为只有在穷尽其他方法仍然无法有效地解决问题后，国家权力机关才能介入干预。例如，2017年，德国《网络执行法》将国家权力机关介入网络社交平台内容监管予以合法化，但是严格限制了国家权力机关的执法权限。

（三）治理的认知文化差异导致治理手段碰撞

以网络内容监管为例，中西在"赋予权利"与"保障权利"孰先孰后的问题上存在理念分歧。传统上，西方文化偏向于"天赋人权"，对网络的公共治理推崇古典自由主义，认为"管得少就是管得好"。然而，美国网络治理在网络内容领域出现了国内国外"两张皮"的弊端。对内其宣扬保障言论自由、竞争自由，但在涉外问题上则主张本国拥有"高人一等"的自由。

相比之下，我国的文化倾向于积极治理，是基于儒家文化而进行的信息社会共治，推崇"有国才有家"，更容易发现和认可公共治理在网络秩序维护中的积极作用。

三、思考和启示

（一）对内加速提高网络法治的科学性、体系性

社会主义法治是制度之治最基本、最稳定、最可靠的保障。随着我国深入推进国家治理体系和治理能力现代化，从我国基本国情出发、借鉴国外法治的有益经验成为国家法治进程的重要原则。"十四五"期间，疫情加速社会各界"触网"，网络强国建设与网络法治面临新的时代背景，网络治理有关法规的立改废释在"提速"和"提质"两方面比以往更需要发力。目前，我国已经在网络安全、数据安全、网络内容管理、网络平台主体责任制等重要方面开展了制度建设。我国的网络法治与全球网络治理进程密不可分，要紧跟数据治理、平台治理、内容治理这三个全球性优先领域。

（二）对外求同存异扩大"朋友圈"

一方面，各国网络治理仍然以呼应国内及区域内长效发展的现实需要为重。欧盟、美国方面的探索经验显示，在网络和信息化领域，保护本国的战略利益和竞争优势仍然是各国的最高任务。我国的网络治理进程亦坚持"强监管"与"促发展"相结合，在保护国内消费者、维护竞争环境的同时，净化和激活市场机制，从引导数字经济有序发展的角度构建以国内大循环为主体、国内国际双循环相互促进的新发展格局。

另一方面，数字发展是全球议题，网络治理具有全球性。在联合国、二十国集团、七国集团等国际组织的主要议程中，网络治理是关系人类命运的重大议题，与疫情后恢复经济增长和发展韧性、维护社会公平、促进世界和平等议题的关联愈发紧密。防范无序扩张与促进有序增长是一体之两面，在网络治理的重难点领域，各国政府有着相似的困扰。全球需要携手共商，我们也应倡导尽最大的努力理解和尊重各自发展的正当利益，争取友善共识与积极合作。

强化战略储备，应对全球数字治理的不确定性

（2022 年 10 月）

联合国秘书长古特雷斯曾提出未来两大问题将重塑 21 世纪：一个是气候变化，另一个就是数字化转型。2022 年，G20 巴厘岛峰会将数字化转型作为三大优先议题之一，联合国宣布将于 2024 年达成《全球数字契约》并召开具有里程碑意义的未来峰会。然而，数字治理机制的不确定性导致的断供脱钩和网络空间碎片化等趋势值得关注并积极应对。

一、全球数字治理的五大前沿趋势

当前，**全球数字治理正处于规范重塑的初级阶段，且未来充满不确定性**。国际规则的制定在无形中涉及与国内政策的匹配与协调，国际资源的谈判能力会影响国内产业的发展，国际话语权的争取可能影响更广泛的国际认同和支持，全球数字治理已成为数字化转型中极为重要的组成部分。

一是新挑战：互联网碎片化风险将进一步增加全球数字治理合作的不确定性。目前，互联网正处于关键的岔路口——"全球统一的网络"和"碎片网络"位于道路的两端。以任何理由打压他国供应链，或是将他国排除在互联互通体系之外，均会造成互联网碎片化风险。俄乌冲突以来，即使互联网名称与数字地址分配机构（ICANN）回绝了乌克兰单方面要求停止俄罗斯国家顶级域名解析的提议，互联网未来的发展方向还是引起了国际社会的警觉和担忧：如何让互联网全球属性不受地缘政治争端的影响，是未来全球数字合作面临的战略性挑战。

二是新调整：新兴数字治理议题将进一步重塑国际规则体系和国内产业政策。伴随新技术的发展，包括网络政策、数字税、数字平台、人工智能、量子计算、算法治理、区块链、数据治理、数字贸易、供应链等成为全球数字治理的核心议题。当前，国际治理和国内治理议题边界逐渐模糊，一些今天看似关联不大的问题明天就可能成为产业发展的绊脚石，特别是长臂管辖等约束可能

会引发我国企业的合规问题，国际国内规则的联动性增强甚至会倒逼我国产业政策的调整。

三是新格局：众多利益相关方的参与将进一步导致多边机制和多方机制交织。由于涉及议题广、主体多、利益嵌套复杂，**目前数字治理缺乏全球共识、有效治理方案和统一治理机制。**包括主权国家、国际组织、民间社群等在内的多边和多方机制同时发挥作用，即使围绕同一议题，不同利益方也形成了不同的治理机制，其关注、参与程度和影响力也有所不同。总体而言，多边机制对于各主权实体相对更具约束力和行动力，多方机制在政策讨论中有助于相关方的广泛讨论。

四是新焦点：国际经贸、数据治理等数字规则的构建将进一步引发全球战略竞争。国际经贸规则的形成是"软法走向硬法"的过程：美国通过 TPP 就网络空间治理重点难点形成规则并利用 WTO 电子商务谈判等国际平台推广；当多数国家熟悉甚至事实上接受其规则时，引导其建立具有约束力的国际法便水到渠成。近年来，欧盟以《通用数据保护条例》（GDPR）为基础推动建立"数据贸易圈"，日本以"全面与进步跨太平洋伙伴关系协定"（CPTPP）为抓手推广其数字规则。如上所述，**未来，数据治理也可能出现"软法走向硬法"，成为数字治理机制的突破口。**

五是新手段：地缘政治手段叠加数字治理工具将进一步增加达成全球共识的难度。美国意图以所谓的数字民主为名，在技术、经济、军事等领域制造封锁、脱钩威胁，同时，成立网络空间和数字政策局，更加积极主动地参与网络空间国际事务，这或将进一步推进价值观外交。欧盟基于欧洲一体化进程谋求数字规则的一致，东盟致力于加强协作提升网络安全话语权。伴随竞争性和对抗性手段的强化，科技战、经济战及产业联动将更加激烈，数字治理谈判和达成全球共识的难度都将增加。

二、全球数字治理的五大理念分歧

互联网治理从最初的由技术社群倡导的"无政府主义"到国家主权涉入的"强监管"时代，其历史演进在很大程度上也体现了全球数字治理演化发展的内在逻辑与理念分歧。

一是"多方"与"多边"之争。"边"指主权国家或主权实体；"方"指利益相关方，包括政府、企业、研究机构、非政府组织甚至个人。事实上，传统的互联网治理领域已形成多方治理模式。我国对外历来坚持真正的多边主义，强调政府的作用，尤其涉及国家安全、国家主权等方面。同时，强调在多边框架下争取多方支持，更好地发挥各类非国家行为体的积极作用。

二是"公域"和"主权"之争。对于互联网所构成的网络空间的属性，存在"全球公域"和"国家主权"之争。网络公域是自由主义和乌托邦技术决定论的体现，也是美国及其核心盟友的理论抓手，把增进"连接自由"作为一项基本的外交目标，强调数据自由流动。以我国为代表的越来越多的主权论国家则认为，网络空间和现实空间一样"不是法外之地"，其主权是传统主权的自然延伸，尊重主权是互联网治理的首要前提。

三是"沿用"和"适用"之争。随着数字技术的飞速发展和全球数字治理需求的不断增加，供需不匹配的"治理赤字"出现。现有的全球数字秩序是由西方发达国家设计和主导的，是维护其核心利益的，主张现有国际法在互联网上沿用并同样能适用。中国、印度、巴西等发展中国家则认为互联网等是新兴事物，需有针对性地根据新发展情况适用新规则、新制度、新秩序，强调以经济争取话语权，而非延续旧秩序。

四是"自由"和"管控"之争。跨境数据治理已成为近年来各方谈判的焦点，在数据流动和相对本地化存储之间引发国际争议并形成了三种有代表性的数据治理理念：俄罗斯等国家出于主权考虑提出"数据安全至上"的要求；美国基于产业优势强调"数据跨境自由流动"，并力求通过贸易协议等方式争夺电子商务规则的制定权；欧盟等出于贸易保护的目的，在提出限制性条件的前提下允许数据跨境流动，并以个人权利保护为出发点实现长臂管辖。

五是"封闭"和"开放"之争。当前，数字治理种种挑战的背后最根本的分歧是封闭和开放之争，特别是关键资源（如数据、标准、核心技术等）的封闭性与开放性：封闭的小圈子会使得部分群体被排除在外，即数字保护主义；开放的共同体推动参与主体协同发展，即数字全球化。在近年来的逆全球化浪潮下，各种冲突的背后反映出大国的战略竞争和利益较量，我国始终积极推动建设包容开放的世界，反对脱钩断链、单边制裁、极限施压。

三、全球数字治理的五大推动机制

现有的各种治理机制体现出不同主体之间的利益冲突矛盾。在未来很长一段时间内，**这些治理机制之间的合作、竞争将始终以一种动态演化的方式推动，并影响全球数字治理的发展。**且由于数字技术发展的不确定性，任何应用和治理都难以预设，而是在"摸着石头过河"中不断探索前行。

一是作为重要治理平台的联合国系统。2022年，联合国秘书长任命技术事务特使，持续推进《全球数字契约》《数字合作路线图》等数字议程。在经济社会发展领域主要有国际电信联盟（ITU）、信息社会世界峰会（WSIS）、联合国互联网治理论坛（IGF）等政策对话和交流的平台；在网络安全领域有联合国信息安全政府专家组（GGE）和开放式工作组（OEWG）等机制。

二是作为议题倡导者的国际治理机制。在数字经济领域，G20 自 2016 年杭州峰会首次纳入数字经济议题以来，已成为该领域重要的国际机制。在区域合作层面，如亚太经济合作组织（APEC）、欧盟（EU）等也在发挥重要作用。在网络空间治理公共产品方面，伦敦进程、巴黎倡议、全球网络空间稳定委员会、世界互联网大会等一批国际机制先后涌现，致力于在不同层面解决治理方案短缺的问题。

三是作为方案提供者的国际智库组织。在数字化研究方面，老牌和新兴国际智库纷纷介入。其中，在数字经济领域 OECD 的研究处于领头羊的位置，涵盖了数字经济、基础设施、物联网、大数据、消费者保护、网络安全、人工智能、区块链等议题，其宽带统计报告、ICT 发展指数、数字经济展望等成果成为业内数字发展的重要参考，其前瞻性政策研究也往往成为 G20 等框架讨论的主体内容，进而影响全球治理方案和政策走向。

四是作为谈判突破口的国际经贸框架。国际经贸规则主要通过约束成员国政府的措施实现保护企业权益的目的，其谈判通常由政府主导。WTO 对于数字贸易究竟适用货物贸易规则还是服务贸易规则尚未达成一致。我国更关注促进货物贸易便利化等规则的制定；美国则着重在数据流动、隐私保护等方面推动数字服务贸易规则的制定。

五是作为技术引导者的民间多方力量。在互联网治理领域，由于互联网基础资源治理的技术门槛高、专业性强，ICANN、IETF、ISOC 等机构仍在技术协调与标准制定等工作中发挥不可替代的作用；跨国企业等拥有前沿技术和庞大的消费群体、广阔的市场和长期积累的应对跨国性议题的经验和渠道，也是积极推动者；民间组织如世界经济论坛（WEF）对数字经济有持续的关注，在数字税等方面广纳企业建议，发挥全球专家网络的作用。

四、全球数字治理发展的几点思考

作为数字发展大国，我国有强大的产业基础和包容政策，有网络空间命运共同体的使命担当和开放合作精神，相信完全能够积极参与全球数字治理变革，积极贡献中国方案。

同时，应强化全球数字治理政策的整体设计和协同。力主对外政策的协调一致，防止治理碎片化；力主通过功能性合作提升国家之间的战略互信，防止单边主义;力主通过国际政策参与前置,防止长臂管辖和设置不合理的隐性门槛;力主通过形成更广泛的国际统一战线,防止脱钩断供;力主在多边框架下发挥不同机制的作用,形成共商共建共治的格局。

一是维护以联合国为核心的多边治理机制,关注全球数字契约。坚定不移地维护联合国体系下多边互联网机制,主动对接联合国2030可持续发展计划,将全球统一而非更割裂的互联网视为重要的公共产品,派高级别代表团参加IGF年度会议,支持我方在IGF领导小组任职。利用全球数字契约制定的时间窗口,深入参与、持续跟进、积极发声,以组合拳方式提供政策供给,增强我方话语权。

二是强化对外政策的协调联动防止治理碎片化,推动数据议题纳入国际合作框架。由于议题具有综合性,议题之间的关联度越来越高,我国内部可加强部门之间的协调沟通,形成统一的数字对外政策。尤其鉴于数据要素是各项议题非常重要的一环,在全球尚未形成统一规则的情况下,可通过多边和多方谈判与其他国家构建共同的数据跨境流动规则,减少由于规则差异给数据跨境流动管理带来的成本和风险。

三是加强国际公共产品的战略储备与产品供给,参与国际智库的政策研究及前端讨论。针对如数据治理、隐私保护、产业链供应链安全等数字治理领域重点议题加强研判和战略存储,积极提供公共政策等公共产品。特别是鉴于OECD等重要国际智库平台实际上对G20和相关国家的政策影响力大的情况,可支持专家学者从重要政策的初始阶段就介入讨论,尽可能从政策形成初期进行干预并影响其政策走向。

四是发挥多层次民间治理机制的作用,形成共治格局,注意文化差别寻求最大共识。在坚持多边外交的前提下,在不同议题和层次上发挥各利益相关方的积极性,同步探索、敏捷调和,建设"负责任""可信赖"的协作关系,形成丰富立体的交流机制。在技术谈判、规则沟通中,综合研判其利益考量和社会文化背景,寻求最大共识,用国际社会听得懂、易理解的方式讲好中国故事,提升数字治理软实力,构建积极包容的数字未来。

积极参与构建国际网络空间新秩序

（2022 年 12 月）

2022 年 12 月 29 日，第三届中国 IGF 论坛在线上举行。中国互联网络信息中心在论坛上举办了以"国际网络空间新秩序"为主题的圆桌对话，对话嘉宾就国际网络空间治理的新动向、新趋势，以及建立新秩序的重点着力方向、中国社群的参与等内容展开积极讨论。

一、关于国际网络空间治理的近期趋势和影响

首先，与会学者一致认为，近期国际网络空间治理中**最明显、最重要的趋势是国家（政府）的回归**——即在现实社会治理中占主导地位的主权国家政府，在网络空间治理中从原先的缺位状态，到逐渐走向前台、提升参与度、发挥作用、逐步占据网络空间治理重要地位的转变。主权国家在推动数字领域相关立法的过程中增强了权力和影响力，例如，欧盟为应对以斯诺登事件为代表的外部威胁，同时保护公民隐私和本地数字企业，出台了以 GDPR 为代表的法律规制；美国则将现实世界中国家间的对立竞争复制到了网络空间中，在数字领域维护扩大本国利益并打击竞争对手，政府也频频亲自下场出手，以推进于其有利的议程。与国家的回归相应的是，各国对网络空间秩序的意见分歧根深蒂固且不断凸显，国家间的关系也成为影响网络空间治理国际秩序变化的最重要的外部因素，地缘政治已对网络空间治理产生影响，例如中美贸易战将影响全球数字贸易。国家的回归是一个较为庞大的议题，在数字时代新趋势下政府该扮演何种角色需要进一步深度研究。

其次，近期网络空间应用创新、技术创新和商业形态创新进入沉淀期，独角兽出现概率降低。在治理层面，大量问题涌现，焦点议题逐步从中凸显；在理想化秩序生成方面，区域性伙伴围绕新秩序的讨论在加强，对于促成总体性、全球性秩序的生成则缺乏共识和动力。同时，近期网络空间存在数字冷战路线与数字共同体路线之间的博弈，博弈结果将决定未来网络空间的秩序，甚至影

响数字社会的发展。专家们希望未来能够避免数字冷战，建立数字共同体，以事实和证据而非国家安全、意识形态、价值观等主观且难以量化的非技术指标来判定数字设备是否可靠、数字技术是否可信。如果无法建立数字共同体，全球数字生态系统有分裂为多个系统的风险。

最后，伴随国家的回归，包括联合国在内的主权国家政府主导的国家间机制会重新定位其在网络空间治理中的作用。中国、美国、欧洲三者间的博弈将决定未来十年国际网络空间的秩序。此外，NGO、民间社团、企业等多利益相关方在网络空间秩序生成中同样具有重要的地位和作用，以联合国为代表的多边机制在逐步拥抱多利益相关方，未来网络空间治理将是多边与多方共同作用的形态。目前，全球性政策的制定倾向于帮助以非洲国家为代表的发展中国家和不发达国家。

二、关于目前网络空间治理的重点方向

与会学者一致认为，目前网络空间治理**最主要的重点方向是数据治理**，包括数据资源权利、数据跨境流动、隐私保护、数据安全等细分领域。互联网内容从原先以信息和内容为主，已经进化到如今以数据为核心竞争力。新的网络空间治理秩序将以数据为中心来建立，与传统的国际秩序融为一体，规范国家的行为，通过数据规则达成包括区域之间、国家之间、政府和企业之间的权力再平衡，因而数据规则将成为所有规则里的重中之重。

此外，与会学者指出，目前网络空间治理的重点方向还有数字鸿沟弥合、以人工智能为代表的前沿技术应用与治理、互联网平台内容治理、互联网碎片化，以及环保、女性平权等。

三、关于中国社群参与构建国际网络空间新秩序的思考

与会学者认为，国际网络空间新秩序的建立当前仍处在讨论阶段，需要各方长期的艰苦努力。全球各方对于新秩序的需求真实存在，但新秩序生成和推广的**影响力主要取决于对网络空间和国际社群的贡献度**。在提出乃至推动建立一套新秩序的过程中，预期的收益及秩序主导方对社群做出的贡献大小将被各方作为是否认可并接受该秩序的最主要判断标准。这应该是未来中国的努力方向。

（一）关于中国社群作出贡献的建议

就现阶段如何对网络空间国际治理作出贡献，与会学者提出以下建议：一是支持和鼓励我国学者在相关领域开展研究并积极在国际上发声，总结中国实

践经验，讲好中国案例和故事，形成具有代表性和影响力的学术报告，将中国经验知识化、系统化，在学术和舆论上使我国成为网络空间治理中不可忽视的、可借鉴学习的成功先例；二是建立开放机制，吸引大量学术界人才参与，让人才在活动和竞争中脱颖而出，网络空间国际秩序是公共物品，其基础是知识供给，需要多学科、技术性、专业性、创新性的人才参与才能满足知识供给的需要；三是鼓励、组织相关政府官员、学者、企业、科研院校、民间团体和个人积极参与现有国际网络空间治理平台交流，提升相关国际平台上各方对中国经验和中国方案的好奇心和接受度，有助于我国相关人员增强影响力和话语权；四是针对我国目前在国际网络空间治理中盟友不多、国际支持不足的情况，可以通过加强与非洲及其他发展中国家、不发达国家的合作，参与对方议程，分享中国经验，提供适当帮助，从而获取盟友和支持；五是重视互联网技术和技术社群在网络空间治理中的作用，互联网建立在技术基础之上，新秩序意味着新知识，新知识需要新的基础理论和技术创新，能否在互联网基础理论和技术创新上作出贡献也在一定程度上决定了我国在网络空间中的国际地位。

（二）学习借鉴欧盟网络空间治理经验

与会学者认为，欧盟和欧洲国家目前在国际网络空间治理中相对成熟，数字立法领先且软实力雄厚，数字执法动作频频，数字外交较为强势，以保护隐私为理念的民意基础牢固，为网络空间治理提供了大量的案例和经验，值得我们学习借鉴。

在如何学习借鉴欧洲经验的问题上，与会学者纷纷献计献策。有的专家提醒注意欧洲与中国不同的数字经济基础，欧洲缺乏本土数字经济龙头企业和平台，监管执法主要针对以美国科技巨头为主的在欧洲开展业务的外国企业，"板子打别人自己不疼"；中国数字经济则是以本土企业和平台为主，与美国相似度更高，"板子打的是自己"。有的专家建议对欧洲和美国进行深入研究，并慎重选择学习借鉴的内容和对象，建议研究国际治理的学者积极参与国内政策的研究，将国际竞争力维度引入国内政策的研究。有的专家认为，欧洲的治理政策不仅出于维护欧洲的自身利益，在保护隐私等价值观上也确实代表了人类的共同诉求；数字制度作为公共物品应当保持较高的相似度，以保证全球数字经济交流顺畅，避免互联网碎片化。有的专家指出，欧洲数字政策的制定数十年来存在一致性，即对价值观的追求、对人权的重视，且得到包括非洲在内的广泛民意支持。中国的社会基础与欧洲不同，不能照搬上层建筑，建议在学习借鉴欧洲制度的同时做好本土化创新。

未来——面向 2025 年的数字和互联网治理[①]

（2022 年 5 月）

2025 年将是数字外交和全球治理具有里程碑意义的一年：联合国信息安全开放式工作组（OEWG）和网络犯罪议题特设小组谈判进入收尾阶段；联合国成员国将决定信息社会世界峰会（WSIS）进程和互联网治理论坛（IGF）的未来方向。随着联合国 2030 年可持续发展议程进入"最后一公里"，推进联合国 17 个可持续发展目标已经越来越离不开数字化发展。

本备忘清单旨在帮助更好地把握未来几年的全球数字治理进程。清单以更宽泛的政策视野和更长远的时间视角，结合外交基金会对 2022 年的预测，反映 2020 年的数字发展趋势并作下一步预测。

一、数字化占据国际组织主流议程

随着"数字""网络""电子""技术"等字眼逐渐从词语的前缀位置消失，数字科技融入日常词汇。电子贸易变成贸易的一种基本方式；数字健康反映健康状态；网络安全成为安全不可或缺的部分。数字科技越来越深刻地影响着世界卫生组织（WHO）、世界贸易组织（WTO）和红十字国际委员会（ICRC）等国际组织的工作。

纵观多边外交的三个主要领域：和平与安全、经济与发展、人权和人道主义援助，联合国显然正在把数字化纳入主流议程。

数字化进入多边外交的主流议程，将影响纽约、日内瓦等外交中心的国际组织和外交社群的运作方式。因此，外交人员和政府官员必须不断地学习跨领

---

① 外交基金会（DiploFoundation）执行主任兼日内瓦互联网平台（Geneva Internet Platform）负责人约万·库尔巴里贾（Jovan Kurbalija）于 2022 年 4 月 25 日发表文章《2025 年数字和互联网治理备忘清单》，锚定 2025 年为数字外交和全球数字治理的关键年，厘清重要趋势，分析主要矛盾。该作者曾任联合国数字合作高级别小组秘书处执行主任、联合国互联网治理论坛（IGF）主席特别顾问。本文对该篇文章进行了编译，为我把握全球数字治理动向提供参考。

域的知识和技能，顺应数字化对社会产生跨领域影响的趋势，来应对各种政策问题。全球数据治理涉及的主要方面及代表性参与者如图 1 所示。

科技	经济
核心： 发展标准、应用程序和服务，服务数据治理 **关切：** 数据互操作性缺乏，导致数据空间破碎和数据获取受限 **主体：** 标准制定组织（IETF、ISO、ITU、IEEE）、互联网企业、软件开发者、学术机构等	**核心：** 让数据成为互联网商业模式的基础 **关切：** 政府获取数据缺乏法律约束，导致用户信任缺乏；隐私保护加码，可能导致互联网企业减少数据使用，影响其从数据中获利 **主体：** 互联网企业、商业组织、贸易政策社群等

数据治理

安全	法律与人权
核心： 政府使用数据，以保护国家安全和打击犯罪 **关切：** 企业与用户出于安全考虑对数据过度加密，可能限制数据获取 **主体：** 安全服务提供者、执法部门、欧洲刑警组织、联合国毒品和犯罪问题办公室等	**核心：** 保护隐私，及跨境数据案件中尊重司法主权 **关切：** 司法管辖有限，导致大规模监视及公民数据缺乏保护 **主体：** 公民组织、联合国人权理事会、司法部门、学术机构等

图 1　全球数据治理涉及的主要方面及代表性参与者

（译者根据原文绘制）

外交部门和国际组织需要快速赶上这一转变：一是调整其内部组织结构；二是开始从外交政策的角度思考各种数字问题，综合联系各种数字事务；三是外交官要做好准备，能在科技外交与传统外交之间自如游走。

二、2022 年国际电信联盟和联合国秘书长技术事务特使选举

2022 年的几个选举和提名情况将影响 2025 年的数字治理。国际电信联盟（ITU）将于秋季选举产生新的领导层。来自美国和俄罗斯的两名候选人是 ITU 秘书长职位竞争的焦点。副秘书长及无线电通信局、电信标准化局和电信发展局三个部门的主任也正在选举中。新领导层的主要任务是领导 ITU 调整适应快速变化的数字和通信领域。

联合国秘书长将根据 2020 年《数字合作路线图》的设想，提名一名新的科技事务特使。在科技行业、成员国、联合国组织和新兴参与者（如加密货币和在线游戏社区）的共同作用下，数字和网络政策空间正变得越来越复杂，新特使将致力于引导数字和网络空间政策的前进方向。

三、联合国秘书长的《我们的共同议程》和《全球数字契约》

数字问题将在联合国秘书长的《我们的共同议程》进程中发挥重要作用。《全球数字契约》应成为2024年9月"未来峰会"通过的《未来宣言》的一部分。

《全球数字契约》起草工作的参与者众多，具体如何开展还不明朗。联合国及其他地区不乏有关数字化、人工智能和网络安全的倡议或建议。起草者应利用好这些成果，将它们与联合国秘书长路线图指导下的联合国其他倡议相结合。

《全球数字契约》应涵盖诸如互联网基础设施、网络安全、在线隐私等"传统"问题，也应预见诸如数字遗产传承及环境与数字化的相互作用等问题，此外，还应考虑能力发展这一重要的问题，以帮助世界各国制定其数字外交政策、确定其优先事项。

四、"IGF+"是人类的数字家园吗

互联网治理论坛（IGF）是联合国系统中目前唯一可以成为"人类数字家园"的地方，其具有联合国系统的合法性。这对于数字治理提案获得其他国家的认可至关重要，尤其是来自小国和发展中国家的提案。这些国家普遍面临的一个关键挑战是如何应对数字领域中商业发展、学术研究、治理倡议等问题均出现激增的情况。IGF则可以作为"一站式"平台，广泛讨论数字接入、网络安全和人工智能等问题。

根据WSIS突尼斯议程第72条有关IGF权责的内容，IGF的活动拥有相当大的灵活性，可以为汇聚各种观点意见创建一个具有包容性的空间，促进各方基于共同的利益碰撞出想法和建议。

矛盾的是，IGF在灵活性和合法性方面的优势同时也是它的劣势。纵观其历史，那些希望看到互联网由政府间组织管理的人，以及那些不想看到联合国参与数字治理的人，都对IGF提出过批评。关于IGF未来的角色的激烈辩论可能会继续。其中的一些问题将很重要：提高参与的透明度、考虑形成政策成果（例如建议）的可能性，以及平衡利益相关方的影响。

IGF任何作用更突出的角色都需要IGF拥有更高的知名度，这可以通过尚待创建的IGF领导小组来推动。加强IGF的作用需要大量的政治和外交智慧，需要具有包容性、更有效，还要促进包容性的"自下而上"范式与领导性的"自上而下"范式以正确的方式进行互动。

地缘政治的影响日益广泛深入，这将对民间社会参与全球治理产生不利影响。这给 IGF 带来了更大的压力：它不仅要维护对民间社会的友好，还要扩大对社会边缘群体的包容，尤其是来自小国和发展中国家的边缘群体。

或许，IGF 正式条款中最大的"问题"在于它的名称。自 2005 年 WSIS 突尼斯议程制定以来，"互联网"一词逐渐被滥用，"数字"治理论坛或许能更好地概括"互联网"治理论坛当前的重点。

五、电子商务：完成 WTO 多边谈判及下一步行动

接下来几年，世界贸易组织（WTO）将面临许多挑战，它需要在众多不同的领域促成谈判，同时保持其多边特性。

有关"联合声明倡议"（JSI）的谈判涉及电子商务、贸易和环境，以及投资便利化等几个重要的话题，然而 WTO 只有一小部分成员参与了 JSI 谈判。一些 WTO 成员将 JSI 视为促进贸易自由化的一项关键机制，而另一些成员则认为 JSI 削弱了 WTO 的多边主义。

矛盾的焦点将落在 JSI 有关电子商务的内容，即电子商务 JSI。其不仅包括贸易方面的核心问题，如贸易便利化和市场准入，还包括广泛的数字政策问题，如数据流动、数据保护、网络安全和垃圾邮件。

数据流动和数据治理是 JSI 及其他电子商务谈判中的关键问题。有关讨论将基于中国、欧盟和美国的三种不同的立场和范式展开：美国强烈支持数据流动，反对数据本地化；欧盟保障未受特别约束的数据的自由流动，但涉及隐私保护的除外；中国支持经济性数据流动，但基于国家安全和公共秩序考虑的除外。

如果电子商务 JSI 的成员消除在数据流动等关键问题上的分歧，WTO 成员将相信 JSI 有助于从机制上突破多边谈判的僵局。然而，这种结果也将带来 WTO 内部进一步分化的风险：未参与电子商务 JSI 的成员（非洲和加勒比地区的代表性明显不足），以及普遍反对将 JSI 作为完善 WTO 电子商务谈判的机制的成员（如印度和南非）将受到孤立。

无论 JSI 是否达成协议，全球最重要的电子商务谈判将继续在多边体系之外，以特惠贸易协定（PTA）的方式进行。电子商务的治理越来越依赖少数几个已经成为法律强国的国家，尤其是新加坡、澳大利亚和日本。当前，电子商务的重心正在向亚太地区转移，与此同时，发展中国家与塑造数字贸易版图的协议网络持续脱节。非洲大陆自由贸易区（AfCFTA）未来的发展可能会改变

游戏规则，将电子商务政策的重心拉向全球南方，并使非洲国家为全球规范作出贡献创造可能性——依托区域性体量，产生全球性影响。

六、在线人权：基于价值观的技术政策和跨领域方法

价值观与人权是美国对外科技政策的支柱。欧盟、澳大利亚、日本、瑞士、荷兰等国家和地区在其国际科技倡议中增加了人权的相关性。

在联合国人权理事会（HRC）等国际人权机构的活动中，技术问题和价值观之间的相互作用将以四种主要方式突出体现：第一，继续聚焦特定的人权问题，例如言论自由和在线隐私权，主要通过联合国特别报告员的活动进行；第二，重视集会自由、文化和发展权等其他人权，促进实现在线人权；第三，关注不同人权之间相互作用的影响，例如对网络言论的私密性、多样性，以及文化、教育和许多其他领域的影响；第四，重视人权与数字标准化、电子商务、网络安全等相关领域的互动。

HRC 2019 年关于"新兴数字技术与人权"的决议，以及 2021 年的后续行动，即 HRC 咨询委员会 2021 年的一项研究，对于塑造人权与数字发展的新型关系具有重要意义。

七、网络冲突、数据安全与网络缓和

数字或网络日益成为国家安全问题，反映在联合国系统的谈判中，有两个进程受到重点关注：一是联合国大会第一委员会下属的信息安全开放式工作组（OEWG），作为前联合国政府专家组（GGE）的后续行动，其任务是进一步阐明国际法在网络空间的适用性；二是联合国大会第三委员会下属的网络犯罪特设委员会，被授权在 2023 年之前制定全球条约草案。

我们还可以期待在联合国和其他多边论坛下出现新的倡议，这将为数字政策问题提供更多的"安全保障"，例如法国-埃及的行动纲领提案和中国的数据安全倡议。美洲国家组织（OAS）、东南亚国家联盟（ASEAN）、欧洲安全与合作组织（OSCE）和非洲联盟（AU）等区域组织将进一步发展其框架，覆盖信心和能力建设举措。

鉴于国际关系的动态调整，数字治理的"安全化"将继续。其挑战在于如何保持安全与其他问题的平衡，从而使数字合作促进人道主义援助、环境保护和人权等领域的全球发展。

八、标准：塑造新兴数字世界的架构

数字领域很难产生约束性国际法，数字标准将越来越多地扮演"软法"的角色，成为数字空间的实用治理工具。这不仅在硬件和软件生产的领域，在数字技术的使用方面更是如此，例如，处理人工智能偏见的标准、确保健全的网络安全程序的标准等。

然而，传统的标准化组织在跟上技术发展的快节奏方面将面临挑战，私营部门越来越有兴趣将注意力转移到制定事实标准的各种行业和技术社群论坛上来。

随着对标准的地缘政治相关性的认识不断提高，各个国家和地区将尝试把价值观和治理模式嵌入技术标准中，尤其是国际层面的标准。其主要风险是当前地缘政治的紧张局势导致数字标准化的碎片化。如果发生这种情况，互联网最终将变得支离破碎。

九、人工智能和数据治理

人工智能和数据治理一直是全球治理的热门话题。随着关于人工智能和数据的倡议和提案的数量不断增长，主要挑战是如何确保它们之间的某种融合。

首先，将数据和人工智能作为同一个治理"硬币"的两面可以减少混淆。人工智能建立在数据之上，因此，数据治理（从隐私到国际数据流）将直接影响人工智能治理。

其次，基于一些已经获得部分关注的进程建立更多的融合。例如，在价值观和人权问题上，联合国教科文组织关于人工智能伦理的建议及欧洲委员会（CoE）正在进行的关于人工智能的开发、设计和应用，其潜在的法律框架工作都很突出；在可持续发展领域，ITU 的"人工智能惠及人类"（AI for Good）倡议值得关注；GGE 在致命自主武器系统（LAWS）领域新兴技术方面的发展也值得关注。

十、数字治理相关讨论的重地从日内瓦向纽约迁移

通常，技术问题先在日内瓦进行谈判，随后通过外交途径在纽约[①]得到政

---

① 译者注：此处应指联合国总部。

治性采纳。这一日内瓦-纽约的外交互动将在 2025 年之前出现转折。

首先，对于纽约来说，数字外交还很"新鲜"，尤其是与日内瓦长达一个多世纪的技术谈判的传统相比。由于日内瓦拥有 ITU 和其他技术组织，许多小国和发展中国家在日内瓦积累了一定的外交和技术知识，但他们在纽约的人员不具备此类专业知识。因此，纽约的数字谈判可能进一步扩大发达国家和发展中国家之间的政策能力鸿沟，影响数字政策的包容性。

其次，难以将数字治理的高度交叉特性自动复制到纽约。与安全等传统政治问题不同，数字治理需要标准化、经济、人权和安全多领域投入。许多国家试图通过其在日内瓦的代表团应对这一挑战。在纽约的外交生态系统中完整构建这种动力机制需要更多的努力。

第二专题
网络空间国际治理重点进程

政府作为网络空间治理的重要力量，近年来以其视角的开阔性和手段的丰富性，在网络空间治理领域中的话语权和影响力不断增强。联合国框架下的网络空间治理进程也因为各国政府的积极参与而显得更具权威性和代表性。但各参与方的立场和视角不同，往往难以达成共识，需要不同层面的参与者持续努力推进。

区域性网络空间治理进程则可能因为参与者发展阶段、价值观立场、文化背景等的相似性，更容易在某些领域取得阶段性的进展，并进而影响全球。

联合国 OEWG 最终报告内容及各方立场简析

（2021 年 4 月）

联合国大会 2018 年 12 月通过 73/27 号决议，确认联合国信息安全政府专家组（UNGGE）2013 年和 2015 年的报告，同时决定从 2019 年开始召集信息安全开放式工作组（OEWG）①。该工作组的主要任务包括：一是制定国家负责任行为规则、规范、原则及其实施方式，如有必要，对其进行修改或制定额外的行为规则；二是研究在联合国主持下建立由机构广泛参与的定期对话的可能性，并继续研究信息安全领域的现有威胁、潜在威胁及为消除这些威胁可以采取的合作措施；三是国际法如何适用于国家使用信息通信技术的问题；四是建立信任措施和开展能力建设，以期促进取得共同的理解，并向联合国大会第七十五届会议提交关于这一研究结果的报告。

一、报告内容

2021 年 3 月 12 日，OEWG 公布了最终报告和主席总结。最终报告继承了 2010 年至 2015 年 UNGGE 相关工作的成果。报告指出，各国对于恶意使用信息通信技术对维护国际和平安全所带来的影响感到日益忧虑。一些国家正在为实现军事目的发展信息通信能力，国家间冲突中使用信息通信技术的可能性越来越大。尽管各国的数字水平、能力等各方面存在不同，各国均强调应尽快实施和发展应对数字威胁的手段。

报告继续强调规范等无约束力手段的重要性。与初稿相比，最终草案中"国家负责任行为规则、规范、原则"部分放在了"国际法"部分之前。这一观点由中国代表提出。但最终草案也强调，各国重申规范不会取代或改变各国在具有约束力的国际法下的义务或权利，而是针对使用信息通信技术时负责任的国家行为提供了额外和具体的指导。

---

① UNGGE 的成员由 25 个联合国成员国组成。OEWG 取消了参与国家数量的限制，所有感兴趣的成员国均可参与。

报告再次申明国际法适用于网络空间。报告延续了 2015 年 UNGGE 报告的基本架构，同时将"国际法"一节提前，以凸显其重要性。报告强调，联合国宪章在内的国际法对于维护和平与稳定，促进开放、安全、稳定、可接入、和平的信息通信技术环境是适用且必要的。但在一些特定条款的适用方式上，报告采取了开放的态度。OEWG 呼吁各国向工作组提供各自的看法，就国际法如何适用于国家使用信息通信技术的问题加深各自的理解，为在国际社会建立共识作出贡献。

信任建设措施是报告中争议最少的部分。报告建议各国在自愿的前提下向秘书长提交关于信任建设措施的观点、评估和经验教训，并鼓励各国指定联络人，探索针对跨地区信任建设措施进行定期交流的机制。

报告为能力建设提供了原则性指引。报告专门在"能力建设"一节中提出了国际安全语境下国家使用信息通信技术进行能力建设的几点原则，为有效开展能力建设、弥合"数字鸿沟"提供了指引。报告提出，能力建设应具有明确目标，以结果为重点，基于证据，政治中立、透明、可问责和无附带条件，并应在充分尊重国家主权的原则下开展。

报告建议，各国在自愿的前提下使用"联合国大会 A/RES/70/237 号决议执行情况国家调查"，向联合国大会秘书长提供国际安全语境下关于信息通信技术的观点和评估意见，以及分享在能力建设项目中的优秀实践和经验教训。

报告建议，各国在联合国的主持下，就国际安全背景下的信息通信技术议题开展定期机制性对话，并在 2021 年至 2025 年的 OEWG 中对行动纲领等促进国家负责任使用信息通信技术的提议加以讨论。

二、各方立场

在网络空间和平与安全正受到日益严重的威胁的背景下，OEWG 为各国提供了民主、透明、包容地表达观点、担忧和期待的机会，为各方增进理解、形成共识提供了平台。在 OEWG 工作期间，多国政府、非政府组织、国际组织向工作组提供了自身对维护信息通信技术环境和平与安全的看法。

（一）我国在 OEWG 的立场

我国政府代表就网络主权、供应链安全、关键基础设施保护、不单方面制裁、打击恐怖主义等问题提出了建设性提案[①]，着重强调要以公正、非歧视的

---

① 《联合国信息安全开放式工作组中方立场文件》，2019 年 9 月。

态度对待供应链安全问题。同时建议 OEWG 延续 UNGGE 的报告结构，将"国家负责任行为规则、准则、原则"置于"现有和新出现的威胁"后的首位①。

在国际法在网络空间适用方面，我国政府代表指出，国际法适用问题的出发点和最终目标都应当是确保网络空间的和平与安全。现行相关的国际法在网络空间适用，但也要根据信息通信技术的特点和发展需要，制定新的国际法律文书。国际法应以维护网络空间的和平为目的，而不是将法律作为单方面追究责任和惩罚的工具。初稿中"现有国际法加上反映各国协商一致意见的自愿、非约束性准则已满足现阶段需要"的观点显然不符合目前的情况和现有协商一致的意见。

我国政府代表指出，当务之急是就国际法的适用问题进行深入探讨，达成普遍共识，而不是在地区层面或在少数国家之间自我解释、扩大分裂、破坏信任。相关的深入讨论应本着审慎和客观的原则，不带任何偏见地进行。在国际社会找到解决办法之前，各国应首先通过协商解决分歧和争端，而不是采取可能导致局势升级的单边行动。

在定期对话机制方面，我国政府代表表示，多利益相关方是维护网络空间安全的不可或缺的组成部分，鉴于 OEWG 是政府间进程，因而讨论应集中于国家和政府的作用。同时，我国政府支持在联合国的主持下建立有效、长效的网络空间治理机制，就未来网络空间治理进行深入探讨和长远规划。

（二）美国在 OEWG 的立场

美国政府代表在给 OEWG 的建议中表示②，报告应当反映"当集体行动不可行时，单个国家可能需要采取措施应对网络空间威胁的现实"。

在国际法在网络空间适用方面，美国代表认为，报告初稿过多地反映了少数国家提出的逐步发展国际法的建议，包括制定关于各国使用信息通信技术的具有法律约束力的文书。美国方面仍然认为，"OEWG 的使命是研究国际法如何适用于国家使用信息通信技术的问题"，在就现有的国际法如何适用形成明确理解前谈论国际法应如何变化和发展是不成熟的。同时，美国代表认为，报告初稿未提及国家可以对非法侵犯领土完整和政治独立的行为进行回应这一与自卫权一致的权利。

在国家负责任行为规则、准则、原则方面，美国政府代表表示，工作组应

---

① "China's Contribution to the Initial Pre-draft of OEWG Report", April 2020.

② "United States Comments on the Chair's Pre-draft of the Report of the UN Open Ended Working Group(OEWG)", April 2020.

关注如何执行现有协商一致的规范，而不是创造新的规范概念，但未提及这些规范是否应当以新的法律的形式来体现。

美国政府代表表示，将根据本届 OEWG 的成果来决定是否支持成立下一届 OEWG，并对工作组"无限期地持续而没有明确任务和完成其工作的时间表"表示关切。

（三）俄罗斯在 OEWG 的立场

俄罗斯在 OEWG 较为活跃，并向工作组提交了多份建议[①]。

在国际法在网络空间适用方面，俄罗斯政府代表表示，报告初稿夸大了国际法规准则、原则在信息技术领域的适用性，应为形成新的与国家在信息领域行为相关的国际法律规范留出讨论空间。同时，初稿用了过多篇幅讨论包括国际人道主义法、国际刑法、国际人权法在内的个别国际法。

在国家负责任行为规则、准则、原则方面，俄罗斯政府代表认为，现阶段在构建信息空间普遍法律基础受阻的时候，各国的首要任务应是集中力量共同制定信息空间中国家负责任行为的规范、规则和原则。同时认为，多利益相关方模式在促进信息空间中负责任行为中的作用被人为夸大了。

在具体的归因问题上，俄罗斯政府代表明确表示，文本中包含对网络攻击进行政治"归因"的概念是不可接受的，这有悖于 2015 年 UNGGE 框架内达成的协议。该协议明确指出，任何针对国家的指控都需要提供适当的技术证据。

（四）德国在 OEWG 的立场

德国政府在 OEWG 工作期间就国际法在网络空间的适用性发表了两篇立场文件。

在国际法在网络空间适用方面，德国坚持认为无须为网络空间制定新的国际法律文件。在 2020 年 4 月的立场文件中，德国政府重申了德国支持包括联合国宪章、国际人权法在内的国际法应无保留地适用于网络空间的立场，认为"现有国际法，加上反映各国共识的自愿、非约束性规范，已足以解决各国目前使用信息通信技术的问题"[②]。因此，德国政府认为 OEWG 应就已商定的规范框

---

① "Commentary of the Russian Federation on the Initial 'Pre-draft' of the Final Report of the United Nation's Open Ended Working Group on Developments in the Field of Information and Telecommunications in the Context of International Security", April 2020.

② "Comments from Germany: Initial 'Pre-draft' of the Report of the OEWG on Developments in the Field of Information and Telecommunications in the Context of International Security & Non-paper Listing Specific Language Proposals under Agenda Item 'Rules, Norms and Principles' from Written Submissions Received before 2 March 2020", April 2020.

架如何适用和如何实施努力达成共同谅解。

德国在立场文件中对其在网络主权及武装冲突法在网络空间的适用问题上的立场作了详细的阐述①。德国政府于 2021 年 3 月发布的第二篇立场文件强调，网络主权适用于国家在网络空间的行为，相关行为只受国际法、国际人道主义法、国际人权法的限制。国家有权选择政治、社会、经济、文化体系，不受外国干涉。网络空间并不与领土脱离，不存在限制或忽视主权地域范围的、独立于现实边界的"网络边界"。在国际法如何适用于网络空间的问题上，该文件大量借鉴了北约合作网络防御卓越中心主持编写的《塔林手册 2.0》的观点，强调厘清武装冲突法、国际人道主义法在网络空间适用的细节问题，并着重探讨了国家在受到攻击时进行溯源、报复、反制、自卫的具体标准和原则。

在多利益相关方模式方面，德国政府要求 OEWG 在报告中进一步体现多利益相关方模式的重要性，着重支持多利益相关方参与。

（五）部分其他发展中国家的立场

在国家负责任行为规则、准则、原则方面，厄瓜多尔②和墨西哥③表示，应注意各国在执行国家负责任行为的准则、规则和原则方面存在的能力差异。古巴④和伊朗⑤则对数字平台等私人企业缺乏负责任的行为规范的情况表示担忧，古巴希望能将"缺乏监管的私人机构"作为对和平信息通信环境的威胁纳入报告。

在国际法在网络空间适用方面，古巴、伊朗、印度尼西亚⑥、津巴布韦⑦等国明确表示，反对报告初稿中关于国际法自动适用于网络空间的表述，认为应进一步研究制定针对信息通信技术环境的国际法律工具。这些国家认为，一旦

---

① "On the Application of International Law in Cyberspace Position Paper", March 2021.

② "Ecuador Preliminary Comments to the Chair's 'Initial Pre-draft' of the Report of the United Nations Open Ended Working Group on Developments in the Field of Information and Telecommunications in the Context of International Security(OEWG)", April 2020.

③ "Preliminary Comments of Mexico to the Initial'Pre-draft' of the Report of the OEWG on Developments in the Field of Information and Telecommunications in the Context of International Security", April 2020.

④ "Considerations of the Initial Pre-draft of the OEWG on Developments in the field of Information and Telecommunications in the Context of the International Security", April 2020.

⑤ "Preliminary Reflection by the Islamic Republic of Iran: The Initial'Pre-draft' of the Report of the OEWG on Developments in the Field of Information and Telecommunications in the Context of International Security", April 2020.

⑥ "Indonesia's Response on the Pre-draft Report of the UN OEWG on the Developments in the Field of ICT in the Context of International Security", April 2020.

⑦ "Considerations on the Initial Pre-draft of the OEWG on Developments in the Field of Information and Telecommunications in the Context of International Security", April 2020.

承认联合国宪章第 51 条关于自卫权的内容，以及国际人道主义法在信息通信技术环境下适用，将使信息通信技术环境成为合法的战场，从而进一步推动网络空间军事化。古巴和津巴布韦对我国提出的国家对领土内的信息通信技术基础设施、资源和相关活动施行主权，以及保证供应链完整性的提议表示赞赏。相反，巴基斯坦①和厄瓜多尔不排斥形成具有约束力的国际法律条文。

在能力建设方面，中俄联合白俄罗斯、玻利维亚、古巴、朝鲜等 9 国提出，OEWG 要加大对信息通信技术安全能力建设方面的重视。印度尼西亚、巴基斯坦、津巴布韦等国提出的以需求为驱动开展能力建设的几点原则，经讨论后被纳入了最终报告。古巴认为，报告初稿几乎没有强调发达国家需要加强对发展中国家的技术和财政援助以提高后者的应急能力。

在定期对话机制方面，巴西②、古巴、伊朗、津巴布韦等国均建议延长 OEWG 的工作期限，以进一步促进在国际安全语境下关于信息通信技术环境中的挑战与机遇的讨论。

三、稳步推进的分歧仍在

OEWG 的成果反映了各国有限的"最大公约数"。在现阶段世界各国在信息通信技术领域仍存在较大差异的情况下，一些希望在 UNGGE 基础上扩大 OEWG 讨论范围的意见显然难以成为现实。在分歧显著的情况下强行推动进程，最终进程本身将受到影响，上一届 UNGGE 未能形成最终报告的教训殷鉴不远。因此，正如俄罗斯代表所言，"一份简单、温和的报告可能达不到我们最远大的期望，但它是一个真正维护联合国主持下的谈判进程的机会"③。

国际法在网络空间如何适用这一议题存在明显分歧。国际法具体如何在网络空间适用是发达国家较为关心的议题，也是联合国大会赋予 OEWG 的任务之一。然而由于各国存在分歧，OEWG 在这一问题上取得的成果并不显著。发达国家为维护自身利益，急于明确联合国宪章第 51 条、武装冲突法、国际人道主义法、

---

① "Pakistan's Inputs in Response to the Letter Dated 11 March 2020 from the Chair of the Open-ended Working Group on Developments in the Field of Information and Telecommunications in the Context of International Security", April 2020.

② "Comments Submitted by Brazil to the Initial "Pre-draft" of the Report of the OEWG on Developments in the Field of Information and Telecommunications in the Context of International Security", April 2020.

③ "Statement by Ambassador Andrey Krutskikh, Special Representative of the President of the Russian Federation for International Cooperation in the Field of Information Security, Director of the Department of International Information Security of the Ministry of Foreign Affairs of the Russian Federation, at the Online-consultations of the Open-Ended Working Group on Developments in the Field of Information and Telecommunications in the Context of International Security", February22, 2021.

国际人权法在网络空间的适用性及适用的具体细节，同时，主张现有的国际法律工具已经可以满足需要，无须根据网络空间的特点制定新的国际法律文书。相对地，中俄及其他大多数发展中国家则认为，应将确保网络空间的和平与安全作为国际法适用问题的出发点和目标，而不是为网络空间军事化提供合法性，大规模杀伤性武器在伊拉克战争中的角色让人记忆犹新，因此，建议应首先就国际法如何适用达成普遍共识，而不是急于根据少数国家的意愿付诸实践，同时，应根据网络空间的特点研究制定合适的国际法律文书。OEWG 最终报告综合了两方面的观点，采取了较为开放的态度，为后续进一步交流留出了空间。

能力建设是发展中国家较为关心的问题，OEWG 在能力建设方面取得了一定实质性的进展。在 2015 年 UNGGE 报告的基础上，OEWG 最终报告充分吸纳了发展中国家的建议，提出了能力建设的几点原则，为开展信息通信技术援助提供了具体指引。然而这些原则能够在多大程度上发挥作用，以有效地指引发达国家提供能力建设项目，仍有待进一步观察。

OEWG 和新的 UNGGE 同质化严重。俄罗斯希望通过引入更多的参与者，使 OEWG 能够更多地向自身立场倾斜。而发达国家则希望将多利益相关方纳入 OEWG 甚至 UNGGE 的讨论，甚至试图加入可持续发展、人权、性别平等议题，以稀释 OEWG 的成果。对此，中国、俄罗斯、古巴等发展中国家均认为 OEWG 的对话应以政府间对话为主且最终报告不宜太长。同时，在美国和欧盟的支持下，联合国大会通过了 73/266 号决议，成立了新的 UNGGE，继续研究与 OEWG 任务类似的问题[①]。这使得联合国在事实上存在 UNGGE 和 OEWG 两个只在参与国家数量上存在区别而任务基本一致的进程。

总体来说，相关进程难以有效推进的主要原因是全球信息通信技术水平存在较大的差异，各方关注的侧重点不同。西方发达国家希望将其信息通信技术水平的优势转化成为合法威慑他国的权力，以实现自身安全利益的最大化，本质上仍是实力政治的一种体现。因此，西方搞《塔林手册》和新一届 UNGGE 的意图也很明显，就是避免发展中国家干扰其网络空间军事实力合法化的进程。

习近平主席在联合国成立 75 周年纪念峰会上发表讲话指出："要切实提高发展中国家在联合国的代表性和发言权，使联合国更加平衡地反映大多数国家利益和意愿。"因此，我们应当坚持通过联合国平台，以民主、公开、透明的方式，以构建和平、安全、开放、合作的网络空间为最终目标，努力扩大共同利益汇合点，推动形成符合大多数国家利益和意愿的网络空间秩序。

---

① 中俄在该决议中投了反对票。

联合国 IGF 2022 年专家组会议观察

（2022 年 4 月）

联合国互联网治理论坛（IGF）于 2022 年 3 月 30 日至 4 月 1 日召开专家组会议（EGM），探讨 IGF 改革的具体方向。这是自 2016 年以来，该论坛第一次在全球范围内召集务虚会，在国际数字治理领域广受关注。会议以线上、线下混合的方式召开，联合国副秘书长刘振民视频出席会议并致欢迎辞，来自多个国家的政府、区域性互联网治理论坛、民间团体、技术社群和互联网相关国际组织的 32 名专家代表受邀参会，中国互联网络信息中心副主任张晓博士应邀参会。

一、会议背景

IGF 自 2006 年首次举办以来，已在不同国家连续举办了 16 届。2022 年 IGF 预计将于 9 月在埃塞俄比亚举行。各方对 IGF 寄予厚望，并逐步推进 IGF 改革。随着全球对互联网治理的重视程度和参与度大大提高，相关的讨论逐步深入，各方的分歧逐步显现。IGF 作为联合国多边框架下的多方平台具有独特的优势，因此，各方希望 IGF 能够发挥更重要的作用。但 IGF 由于其组织形式所限，产出和曝光度都不足。法国总统马克龙在 2018 年 IGF 开幕式上讲话时称，"论坛需要改革成为能够产出可行提案的主体"。就此，联合国秘书长古特雷斯于 2018 年宣布设立联合国数字合作高级别小组，小组最终报告《相互依存的数字时代》为 IGF 改革提供了三种参考方案。2020 年，古特雷斯在《数字合作路线图：执行数字合作高级别小组的建议》中对 IGF 未来的发展提出了具体要求。

本次专家组会议的主要议题即探讨如何落实《数字合作路线图》的具体要求，聚焦 IGF 未来改革和发展，让 IGF 更好地发挥互联网政策问题全球多利益相关方讨论空间的作用，更好地实现联合国《我们的共同议程》中数字合作相关的愿景。会议产出将作为 IGF 改革的重要参考依据。

本次专家组会议在联合国受到了较高的关注。会议在纽约芬兰大使馆举办，闭门会议共有包括多位国际组织负责人、32 名专家、IGF 秘书处相关人员等在内的约 50 人参加，绝大部分嘉宾现场参会，部分嘉宾在线参与相关的发言和讨论。

会议的具体议题包括：一是 IGF 在《数字合作路线图》和《我们的共同议程》中的角色，以及如何使各项活动与数字路线图保持一致；二是 IGF 与各个政府间，国际和其他决策机构的关系以及在联合国系统中的定位；三是促进 IGF 在国际决策生态系统中产生广泛的作用和产出预期结果，并邀请更多的合作伙伴；四是闭会期间机构的作用和工作、领导小组的角色、对 IGF 秘书处的工作建议等。

此次参会的专家包括新加坡通讯和信息部副部长亚伦·马尼亚姆（Aaron Maniam）、美国国务院网络事务协调员办公室副协调员弗朗茨·里瑟尔（Franz Liesyl）等政府代表；北非 IGF 主席希拉利·阿齐兹（Hilali Aziz）、欧洲互联网治理对话机构（EuroDIG）秘书长霍菲里希特·桑德拉（Hoferichter Sandra）等互联网民间团体代表；ICANN 民间社群参与副总裁匹克·亚当（Peake Adam），英国 ISOC 董事、ICANN 通用名称支持组织（GNSO）理事埃文斯·德西蕾·泽立卡（Evans Desiree Zeljka）等技术社群代表。此外还有多位重要的国际组织负责人和 IGF 秘书处的相关人员参会。

二、会议讨论情况

总体而言，与会各方围绕议程畅所欲言，整体氛围较为和谐。会前，IGF 秘书处也做了充分的准备，组织了大量的前置阅读材料，讨论充分聚焦 IGF 改革。

专家组对以下问题有一定的共识：一是 IGF 在 2025 年达成阶段性使命后，应该继续发挥作用，因此，需要对现有工作进行评估，并考虑长远计划；二是拟于 2023 年 9 月召开的联合国数字契约大会是当下最重要的一项任务，促进各方取得一定的共识是当务之急；三是 IGF 需要在年度论坛形式、主论坛、会议成果、闭会期间社群活动等各方面进行改革创新，强化全球 IGF 与地区机构之间的联系，并不断在提升开放性方面作出更多努力；四是进一步发挥即将成立的领导小组的作用，但应与现有多利益相关方咨询小组（MAG）的功能形成区分，特别是应保留 IGF 自下而上的特质和政策取向；五是强化能力建设，帮助青年、残疾人等更多人群参与和了解互联网治理，形成包容性和广泛代表性的讨论；六是希望争取更多的政府支持和高层参会，需要在联合国体系内和数字治理生态圈内，与各方充分协作，包括互联网名称与数字地址分配机构（ICANN）、互联网工程任务组（IETF）、国际互联网协会（ISOC）、国际电信联盟（ITU）、联合国教科文组织（UNESCO）等；七是进一步增强 IGF 的国际曝光度，让全球各方关注和参与互联网治理讨论。专家组同时认为，上述意见能否落实最终取决于秘书处自身的资源和支撑能力，因此需要进一步扩充渠道争取充足的经费支持。

部分与会代表提出 IGF 改革的一大方向是要聚焦话题，而不是泛泛而谈。对此，有专家提出要加强各方对"同一个世界、同一个互联网"理念的认同，警惕互联网碎片化的可能性；有专家提出当前要更加积极地探讨互联网的"**公共核心**"（Public Core）属性；有专家提出要加强 IGF 在推进数字合作方面的作用。我方代表在会上表示，**IGF 应在联合国框架下发挥更加积极的作用，进一步聚焦数字发展与合作及互联互通的议题，形成成果产出。**

总体上，此次会议成果丰富，专家们提出了很多建设性的意见，但专家组并未在"IGF 是否应改变其讨论平台的属性，转而形成产出"这一基本问题上达成共识，甚至很多专家认为 IGF 的特点就在于多方讨论、影响决策而非替代决策，因此 IGF 下一步的行动方向还有待观察。但毫无疑问，IGF 已经到了一个改革的十字路口，如何在联合国框架下更进一步地发挥作用成了大家共同思考的问题。于我们而言，这是挑战更是契机。

三、思考和启示

一是促进民间社团深度参与互联网国际治理。IGF 作为多利益相关方平台，符合长期以来形成的国际社群关于互联网治理的做法，同时在联合国框架下兼顾了多边。现阶段整体而言，欧洲参与 IGF 较多，我国等亚洲国家整体参与较少，这与我互联网大国的形象和十亿网民的影响力还不够匹配。特别是在遴选议题、设置议程过程中的"缺场"，容易使我们在话语权上陷入被动。

二是在 IGF 上积极团结发展中国家，推动全球互联互通，促进数字经济发展。联合国秘书长古特雷斯提出的《我们的共同议程》将互联网互联互通放在重要位置，指出要在 2030 年让所有人拥有安全、负担得起的互联网接入。特别是，关注的话题已经不再限于讨论互联网治理，而是有更多的数字化转型和数字议程、数字治理话题。我国有足够多的成功经验，应当在未来的讨论中利用好这一平台和契机，团结广大发展中国家和能团结的民间社群力量，推动相关议题在联合国层面的讨论。

三是需要关注联合国《全球数字契约》下一步的发展。联合国《我们的共同议程》提出制定《全球数字契约》并于 2024 年 9 月举办未来峰会，"勾勒出为所有人建立一个开放、自由、安全的数字未来的共同原则"。相关活动将对未来的互联网治理起到重要的指导作用，也将成为数字发展和治理的一件大事。

联合国 IGF 第 17 届年会观察

（2022 年 12 月）

2022 年 11 月 28 日至 12 月 2 日，第 17 届联合国互联网治理论坛（IGF 2022）以线上线下相结合的方式，在埃塞俄比亚首都亚的斯亚贝巴举行。

一、会议情况

本届 IGF 年会以"韧性互联网，共享、可持续和共同未来"为总体主题，活动议题的设置以联合国秘书长《我们的共同议程》报告中的全球数字契约的五个主题为指导——连接所有人并保障人权；避免互联网碎片化；管理数据和保护隐私；促进安全、安保和可问责；应对包括人工智能在内的先进技术。

本届 IGF 年会举办了包括开幕式、闭幕式、5 场主会议、79 场研讨会、45 个开放论坛等在内的主题活动 293 场。线上线下注册参会人数达 5120 人。联合国秘书长安东尼奥·古特雷斯，埃塞俄比亚总理、诺贝尔和平奖得主阿比·艾哈迈德·阿里，联合国副秘书长李军华，国际电信联盟（ITU）秘书长多琳·伯格丹-马丁，互联网名称与数字地址分配机构（ICANN）首席执行官马跃然，互联网技术先驱泰斗、名人堂入选者温顿·瑟夫等出席活动并致辞。

二、会议观察

IGF 作为一个完全开放的讨论平台，将不同的人和利益相关群体平等地聚集在一起，交流信息，分享与互联网及其技术有关的政策和做法。IGF 不制定任何有约束力的条约，但其多利益相关方模式、开放参会、平等讨论的理念和对数字治理新动向的"脉搏感知"受到国际社会的广泛认可，在互联网治理特别是全球数字治理中的影响力不断增加。

（一）全球互联网及 IGF 仍然保持地缘政治中立性

2022 年 2 月开始的俄乌军事冲突是对全球互联网中立性的考验，也是 IGF 需要应对的新背景。全球互联网中立性能否经得住考验受到全球网民、互联网技术社群、各国政府共同、持续的关注。2022 年 3 月，乌克兰申请撤销俄罗斯相关域名被 ICANN 拒绝，全球互联网中立性经受住了考验。

作为一个完全开放的多利益相关方对话平台，本届 IGF 年会显示，现有的全球互联网地缘政治中立性仍然保持，并且，这仍然受到互联网多利益相关方的普遍支持。在本届 IGF 年会中，许多活动邀请俄罗斯的专家学者、政府官员作为发言嘉宾，俄罗斯参会者在活动中并未受到区别对待。即使是在讨论俄乌冲突和虚假信息战的研讨会中，也未听到支持切断俄罗斯与全球互联网连接的言论。总体而言，全球社群认为保持一个总体上中立、互联和有韧性的核心互联网基础设施是至关重要的。

（二）避免互联网碎片化成为热点但未形成一致的书面定义

避免互联网碎片化作为本届 IGF 年会的五大主题之一，在会上被广泛讨论。这一主题的活动包括 1 场主会议、3 场动态联盟（DC）会议、10 场开放论坛和 10 场研讨会。参会者在应用层面、技术层面、管理层面展开讨论，形成了一些基本共识：一是避免互联网碎片化首先要保障互联网的公共核心（如骨干网、DNS 等基础设施和服务）的稳定和安全，以维护互联网的开放、互联和可操作性；二是要进一步发挥多利益相关方治理模式的作用，破除信息孤岛，积极拓展多边合作以制定相关政策；三是需要关注大型科技公司利用其巨大的影响力导致的互联网碎片化，例如多家科技巨头拒绝为俄罗斯用户提供服务，影响数量庞大的受众。不过，参会者对于互联网碎片化的概念、标准和范畴等未达成一致意见，仍然存在辩论的空间。

（三）非洲对数字经济与全球互联网治理的参与度显著提升

此次 IGF 年会是时隔 11 年后再次由非洲国家举办。来自非洲的参会者占参会人数的 44%，较 2021 年波兰卡托维兹年会增长了 25%。由非洲机构主办的，或议题涉及发展中国家、不发达国家、南南合作等的会议活动占显著比例。一方面，这是非洲主场外交活动带来的参会便利；另一方面，这更体现出非洲国家发展数字经济并参与全球互联网治理的意愿和需求显著提升，并愿意积极通过 IGF 表达相关的诉求和呼吁。

与此同时，西欧国家依然是全球互联网治理和 IGF 的积极参与者和推动者。来自西欧的参会者人数占总参会人数的 21%，按地域区分仅次于非洲。这是西欧国家及欧盟一直以来积极通过数字政策与互联网治理保护个人隐私权、保护本地数字市场的体现。

（四）IGF 相关方对先进技术的前瞻性讨论值得关注

在本届 IGF 年会中，人工智能（AI）毫无疑问是最受关注的先进技术。AI 拓展了人类思维的范围和深度，将极大地影响人类社会的未来。"应对先进技术"作为本届 IGF 年会的五大主题之一，其主题表述专门提到 AI。涉及这一主题的活动包括 1 场主会议、2 场预热活动、1 场发布会、6 场开放论坛、7 场研讨会、3 场快速演讲，这些活动的内容涉及 AI 在社会治理、政府监管、教育、隐私权、女性平权、危机应对、元宇宙、技术透明等多方面的应用与倡议。这充分体现了 AI 技术的热度，以及 IGF 相关方对 AI 技术前景的认同。

在本届 IGF 年会中，有关星际互联网与低轨宽带卫星治理的研讨会紧跟科技发展与地缘政治时事。星际互联网相关的讨论得到了互联网先驱泰斗温顿·瑟夫的支持和加入。2022 年，人类太空探索的成果显著，包括国际合作的黑洞摄影、韦伯太空望远镜、我国主导的天宫空间站和嫦娥探月计划、美国启动的阿尔忒弥斯重返月球计划。未来，人类将持续推进太空探索，大国在太空中的竞争也可能逐渐激烈。太空星际互联网的通信需求和技术问题已经进入了人类的前瞻视野。以星链（Starlink）为典型代表的低轨卫星网络（天基互联网）在俄乌军事冲突和伊朗女性平权运动中发挥了实际作用，这展现了天基互联网在通信、军事、外交、应急等领域的价值和潜力。

（五）政府对 IGF 的重视程度有所提高

在此次 IGF 年会中，来自政府机构的参会者人数占参会人数的 29%，这一比例较去年的 19% 明显增加。虽然 IGF 不形成决议，也没有任何强制力，但其开放包容、言论自由、非国家间、多利益相关方参与的特点，也能被政府机构和政府相关方所用，以达到各国表达诉求、试探政策等的作用。埃塞俄比亚政府借举办此次 IGF 年会的主场外交之利，展现了其对非洲国家和发展中国家的代表性，表达了参与互联网和数字经济治理的诉求。美国政府代表和学者以"互联网未来宣言"为主题举办了研讨会，宣传了其价值主张，同时通过会上讨论试探了其他国家的诉求及其理由。巴西外交部代表以巴西政府的名义表达了发展中国家的立场和诉求，显示了巴西对发展中国家的代表性。

联合国 IGF 是目前对于互联网治理讨论最集中、覆盖多利益相关方最广的平台，且已经扩展到数字治理，为我们准确全面把握全球互联网治理领域的最新动态提供了良好机会。在本届 IGF 年会中，各方对将于 2024 年联合国未来峰会上出炉的《全球数字契约》寄予厚望，期待其为避免互联网碎片化及保障全球互联网用户安全和数据权利凝聚共识。

联合国 IGF 热议互联网碎片化风险

（2022 年 12 月）

2022 年 11 月 28 日至 12 月 2 日，第 17 届联合国互联网治理论坛（IGF 2022）在埃塞俄比亚首都亚的斯亚贝巴举办。避免互联网碎片化（Internet Fragmentation）作为本次大会的五大主题之一，在会上引起广泛讨论。作为互联网碎片化的极端例子，互联网关闭（Internet Shutdown）也在会场引发热议。

一、互联网碎片化的概念

目前，业界并未就互联网碎片化的概念、标准和范畴达成一致意见。互联网名称与数字地址分配机构（ICANN）在其 Wiki 上给出了一个简单定义：互联网碎片化是指**互联网可能面临被分裂成一系列网络空间段的危险，危及其连接性**。2016 年，世界经济论坛（WEF）"互联网的未来"行动倡议发布了由威廉·德雷克、温顿·瑟夫和沃尔夫冈·克莱因瓦希特合著的白皮书《互联网碎片化概要》，用技术、政府、商业三种形式对互联网碎片化进行了工作定义。其中，碎片化的技术定义为**损害互联网通用连接性、互操作性以及一致连贯性的行为或者条件**。

二、互联网碎片化受关注的原因

当前逆全球化潮流汹涌，贸易保护主义抬头，供应链脱钩的呼声甚嚣尘上，俄乌冲突进一步凸显了矛盾，包括全球金融系统也面临分裂的风险。国际互联网（Internet）作为"连接各种网络的网络"（Network of Networks），其常态即为碎片化的。近期关于互联网碎片化热议背后的**实质是网络主权、数字主权等治理理念的分歧**。互联网正在成为各国权力争夺的重要战场，以中俄为代表的新兴互联网大国倡议在尊重网络主权的基础上构建全球互联网治理体系，而以美国为代表的西方发达国家则将网络主权视为开放、共享的互联网精神的对立面。2017 年，互联网治理领域著名学者、美国佐治亚理工学院弥尔顿·穆勒教授出版专著《互联网会分裂吗》，从政治、公共政策和国际关系等方面对互联网碎片化进行了集中探讨，并强调互联网碎片化的辩论是"**关乎数字世界里国家主权未来的权力斗争，是全球治理与开放获取和传统政府以疆界为限的管理模式的对抗**"，"**是地缘政治、国家权力以及全球治理的未来**"。

三、IGF 2022 关于互联网碎片化的讨论情况

据初步统计，本届 IGF 年会涉及"互联网碎片化"主题的讨论包括 1 个主会议、3 个动态联盟（DC）会议、10 场开放论坛和 10 场研讨会等共计 20 多场次的活动。

（一）会前各方相关举措各异

2019 年 4 月，俄罗斯颁布《主权互联网法》，被指助长了互联网的碎片化。2021 年，联合国秘书长在《我们的共同议程》中，将避免互联网碎片化作为未来《全球数字契约》待解决的五大数字问题之一。2022 年 4 月，美国发布《互联网未来宣言》，将避免互联网碎片化作为其愿景的重要组成部分，倡导维护互联网的全球性，避免政府强行关闭互联网的行为。2022 年下半年，IGF 内部的相关政策网络（PNIF）初步形成了一个互联网碎片化的框架草案。2022 年 9 月，ICANN 第 75 届政策论坛专门就互联网碎片化设置了一个主会议。

（二）讨论形成部分基本共识

共识之一是避免碎片化首先需要保障互联网公共核心（如骨干网、DNS 等基础设施和服务）的稳定和安全，以维护互联网的开放、互联和互操作性。共识之二是要进一步发挥多利益相关方治理模式的作用，弥合信息孤岛，同时积极拓展跨国的多边合作以制定相关政策。共识之三是需要关注大型科技公司和平台出于某些原因利用其巨大的权力导致的碎片化，例如多家科技巨头拒绝为俄罗斯用户提供服务，这影响了数量庞大的受众。

（三）碎片化的原因多种多样

联合国秘书长技术事务特使阿曼迪普·辛格·吉尔（Amandeep Singh Gill）认为，互联网碎片化与全球数字合作背道而驰，威胁到互联网的根基。**造成碎片化的原因可能是不同的体制、法规、文化和宗教背景，以及经济机会的驱动和国际合作的不足。**

伊朗代表莫卡贝里（Mokabberi）总结了互联网碎片化的四个成因：一是缺

乏对国家主权和各国价值观的尊重,以及网络空间国际治理中存在不平等;二是网络攻击和互联网军事化等威胁增大;三是数字环境中各个层面存在单方的强制措施;四是全球数字平台在非法内容、网络犯罪等领域的协作不足。对此,他提出三条建议:一是制定基于国际法的网络空间国际治理监管约束;二是就数字平台和服务提供商合理和负责任的行为建立框架规则和规范;三是所有会员国共同签署全球宣言,将互联网定义为一个和平发展的公共利益环境。

(四)互联网关闭现象不容忽视

会议讨论指出,作为互联网碎片化的极端情形,近年来,互联网关闭现象在全球多地多次出现。监测全球互联网关闭事件的 NGO 联盟组织 TheKeepItOn 宣称,仅 2021 年,全球 34 个国家/地区共发生了 182 次关闭事件。其中,缅甸军政府关闭互联网至少 15 次,最长的一次达 73 天。各地互联网关闭的情形和原因多种多样。例如,有的只关闭移动网络,有的关闭特定区域的互联网,有的禁封特定类型的网络流量。关闭的理由大多涉及**国家安全、技术问题或虚假信息**,有的关闭甚至仅是为了防止考试作弊。有支持者认为,阻止互联网访问是法律允许的在紧急状态下所采取的措施之一,比如孟加拉国法律允许政府在国家安全存在问题时关闭互联网。然而,这些国家也缺乏相应的问责机制,面对政府行为,人们普遍没有诉讼能力。

业内专家认为,关闭互联网的操作对于统一互联网本身有很大的伤害,对于全球互联网运行有较大的负面影响,必须加以限制,其原因包括:一是会对公共教育、卫生、社交、就业等民生问题产生直接的负面影响;二是及时准确的信息的缺乏易造成民众恐慌情绪和负面情绪蔓延,人们从其他渠道获取的信息也可能为虚假内容,对公共秩序形成较大的挑战。此外,在国际上,"互联网关闭"通常被认为是侵犯基本人权的表现,会面临较大的国际舆论压力。

四、启示

(一)维护互联网公共核心的安全稳定,避免互联网关闭

互联网公共核心作为信息基础设施,是数字经济发展的前提和基础,时刻关乎人们的生产生活。ICANN"同一个世界,同一个互联网"的理念深入人心,切断和关闭互联网的操作不仅不能达到控制有害信息的目的,也容易陷入国际舆论的漩涡。同时,应积极支持和参与卫星互联网甚至星际互联网等前沿科技的研发,拓展新的互联网基础设施类型,多方面保障互联网的有效连接和公共

核心的安全稳定运行。

（二）反对泛化互联网碎片化概念，支持技术创新

有 IGF 2022 的与会者将互联网碎片化与数字主权、网络监管联系起来并上升到政治高度，认为其挑战了互联网的全球性和开放性，毫不理会技术专家对其兼容性和可扩展性的肯定评价。我们要进一步凝聚共识，不随意扩展、放大和泛化互联网碎片化的相关讨论集，为互联网技术创新和互联网治理留出空间。作为第 77 个全功能接入国际互联网的后发国家，我国还需要加强对互联网技术的投入、创新和推广。

（三）基于共识参与谋划解决方案、制定全球数字契约

在包括 IGF、ICANN 在内的各国际场合中，关于互联网碎片化的讨论目前正在如火如荼地进行，有关各方尚未就原则、概念和应对措施达成一致意见，PNIF 在 2023 年将推进第二轮工作，重点讨论解决方案。从本次 IGF 来看，各方对将于 2024 年联合国未来峰会上出炉的《全球数字契约》寄予厚望，将其视为避免互联网碎片化及保障全球互联网用户安全和数据权利的有效共识。在这个重要文件出炉的过程中，我们应该不缺位、不失位，积极贡献中国智慧和中国方案。

关注互联网治理的发展中国家视角

（2022 年 12 月）

2022 年 11 月 28 日至 12 月 2 日，联合国互联网治理论坛（IGF）年会时隔 11 年再次由非洲国家举办，亚非拉地区新兴经济体的政府官员和非政府代表积极参会，呼吁互联网治理关注发展中国家被忽视的问题，寻求独立自主参与全球互联网治理。面对全球互联网与数字化转型加速融合的趋势，发展中国家逐渐认识到，如果接连错失科技、产业、治理机遇，未来在全球数字化加速的进程中将处于更加不利的地位。

一、会议情况

此次 IGF 年会是时隔 11 年再次由非洲国家举办的。 借助主场优势，非洲参会者人数占参会人数的 44%，较 2021 年波兰年会增长了 25%。非洲主场外交除了便利参会，更体现了非洲国家发展数字经济、参与全球互联网治理的需求显著提升，并重视通过 IGF 表达相关诉求。

由非洲机构主办的或议题涉及发展中国家、不发达国家、南南合作等的活动在本届 IGF 年会中占显著比例。 往届年会的类似研讨会一则场次数量偏少，二则仅零星地关注产业经验分享、弥合社会群体连接鸿沟等无争议的"小"话题，缺乏在全球治理的进程中通盘考虑发展中国家的立场。今年的有关研讨会**首次尝试直面全球治理的视角偏差问题，即广大发展中国家眼中的互联网治理是什么样的、应当是什么样的。** 由巴西民间组织主办的研讨会在主题中抛出"谁被落下了"之问，邀请南亚、非洲、拉美等地区的民间组织代表分享各自的观察和见解；有一场关于大型数字平台治理的研讨会，也突出了全球格局、发展中国家视角，发言嘉宾主要来自发展中国家。

IGF 年会逐渐成为联合国框架下广泛讨论数字化连接愿景的平台，发展中国家加强参与是大势所趋。 "数字""人工智能""数据"等词汇是近五届年会研讨会主题的热词（参见图 2）。① 一方面，在联合国框架下相关机构引导全球

---

① 从 2017 年起，IGF 在官网上对当年通过的研讨会方案进行公示。此处作者通过统计热词频次来对 2017 年至 2021 年 IGF 年会研讨会主题进行简单内容分析。

共商共议；另一方面，由于 IGF 年会研讨话题从全球各界"海选"而来，发展中国家元素的增加，反映出**发展中国家逐渐认识到应借助该平台参与全球互联网治理，并逐渐融入全球数字化未来的治理进程**。联合国非洲经济委员会代理秘书长在致辞中表示，IGF 旨在推动各方就数字化转型和弥合数字鸿沟进行讨论，"我们决不能忘记本届论坛在哪里举行：在非洲大陆，只有三分之一的人能上网。"

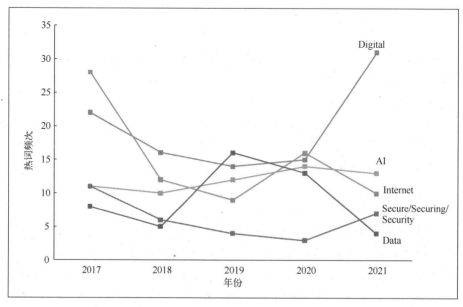

图 2　IGF 年会研讨会热词频次（2017—2021 年）

二、会议观察

本届年会上，拉美、非洲、南亚和东南亚等地区的代表积极地表达本国或地区的视角和观点，热议发展中国家应如何在全球互联网治理进程中走出一条独立自主的道路，这产生了强烈的共鸣。近几年，这些地区的互联网治理十分活跃，**互联网治理呈现出与数字治理交融的趋势，网络内容监管、电子商务、数据治理是最主要的治理领域**；外国网络平台逃避管辖、内部治理导向不清晰等是发展中国家互联网治理亟待解决的重要问题。

（一）本地互联网治理快速发展，但长期一致性不足

一些政治领袖的努力对推动当地治理的进步起到了明显的作用，然而，由于法制不健全、政治环境不稳定，互联网治理时而激进时而停滞。例如，印度民间组织代表认为，印度的互联网治理进程前后矛盾，造成治理导向不清乃至混乱。该代表表示，在本次会议召开前的近两个月间，印度政府就数据和电信传输内容分别出台了两部法规，使监管导向发生剧烈调整：社交媒体和 OTT 内容监管突然收紧，要求网络平台事先获得许可证书，如果发生内容"事故"将被吊销证书。

国际国内治理难题交织，呼唤治理智慧。面对互联网平台治理，许多发展中国家面临平台治理和内容治理缺乏"抓手"的难题。例如，互联网社交媒体平台滋生网络乱象，但本国管辖权只能触及本国电信企业、互联网服务提供商和普通用户，造成要么监管不到位、要么惩戒过度的尴尬。

（二）立足本地文化与法治，追求独立自主治网

在关于"大平台治理"这一热点问题的研讨会上，美国代表提出的"全球应当落实一套普世原则"的观点遭到许多发展中国家代表的反对。这些代表指出：**世界各地情况各异，互联网治理的"普世原则"不可能实现，也不值得追求；**巨头（美国）的"失败之处"，恰恰在于执着于"普世原则"，没能根据当地的情况调整内容政策和配置资源，缺乏适应性的文化语境和法治进程。

一些代表进一步提出，互联网治理要**"去殖民地化"。**他们一方面认可保障人权和利益相关方参与治理的必要性，另一方面强调"以我为主，为我所用"，不能照搬美欧的治理方法。印度和尼日利亚代表指出，多利益相关方模式名义上是为了"连接更多人"，实际上是"为大科技企业连接更多人"，广大发展中国家的民众是消费者和数据贡献者，却不能充分参与治理进程。

（三）渴望融入全球治理进程，希望尊重发展中国家的特性

在关于"谁被落下了"的研讨会上，一些代表进一步提出："**包容的治理进程不仅要汇聚声音，还要融入议程。**"有非洲代表指出，非洲的各项现代化进程起步晚，只参与了全球科技产品消费，缺席了全球科技发展进程和多方治理进程，非洲的互联网治理近几年才从探讨连接的"可获得性"，逐渐发展到涉及全球互联网治理的"主流议程"。多名拉美代表指出，当世界各国和地区加速推进数字立法时，还有许多人由于未连网和文盲等原因无法参与治理进程。

全球大变局对各国治理能力和参与全球治理的能力带来挑战，**对广大发展中国家而言，如何参与全球议程受更多复杂因素的影响。**有非洲代表指出，非洲的治理格局是"分割的"——非洲存在太多"倡议"，缺乏一致的治理体系。

巴基斯坦、印度的民间组织代表介绍，南亚互联网治理受到当地政治局势和民族意识变迁的影响，一方面是在后殖民时代追求现代的宪政法治，另一方面是面对外国互联网科技落地生根，反"现代殖民主义"的心态兴起，国家政策受到排外和开放两种矛盾倾向的影响。对于仍受后殖民地视角笼罩的国家，他们更加迫切需要公正合理地参与全球互联网治理、数字治理的进程。

三、会议启示

伴随互联网国际治理进程向全球数字治理进程靠拢，互联网治理需要正视全球治理公平的问题，避免在人类全面数字化背景下南北治理产生更大的割裂。一是要坚定维护以联合国为核心的国际治理体系，把握好《全球数字契约》商议契机，维护和发展好联合国框架下 IGF、ITU、WSIS 等议事和决策平台，支持发展中国家捍卫主权和表达合理正当诉求。二是要充实和深化有关弥合数字鸿沟的讨论，各方需要在现有的数字连接鸿沟的基础上，深入讨论南北国家和地区的发展鸿沟、国际治理能力鸿沟，为弥合数字鸿沟的话题延续生命力。三是要着眼全球普遍且有效的连接，基于广大发展中国家的立场，倡导基于国情民情、符合产业实际、具有可持续性的治网方式方法。

互联网治理权力结构发生调整，应维护联合国多边机制的影响力

（2022 年 4 月）

近年来，美国国务院成立网络空间和数字政策局（CDP）、美欧依靠国家力量参与技术标准的竞争、欧洲通过立法规制互联网巨头、乌克兰政府要求 ICANN 切断俄罗斯互联网等一系列事件表明，全球互联网治理正在从技术社群和企业主导转向政府主导，以联合国为代表的多边机制将在互联网治理领域发挥更为重要的作用，对美西方主导的多利益相关方模式形成冲击。

一、以联合国为代表的多边机制的重要性凸显

互联网治理已经从对"互联网技术"的治理拓展到对"互联网上发生的行为"的治理，政府的互联网治理"工具箱"也日益丰富，因而政府在互联网治理中的重要性凸显。同时，地缘政治博弈的影响已经蔓延至互联网治理领域，以多利益相关方模式为特点的松散国际社群没有足够的能力应对政治问题，多边机制势必将发挥更大作用。

各国开始更主动地参与互联网治理。随着数字经济迅速发展，网络安全威胁不断加剧，互联网治理在地缘政治博弈当中的作用愈发凸显，各国对互联网治理日益重视。同时，随着各类法律法规的出台，双多边国际合作框架的形成，政府参与互联网治理的手段也日趋丰富，治理能力大为提升。在需求与能力的双重促进下，国家在互联网治理中的重要性和参与互联网治理的积极性都显著提高。

技术社群受制于国家的地缘政治战略。随着全球百年未有之大变局加速演进，美国、欧盟及我国都将信息通信技术标准视为抢占发展先机的关键，以国家力量推动技术标准的制定。美国国家标准与技术研究院（NIST）指出，技术标准主导权争夺关乎美国的全球核心地位，是美国的绝对核心利益。欧盟委员

会内部市场委员蒂埃里·布雷顿（Thierry Breton）表示，"谁制定了标准，谁就掌握了市场"。技术社群在国际地缘战略的压力下，将受到政府更大的影响。

政府对互联网企业的治理手段更为丰富。近年来，以欧洲为代表的更多国家和地区开始着手对美国企业采取更为机制化的反垄断措施。欧盟《通用数据保护条例》《数字市场法案》《数字服务法案》等一系列法律和相关的司法实践，以及 OECD 在数字税领域的突破性进展，都为全球规制互联网企业提供了范本，这极大地增强了政府在互联网领域的治理能力，提升了政府在全球互联网治理与大型互联网企业博弈中的话语权。

以联合国为代表的多边机制的重要性凸显。受互联网发展历史的影响，互联网治理多利益相关方模式受到美西方的广泛推崇。其重要原因是美国互联网企业一方独大，技术社群中美国人占多数。全球最大的十家企业中，美国互联网相关企业超过一半；ICANN 第 66 次会议[①]中 56% 的参会者来自北美洲，美国在多利益相关方机制中占据显著优势，美国政府的参与反而会削弱该优势。但随着各国政府参与互联网治理的需求和能力的提升，以联合国为代表的多边机制在互联网治理问题上必将开始发挥更多的作用。

二、联合国框架下的互联网多边治理机制

联合国在相关成员国的推动下，形成了一系列以多边为主的互联网治理研讨机制。政府专家组（GGE）、开放式工作组（OEWG）、互联网治理论坛（IGF）是其中相对重要的工作机制。

GGE 和 OEWG 是各国缓解网络安全威胁的重要平台。国家安全是国家的基本利益，也是现阶段国家参与互联网治理最为积极的领域之一。以联合国为代表的国际多边组织正通过 GGE 和 OEWG 来完善和制定新的国家负责任行为规则、规范、原则及其实施方式，研究国际法如何适用于国家使用信息和通信技术的相关问题，以及推动建立信任措施和开展能力建设，建立"开放、安全、稳定、无障碍、和平"的网络空间。相比 GGE，OEWG不限参与名额且增加了多利益相关方参与。两个工作组以成果为导向，相关报告将提交联合国大会讨论，这对未来国家在网络空间的互动将起到重要的规范作用。

IGF 是联合国为互联网治理更广泛议题的讨论提供的平台。2005 年，联合国根据信息社会世界峰会（WSIS）的相关决议，设立多利益相关方政策对话平

---

① 本次会议于 2019 年召开，是新冠疫情之前的最后一次线下 ICANN 会议。

台 IGF，每年举办一届。IGF 不以成果为导向，议题更为多元，形式更为松散。其最初目的是提升各方对互联网治理议题的重视程度，促进各主体间的交流对话，同时对全球互联网治理的发展起到设置议题的作用。近年来出现了改革 IGF 的呼声，希望 IGF 能够形成实质性提案，同时提升曝光度，相关的讨论仍在进行当中。

三、新权力结构下互联网治理的风险与机遇

各国在网络安全领域分歧将更为显著，多边机制存在停滞和"谈崩"的风险。安全问题涉及各国的核心利益关切。在地缘政治博弈愈演愈烈的背景下，网络空间国际规范问题不仅可能"谈不拢"，甚至可能"谈崩"，这将使得整个机制无法继续运转。

多边机制讨论互联网治理，有助于缓解"数字鸿沟"带来的话语权差异。由于全球数字鸿沟不断加大，各国在多利益相关方模式下的话语权差异巨大。发展中国家的企业、技术社群参与相关讨论的能力和意愿相对欠缺。我国一些互联网企业由于回报周期长，同时其营收主要在国内，参与意愿同样不高。联合国的多边机制重新拉平各国的话语权，使各国无论互联网治理能力如何，均可平等参与对话，极大地缓解了多方模式下数字鸿沟带来的话语权差异，因此，在多边机制下形成的互联网治理成果更具有代表性。

"多方+多边"的"二元"模式互动将取代单纯的多方治理。现阶段政府治理能力的提升尚不足以替代多方的共同参与，互联网企业和技术社群仍将在互联网治理领域起到重要的作用。跨境数据流动、互联网平台内容治理、人工智能伦理等互联网治理的新兴议题都需要企业和技术社群的充分参与。与互联网基础资源和技术标准的纯多方自治模式不同，多利益相关方提供最佳实践和解决方案、多边机制讨论修订并执行的二元模式更加成熟，并可在更广泛的议题上发挥作用。

四、启示

在互联网治理权力结构发生变化、美西方加大力度维护既有多方治理模式的背景下，要更加坚定地维护联合国体系下的互联网治理多边机制。

一是积极团结发展中国家，维护联合国互联网治理多边机制的活力和有效性。在联合国多边机制下，各国具有平等的发言权，能够有效平衡美西方相关主张。联合国秘书长古特雷斯提出的《我们的共同议程》将互联网互联

互通放在重要位置，要在 2030 年让所有人拥有安全、负担得起的互联网接入。应推动联合国各互联网治理机制加大力度讨论相关议题，抓住**联合国《全球数字契约》制定的契机**，让更多发展中国家加入讨论，逐步形成成果，维护多边机制的活力和有效性。

二是积极推动中国互联网企业参与全球互联网治理讨论。联合国框架下 OEWG 和 IGF 均鼓励多方参与。我国互联网企业经过十余年的快速发展，已经形成了一定的规模，有能力与全球共享智力和最佳实践，增进各方对我了解，推动构建网络空间命运共同体。

"伦敦进程"及其后续发展

（2020 年 5 月）

英国政府在 2011 年发起的"伦敦进程"，迄今为止已先后在伦敦（2011 年）、布达佩斯（2012 年）、首尔（2013 年）、海牙（2015 年）、新德里（2017 年）召开了五次网络空间国际会议。伦敦进程由西方国家发起和主导，秉持以"互联网自由、开放、人权保护"为代表的西方主张，以网络空间相关政策辩论为主。其代表性、民主性相对较弱，是以欧洲为代表的西方国家的发声平台。

前三次会议没有产生成果文件，而是以主席声明的形式结束。2015 年，在海牙召开的网络空间国际会议宣布成立全球网络专家论坛（Global Forum on Cyber Expertise，GFCE），并形成了制度性安排。GFCE 由荷兰和其他国家政府的部长，以及部分企业和国际组织的高级别代表共 42 人共同发起。2017 年，GFCE 在第五次网络空间国际会议上形成的《德里公报》成为其基础性共识文件。GFCE 主要聚焦网络能力建设，针对网络安全政策和战略、网络突发事件管理和关键基础设施保护、网络犯罪、网络安全文化和技能、网络安全标准 5 大领域分别成立了工作组（后取消了网络安全标准工作组），逐步具备了信息交流中心的功能。2017 年，GFCE 注册成为非营利性基金会并下设秘书处，与工作组、顾问委员会、成员、合作伙伴共同构成 GFCE 社群。

目前 GFCE 仍在积极活动，持续通过其下设的 4 个工作组在相关领域推动研究工作，但尚未形成系统性的研究成果。由于西方类似网络空间合作平台的数量日益增加，各类研究成果频出，其影响力较为有限。2019 年 10 月，GFCE 在埃塞俄比亚首都亚的斯亚贝巴与非盟委员会共同举办了 GFCE 2019 年年会。

《网络空间信任与安全巴黎倡议》评析

（2020 年 5 月）

一、《巴黎倡议》的出台

2018 年 11 月 12 日，法国总统马克龙在第 13 届联合国互联网治理论坛（IGF 2018）期间发表演讲，并提出《网络空间信任与安全巴黎倡议》（以下简称《巴黎倡议》）。《巴黎倡议》在国际社会引发了较大的反响。截至 2018 年 11 月底，至少有 57 个国家、284 家私营企业和 115 个相关组织已经签署了《巴黎倡议》。我国未签署《巴黎倡议》。

《巴黎倡议》提出，网络空间应是开放、安全、稳定、可及与和平的，各行为体均对此负有共同的责任。基于这一理念，《巴黎倡议》提出了一系列增进网络空间信任、安全和稳定的主张，如强调国际法在网络空间的适用、预防和应对恶意使用信息通信技术的行为、强化多利益攸关方路径等。这些主张有的已达成不同程度的国际共识，有的则属于国际上共识程度较低的新内容。

二、《巴黎倡议》的主要内容

（一）关于国际法在网络空间的适用

与国际法适用于网络空间相关的内容，在《巴黎倡议》中占据了不小的篇幅，这与近年来国际社会对网络空间国际规则日益重视的总体态势是一致的。20 世纪 90 年代后期以来，主权国家日益"回归"网络空间并成为网络活动的重要主体，使现实世界的国际关系和国际秩序开始向网络空间延伸，这必然要求国际法在网络空间的秩序构建中发挥重要作用。2013 年 6 月，联合国信息安全政府专家组（UNGGE）达成的共识性报告确认了国际法特别是《联合国宪章》在网络空间的适用。2015 年 7 月，UNGGE 又就国际法如何适用于网络空间达成了 6 点意见，并提出了 11 条网络空间的负责任国家行为规范。这些成果受到了国际社会的普遍重视和欢迎。不过，对于国际法在网络空间的适用（特别是自卫权、武装冲突法和反措施在网络空间的适用等问题），美国等西方国家和中俄等新兴国家也存在一些不可忽视的分歧。中俄等国认为，渲染自卫权、武装冲突法等内容在网络空间的适用，将助推网络空间的军事化和军备竞赛，这不利于网络空间的和平与稳定。由于这些分歧的存在，2017年6月，UNGGE未能就国际法在网络空间的适用达成新的共识性报告，推动网络空间国际规则的努力遭受挫折。

在此背景下，《巴黎倡议》有关网络空间国际法的内容值得商榷。该倡议不仅专门提及国际人道法在网络空间的适用，还突出强调"《联合国宪章》全部内容"和"习惯国际法"也适用于网络空间，其指向性不言而喻——到目前为止，国际上对自卫权（规定在《联合国宪章》第51条中）以外的《联合国宪章》的其他内容适用于网络空间并无原则性分歧，而反制措施被广泛认为是习惯国际法的一部分。也就是说，这实际上仍是对西方国家有关国际法适用于网络空间的核心诉求的重申，是希望推动获得它们在UNGGE谈判中没有得到的东西。

（二）关于多利益相关方网络治理模式

对多利益相关方网络治理模式的推崇，是《巴黎倡议》的另一个突出特点。多利益相关方治理模式强调包括主权国家和各种非国家行为体在内的所有利益相关方在包容、平等基础上对话与合作。应当看到，与很多传统的社会生活领域不同，网络空间治理具有跨领域、多元性、高度复杂等特点。各种非国家行为体参与网络治理，往往在某一方面有着独特的优势和重要性。以互联网企业和平台为例，它们直接掌握用户数据信息，具备有效协助打击恶意网络活动的能力，例如，脸书（Facebook）协助美国政府追踪虚假信息，保证美国中期选举顺利进行。因此，过去几年中，各种非国家行为体在网络空间治理中积极发声，并发挥了较大的作用。互联网之父蒂姆·伯纳斯·李（Tim Berners-Lee）提出的《互联网协议》、微软呼吁制定的全球《数字日内瓦公约》及由国际法专家编纂的《塔林手册》1.0版和2.0版，都可以视为这方面的突出例证。事实上，尽管《巴黎倡议》是由法国总统马克龙在联合国互联网治理论坛上发布的，但它并不是一个真正的政府层面的倡议——《巴黎倡议》本身就是由有关国家和非国家行为体共同酝酿、共同发起、共同签署的一个倡议。

尽管网络空间治理需要多利益主体共同参与，但是，国家仍然是其中最为重要的行为体。UNGGE在2013年和2015年达成的共识性报告中，均强调在降低网络空间风险和增强安全的国际合作中，主权国家应起领导作用和负首要责任，私营部门、学术界和民间社会的适当参与会促进有效合作。然而，在实践中，多利益相关方模式的支持者出于多方面的考虑，往往利用这一模式来否定或贬低主权国家在网络空间治理中的作用。《巴黎倡议》的字里行间似乎也表现出这一倾向。《巴黎倡议》不仅避而不谈在 UNGGE 报告及其他重要的国际文件中已经达成广泛共识的网络主权原则，也没有片言只语单独对国家在网络空间治理中的作用予以认可。相比之下，《巴黎倡议》却专门提及"私营行业重要行为体在增进网络空间信任、安全和稳定方面的责任"，并"鼓励它们提出旨在增强数字流程、产品和服务安全性的倡议"，厚此薄彼的倾向性一目了然。

（三）关于网络空间负责任行为规范

网络空间负责任国家行为规范是近年来网络空间国际治理领域的一个热点话题。本质上说，负责任国家行为规范是一种自愿的、不具法律约束力的"软法"规范，同时，它又是一类专门针对网络空间相关问题而提出的新规范，并因此而有别于现有国际法在网络空间的适用。2015 年 7 月，UNGGE 达成的共识性报告曾专门提出 11 条相关规范。此外，其他一些国家和非国家行为体也在竞相提出各自版本的规范。例如，微软在 2017 年初呼吁制定《数字日内瓦公约》，提出了 10 条意在"让政府承诺保护平民免受和平时期国家实施的攻击"的规范；全球网络空间稳定委员会（Global Commission on the Stability of Cyberspace）分别在 2017 年 11 月和 2018 年 5 月提出了"捍卫互联网公共核心"和"保护选举基础设施"两条规范，紧接着又在 2018 年 11 月发布了 6 条新的"新加坡一揽子规范"。可以说，负责任国家行为规范已经成为当前网络空间国际规则博弈进程中的关键环节之一。

《巴黎倡议》以近三分之一的篇幅，纳入了 9 条可以归入负责任国家行为规范的具体倡议或主张，这成为《巴黎倡议》的又一个重要"看点"。其中，除了第 9 条（"促进网络空间负责任国际行为规范和建立信任措施的广泛接受和实施"）属于更为原则性的"管总"规范，另外 8 条基本上都不是第一次出现的，而是在其他一些场合已经被提出的。

《巴黎倡议》中 8 条实质性的负责任国家行为规范，少数反映了 UNGGE 于 2015 年所达成的 11 条规范的相关内容，国际共识程度相对较高，大多数则属于近两年来全球网络空间稳定委员会、微软等非国家行为体（机制）所推动的规范，还远未在国际层面达成共识。事实上，全球网络空间稳定委员会和微软都深度参与了《巴黎倡议》的酝酿、起草并签署，他们的主张能够较多地反映在该倡议中并不奇怪。

三、几点认识

《巴黎倡议》的进展值得我们关注，因为它在客观上已构成网络空间国际博弈的一部分。《巴黎倡议》很大程度上契合了国际社会对网络空间信任、安全和稳定的呼唤。《巴黎倡议》试图凝聚国际社会有关网络空间治理的共识，这具有一定的积极意义。

《巴黎倡议》中提出的"国际法，连同联合国框架内发展起来的和平时期自愿性负责任国家行为规范以及相应的建立信任和能力建设措施，构成网络空间国际和平与安全的根基"，其实就是西方国家近年来提出的网络空间稳定的"三大支柱"（国际法在网络空间的适用、负责任国家行为规范、建立信任措施）；其关于国际人道法、国际人权法等适用于网络空间和《网络犯罪公约》等的阐述，大都是现有主张的重申。

《巴黎倡议》包含了诸多尚未在国际上达成共识的内容，同时也缺乏与新兴国家所关注的尊重网络主权、反对国家网络监控等霸权活动、制定网络空间国际反恐公约、推动在联合国框架下讨论和制定打击网络犯罪全球性国际法律文书等问题有关的内容。由于《巴黎倡议》的有关内容存在较为明显的不平衡性，包括中国和俄罗斯等在内的许多新兴国家没有签署。另外，《巴黎倡议》隐含着加强欧洲在网络空间治理和国际规则制定中的话语权的意味，支持《巴黎倡议》的也主要是欧洲国家，当时的美国政府也未表示支持。《巴黎倡议》出台的过程，彰显了西方国家政府与智库、学界和产业界之间强有力的联动机制和推进能力，以及对网络空间负责任国家行为规范等软法性规范的重视，这值得我国思考和借鉴。

附：《网络空间信任与安全巴黎倡议》

如今，网络空间在我们生活的方方面面均扮演着重要的角色，各行为体尽管作用各不相同，但都对增进网络空间的信任、安全和稳定有着共同的责任。

我们重申支持一个开放、安全、稳定、可及、和平的网络空间，它已成为社会、经济、文化和政治生活各方面不可或缺的一部分。

我们还重申，国际法，包括《联合国宪章》的全部内容、国际人道法和习惯国际法，对各国使用信息通信技术的活动均适用。

我们重申，人们在线下拥有的权利必须在线上同样获得保护，也重申国际人权法适用于网络空间。

我们重申，国际法，连同联合国框架内发展起来的和平时期自愿性负责任国家行为规范及相应的建立信任和能力建设措施，构成网络空间国际和平与安全的根基。

我们谴责和平时期的恶意网络活动，尤其是对个人及关键基础设施有可能造成或实际造成重大、不加区分或系统性危害的活动，并欢迎加强这方面保护的倡议。

我们也欢迎国家和非国家行为体为恶意使用信息通信技术——无论何时发生，也无论在武装冲突期间或之外——的受害者提供公正和独立的援助。

我们认识到，网络犯罪活动的威胁要求在一国之内和国际层面作出更大的努力，来提升我们所用产品的安全性，加强我们对犯罪分子的防御能力和促进所有利益相关方之间的合作。在这方面，《网络犯罪公约》是一份关键的法律文件。

我们认识到，私营行业重要行为体在增进网络空间信任、安全和稳定方面的责任，鼓励它们提出旨在增强数字流程、产品和服务安全性的倡议。

我们欢迎各国政府、私营部门和公民社会合作，制定使基础设施和相关组织得以强化网络保护的网络安全新标准。

我们认识到，所有行为体都可通过鼓励负责任、协同地披露漏洞，来支持网络空间的和平。

我们强调，所有行为体都需要加强广泛的数字合作、更多地开展能力建设。我们鼓励有关增强用户恢复力和能力的倡议。

我们认识到，强化多利益攸关方路径，进一步降低网络空间稳定的风险及增强信心、能力和信任的努力，实属必要。

为此，我们确认愿意在现有的国际场合并通过相关组织、机构、机制和进程的共同努力，相互帮助并落实合作措施，尤其要：

——对有可能或实际给个人及关键基础设施造成重大、不加区分或系统性危害的恶意网络活动加以预防和从中恢复；

——预防有意和实质性破坏互联网公共核心的通用性或完整性的活动；

——加强预防境外行为体通过恶意网络活动破坏选举进程、蓄意进行干预的能力；

——预防利用信息通信技术盗窃知识产权（包括商业秘密或其他机密商业信息）、意图为公司或商业部门提供竞争优势的行为；

——采取措施防止意在造成损害的恶意信息通信工具及实践的扩散；

——强化数字流程、产品和服务在其整个生命周期和供应链中的安全性；

——支持为所有行为体提供更高程度的网络清洁的努力；

——采取措施预防包括私营部门在内的非国家行为体为其自身或其他非国家行为体的目的发动黑客还击；

——促进网络空间负责任国际行为规范和建立信任措施的广泛接受和实施。

为了跟踪在适当的现有国际场合和进程中为推进这些问题所取得的进展，我们同意将在 2019 年召开的巴黎和平论坛和 2019 年在柏林召开的互联网治理论坛期间再次召开会议。

2018 年 11 月 12 日，巴黎

全球网络空间稳定委员会《推进网络空间稳定性》报告的有关情况

（2020 年 5 月）

2019 年 11 月 12 日，全球网络空间稳定委员会（Global Commission on the Stability of Cyberspace，GCSC）在 2019 年巴黎和平论坛的小组讨论会上发布了总结报告《推进网络空间稳定性》（*Advancing Cyberstability*）。

GCSC 在 2017 年 2 月慕尼黑安全会议（MSC）上正式亮相，其 40 多名委员来自近 20 个国家。GCSC 的主要资助人是荷兰政府，其秘书处设在荷兰海牙战略研究中心和美国东西方研究所。

该报告代表了 GCSC 过去三年的工作成果。该报告根据国际机制理论"原则、规范、规定、决策程序"的理论框架，提出了促进网络稳定的框架、四项原则、八条行为规范及六点建议。该报告对影响网络空间稳定的各类问题多有涉及，试图提出能够在各方形成共识的基础性主张，并在以往主张的基础上加入了"不得破坏选举"等符合西方诉求的内容。然而，该报告未提及网络主权、和平利用网络空间、打击网络犯罪国际合作等发展中国家较为关心的网络空间稳定方面的内容。同时，该报告仍强调非政府机构在多利益相关方模式中的重要作用，对政府在促进形成具有约束力的框架、原则和行为规范中的正面作用未有提及。该报告的主要内容如下。

一、一个框架

长达 25 年的主要大国间的战略稳定和相对和平已经走到了"历史终点"。国家间的冲突有了新的形式，其中网络活动在这个新的不稳定环境中扮演着主导作用。在过去的十年里，由国家实体和非国家实体发起的网络攻击数量和复杂程度与日俱增，严重威胁到网络空间的稳定性。当前，民众和企业不能再确定他们能够安全地使用网络空间或确保其服务和信息的可用性和完整性。

在此背景下，GCSC 致力于促进全球网络空间稳定，并提出建立一个包含七元素的网络稳定框架,具体包括:(1)多利益相关方参与;(2)网络稳定原则;(3)自愿准则的建立与实施;(4)遵守国际法;(5)建立信任措施;(6)能力建设;(7)公开发布和使用确保网络弹性的技术标准。定义框架之后,GCSC深入探讨了其中的三个问题:多利益相关方的参与、原则和规范。

许多国际协议都呼吁多利益相关方的参与,但该概念仍有争议:仍有部分观点认为,确保网络空间安全和稳定仅是国家的责任。然而,在实践中,网络空间的设计、部署与运作主要由非国家行为体来完成,它们的参与对于维护网络空间的稳定是非常必要的。此外,它们的参与也是不可或缺的,因为非国家行为体往往是第一个对网络攻击及网络溯源作出反应的。

二、四项原则

GCSC 认为,这些非国家行为体不仅对确保网络空间的稳定至关重要,同时也应该受制于网络空间的原则和规范。GCSC 提出"四项原则",要求所有各方"承担负责""约束自身""采取行动""尊重人权",具体包括:

(1)承担责任:各行为体都有责任维护网络空间的稳定。

(2)克制自身:任何国家或非国家行为体都不应采取危害网络空间稳定的行为。

(3)行动要求:国家或非国家行动体应采取合理、适当的措施来维护网络空间的稳定。

(4)尊重人权:确保网络空间的稳定必须尊重人权和法治。

三、八条规范

在这些原则之上,GCSC 制定了"八条规范",以更好地维护网络空间的稳定并解决技术问题或漏洞,具体包括:

(1)国家和非国家行为体都不应实施损害互联网公共核心的通用性和完整性及网络空间稳定的行为。

(2)国家和非国家行为体不得追求、支持或默许旨在破坏选举、投票技术的基础设施的网络行动。

(3)国家和非国家行为体不应干预或篡改处于生产过程中的产品和服务,不应破坏供应链而损害网络空间稳定。

(4)国家和非国家行为体不应征用公众的信息通信技术资源用于僵尸网络或类似目的。

(5)国家应该建立程序透明的框架来评估是否及何时披露不为公众所知

的漏洞。默认的程序应该有利于信息披露。

（6）网络空间稳定所依赖的产品和服务的开发者和生产者应该优先考虑安全性和稳定性，采取合理措施保证产品或服务免受重大漏洞的影响，并及时采取措施消除漏洞，保持过程透明。所有行为体有义务分享漏洞信息，以帮助预防或减轻重大恶意网络活动的影响。

（7）各国应采取适当的措施，包括制定法律法规，保证基本的网络卫生。

（8）非国家行为体不应参与进攻性网络行动，国家行为体应该对这样的活动加以防范，并及时回应。

四、六点建议

GCSC 提出应重点加强多利益相关方的参与，促进规范的建立和实施，并确保那些违反规范的行为体受到惩罚。具体包括：

（1）国家和非国家行为体引进和执行加强网络空间稳定的准则，重点在于加强克制和鼓励行动。

（2）国家和非国家行为体应对违反规范的行为及时作出反应，确保那些违反规范的行为体面临可预见的后果。

（3）国家和非国家行为体（包括国际机构），应加大人员培训、建设能力的力度，提高对网络空间稳定重要性的共同认识，并尽量考虑不同行为体的需求。

（4）国家和非国家行为体应及时收集、分享、审查、发布违反规范的活动及其影响的信息。

（5）国家和非国家行为体应建立和支持确保网络空间稳定的社区。

（6）建立一个长期的多利益相关方参与机制，使国家、私营部门（包括技术社群）和民间团体充分地参与和咨询，以解决稳定性问题。

【专家视角】

关注和应对信息通信技术国际规则新倡议

（2022 年 1 月）

当前，全球地缘政治格局发生重大变化，信息通信技术对国家实力的影响愈发显著。各国政府高度重视塑造、影响有关国家使用信息通信技术的国际规则，尤其是国际法对国家信息通信技术活动的相关规定，借此反映自身的利益和诉求。反过来，信息通信技术国际规则也将对各国信息通信产业的发展起到塑造作用。在各国内部信息通信产业发展和管理的现实需求，与各国之间信息通信安全利益出现分歧的情况下，各国专家学者纷纷搭建平台推出各种倡议、主张。从以往的经验来看，类似的倡议、主张常被主权国家搬上联合国平台，对信息通信技术国际规则的发展产生了不可忽视的影响。为确保相关规则的制定权不被少数国家独占，我国应当高度关注相关进程的最新动向，并采取措施积极应对。

一、具有代表性的专家学者倡议及其新近发展

信息通信技术国际规则的制定是大国规则博弈的一个新领域，具有高度的复杂性和竞争性。由于各国之间在意识形态、价值观、现实国家利益等方面存在分歧，联合国等国际场合的政府间谈判进展较为缓慢。相比之下，专家学者提出的倡议、主张形式上更为灵活，更容易形成成果产出，也更容易被各方接受。现阶段，以下三大倡议尤其值得关注。

（一）《塔林手册》

《塔林手册》由北约合作网络防御卓越中心（以下简称北约中心）邀请国际法学者撰写。2013 年出版的 1.0 版主要关注"网络战"相关的国际法问题，2017年出版的 2.0 版大幅新增了主权、管辖权、国际责任、人权法等适用于和平时期信息通信技术活动的国际法规则，二者初步构建了一个包括战时法和平时法

且相对完备的信息通信技术国际规则体系。

2020 年 12 月，北约中心宣布启动 3.0 版的编写进程，计划在未来 5 年内根据新的实践发展更新 2.0 版的所有章节。3.0 版的工作程序与前两版相比也有一定的变化，首次面向全球学界和非政府组织征集对 2.0 版的修订和更新的书面意见。此后，北约中心将按惯例邀请不同国家的若干国际法专家组成国际专家组，负责编纂和审定新版的全部内容，并通过举办"政府代表咨询会议"来邀请各国政府代表就手册的有关内容发表国家观点，并最终在 2026 年正式推出 3.0 版。

（二）牛津进程

该进程是在牛津大学阿康德（Dapo Akande）教授和美国天普大学霍利斯（Duncan B. Hollis）教授的推动下，由牛津大学道德、法律与武装冲突研究所等机构在 2020 年 4 月牵头发起的。该进程不定期邀请 100 名左右来自不同国家的参会者（主要是国际法学者，也有少量其他领域学者和政府、国际组织代表）围绕特定专题举办线上会议，会后围绕该专题发布一份《牛津声明》（*Oxford Statement*）作为成果文件。该进程至今共举办了六次线上会议，主题分别为新冠疫情期间对医疗设备的网络攻击、疫苗研发遭受的网络攻击、网络干涉选举、信息行动（Information Operation）、网络空间审慎义务和勒索软件的国际法规制。

（三）"法国白皮书"

著名国际法学术团体国际法协会（International Law Association，总部设在法国）将在 2023 年迎来其成立 150 周年纪念，为开展相关活动，该协会委托其法国分会选择包括"国际法上的数字问题"（Digital Issues in International Law）在内的 23 个主题进行深入研究并分别发布一份白皮书（即"法国白皮书"），以期为相关主题提供问题概览、发现未来面临的挑战并提出应对措施。

"国际法上的数字问题"将主要关注数据、安全和人工智能三大议题对国际法提出的挑战，分析现有的法律解决方案并探索未来的法律演进方向。负责白皮书撰写工作的"指导委员会"（Steering Committee）由 3 位法国学者担任主席，10 位来自全球不同国家的学者担任委员，其中包括武汉大学法学院教授黄志雄。指导委员会将围绕数据、安全和人工智能三个议题组织线上专题研讨，研讨内容将作为白皮书的基础。3 位主席将在 2022 年 1 月至 5 月期间起草白皮书，待指导委员会协商通过后于 2022 年下半年发布。

二、专家学者倡议影响国家实践和国际谈判

在国家使用信息通信技术亟须"建章立制"但又缺乏公认的国际规则这一背景下，上述倡议围绕信息通信技术国际规则制定积极争取学术话语权和主导权、影响国家实践和国际谈判。

以《塔林手册》为例，尽管该手册 1.0 版和 2.0 版出版后不无争议，但仍然成为信息通信技术国际规则领域难以取代的"标杆"乃至"影子立法"，在学术研讨、国家立场、国际谈判等层面都产生了较大影响。就**学术研讨**而言，该手册 2.0 版出版后，就成为各种国际学术期刊和国际法学术会议的讨论热点。在国际法领域历史最为悠久、影响最大的学术刊物之一《美国国际法杂志》，就多次以专栏形式开展对 2.0 版有关网络主权等内容的研讨、辩论。就**国家立场**而言，近年来，一些国家在涉信息通信技术国际规则的高层演讲或官方立场文件中，大量引用该手册 2.0 版的内容作为论证本国立场主张的依据。例如，德国政府在 2021 年 3 月发布的《国际法在网络空间的适用》立场文件，曾 42 次在正文和注释中引用该手册。就**国际谈判**而言，在联合国信息安全政府专家组（**UNGGE**）、联合国信息安全开放式工作组（**OEWG**）的谈判中，手册的有关内容也往往被各国援引，并在谈判文案中得到一定的体现。鉴于该手册在信息通信技术国际规则发展进程中难以取代的独特地位和手册发起者对 **3.0** 版的精心策划，新版手册在未来的信息通信技术国际规则博弈中将继续发挥重要作用。

牛津进程启动一年多来，其发布的 5 份《牛津声明》和一份《网络空间的审慎义务》研究报告也在国际学术界和政界产生了较大的影响。2020 年 5 月，联合国安理会围绕信息通信安全问题举行的"阿里亚会议"援引了该进程的有关声明。该进程发起者还力图在联合国框架内的国际谈判中发挥影响力，例如，在 2021 年 12 月 14 日新一届 OEWG 会议期间，该进程还举办了一次边会。"法国白皮书"作为该领域的最新倡议，也有望产生较大的影响。

三、启示

近年来，习近平总书记多次强调要加快提升我国对网络空间的国际话语权和规则制定权。当前，网络空间"建章立制"已进入一个相对焦灼的关键阶段，国际上围绕信息通信技术国际规则的争夺和博弈日趋激烈。鉴于相关专家学者倡议在推动信息通信技术国际规则发展方面不可忽视的影响力，我国应当高度重视并积极应对，争取为高起点、高水平参与国际竞争筑牢根基，为扩展全球数字化合作凝聚共识。

第一，应密切关注、深入研判和积极影响现有倡议。针对相关倡议可能涉及的重点内容，在官方和非官方层面积极发声。《塔林手册》等倡议为提高其成果的国际代表性，积极吸纳包括中国学者在内的各国学者参与。《塔林手册》3.0版正在面向全球征集有关修订和更新的书面意见，后续还将举办专门会议听取各国政府的意见；牛津进程和"法国白皮书"也积极吸纳来自不同国家的学者和少量政府代表参加研讨，这些方式都为我积极参与和施加影响提供了渠道。由于这些倡议所涉议题的广泛性、复杂性和工作的持续性，单个专家仅凭一己之力都难以深度参与相关工作，因此可**联络相关专家学者凝聚共识、形成合力**。

第二，应适时发布我国在信息通信技术国际规则领域的官方立场文件。国际规则是在国家实践中不断发展的。明确的官方主张和政府实践对于影响和塑造国际规则有着极大的重要性，也必然会对《塔林手册》等学者倡议产生直接的影响。迄今为止，我国尚未出台信息通信技术国际规则领域的正式立场文件，也未以其他方式较为全面、深入地表达我核心立场。因此，尽早出台一份内容涵盖域内主要议题、配以较为翔实的法律论证和说理的官方立场文件，对于我参与信息通信技术国际规则制定和博弈相当重要。

第三，应积极推出我国主导的专家学者倡议。迄今为止，西方专家学者在主流信息通信技术国际规则领域占据主导优势，我在相关领域应有的国际话语权和规则制定权与产业体量不匹配。因此，极有必要加紧筹划并推出我国主导的专家学者倡议。**精心选择议题，统筹规划项目，合理配备队伍，拓展国际网络，加强国际表达。**

（作者简介：黄志雄，武汉大学法学院副院长、网络治理研究院院长，《塔林手册》2.0 版国际专家组成员，"牛津进程"线上研讨受邀专家，"法国白皮书"指导委员会委员）

第三专题
美国网络空间治理态势

互联网发源于美国。美国从自身的价值观、文化背景出发，希望给互联网打上开放、自由、兼容、可靠及安全的烙印。近年来，随着数字技术蓬勃发展，数字经济在各国经济份额中占据越来越重的份额，互联网及相关的技术创新成为经济社会发展的重要引擎，可以说谁能用好管好互联网，谁就赢得了未来发展的先机。美国作为全球第一大经济体，自然希望将网络空间治理按照自己的理念纳入其二战后主导建立的国际治理体系中，为美国继续保持世界领先地位保驾护航。

我国作为一个价值观和文化背景与美国迥异的国家，进入 21 世纪后经济实力突飞猛进，国际影响与日俱增。中美关系既有合作也有对抗，网络空间也成为角力的战场。自拜登政府上台以来，在联合西方盟友以安全为由动用国家力量绞杀我国科技企业的同时，也以价值观为借口在网络空间企图遏制和阻碍我国利用互联网和新技术崛起的势头。如何应对，值得我们深入思考和判断。

拜登政府互联网治理观察

（2021 年 3 月）

网络空间安全事务已经明确成为拜登政府的战略重点，拜登政府尚未对网络空间治理实施具体的措施，但其战略原则的一些重点初步显现：一是网络安全事务的战略地位进一步提升，财政、科技、军事等方面的重视度提高；二是修复盟友关系，加强美欧政策协调；三是推广美式价值观，在技术规则和秩序方面建立基于两方民主价值观的同盟，加强网络安全与价值观、国际交往、贸易等领域的"捆绑"。

一、互联网基础资源领域

目前，ICANN、IETF 等互联网逻辑层治理国际机制总体上保持稳定，拜登政府上任后尚未对互联网逻辑层采取针对性的政策措施，相关组织运行未有实质性的变化。

相关治理机制的多利益相关方模式为抵御一国政府的干预提供了一定的缓冲。但基于美智库提出的"重建美在全球技术标准制定方面领导地位""建立科技民主国家联盟"与中国竞争的战略，互联网逻辑层治理机制仍存在发生以下情景的可能性，其中一些已经不同程度地实现了。

一是美国政府通过加大政策扶持和资金投入，鼓励与美国政府有密切联系的或与美国政府观点相近的专家学者参与相关机制。

二是美国联合盟友在技术组织内结盟，形成"技术联盟"，在标准制定、专家遴选等问题上采取一致立场。

三是美国政府以相关的法律法规为工具，要求相关在美注册的网络空间逻辑层治理机构采取不利于其他国家的决策或要求其放弃某些决策。

四是受美国政府对某国的制裁措施的影响，ICANN、IETF 等在美注册的公司法人难以与该国注册管理机构开展合作。

二、网络空间治理领域的动向

拜登政府在网络空间治理方面尚未出台专门的、有针对性的新举措。整体上，有关的立法与施政工作有两个重点值得关注。

一是以法律手段规制互联网巨头企业的发展。近年来，美国互联网巨头、社交媒体平台的系统性问题得到暴露，在数字巨头反垄断、网络平台责任、隐私保护等社会关注的热点领域，已经出现了大量的立法修法动议，拜登任内有可能取得更多的进展。

二是恢复网络中立。网络中立政策的立法博弈是多年来共和党和民主党之间争议的焦点领域之一。常年力挺网络中立的议员杰西卡·罗森沃塞尔（Jessica Rosenworcel）被任命为 FCC 的代理主席。网络中立政策为民主党所倡导，民主党恢复对两院的控制，存在恢复网络中立的可能。

三、思考和启示

一是战略上充分重视，关注美西方国家同盟的共识与分歧，积极扩大我国的"朋友圈"。美国和一些西方国家的领导人提出在网络空间治理与网络发展方面形成"利益共同体"，但在对我国的策略方针上存在分歧。

二是提高技术、治理、贸易、涉外政策与法律、国际关系等多方面的能力，提高跨部门、跨领域协商和综合应变的能力。

三是在网络治理的"新问题"上，对数字巨头反垄断、算法歧视、平台内容监管等各国普遍关心的新技术、新模式、新挑战，以经验说话，贡献中国智慧。

浅析美封杀 TikTok 背后的逻辑及
未来对华网络政策走向

（2020 年 9 月）

自 2018 年以来，美国不断升级对抖音海外版 TikTok 的打压力度，接连出台制裁措施。美以国家安全为名高调封杀 TikTok，暴露出维护其全球数字产业独大的格局、通过数据掌控权赢得未来人工智能领导地位等的战略意图。

一、美封杀 TikTok 有多重原因

早在 2018 年 8 月 6 日，总统特朗普就签署了《外国投资风险审查现代化法案》（FIRRMA），大幅提升美国外国投资委员会（CFIUS）的权力，这是专门针对我国高新技术的一项重大举措。2019 年 11 月，CFIUS 启动了针对 TikTok 的调查。2020 年 8 月 5 日，国务卿蓬佩奥宣布启动所谓的"清洁网络"（Clean Network）计划。2020 年 8 月 6 日，总统特朗普宣布封杀 TikTok。这一系列动向表明，美此次封杀 TikTok，绝非临时起意，而是经过了前期的周密筹备并具有长远图谋的举措。

（一）TikTok 在全球的迅猛发展对美长期主导的社交媒体产业格局带来了冲击

自 2018 年字节跳动在美国市场正式推出 TikTok 以来，其在美国及全球主要市场发展迅猛。权威统计机构 Sensor Tower 的数据表明，2019 年 2 月，TikTok 全球累计下载量突破 10 亿次，同年 9 月，其在苹果和谷歌应用商店的总下载量超过 Facebook、Instagram 和 Snapchat，并在 2019 年第一季度、第三季度和第四季度位列"全球下载量最多 App 榜单"前三名，其用户数量年平均增长率达 376%。截至 2020 年 5 月，TikTok 全球下载量超过 20 亿次，其中，在美国的下载量达到 1.65 亿次，约占全球总量的 8.25%。

TikTok 在美国及全球市场迅猛崛起，对 Facebook、推特（Twitter）等美国社交媒体巨头形成了极大的冲击，打破了过去十多年间美科技巨头在欧洲、亚洲、拉美等全球主要应用软件市场的长期垄断局面。同时，由于手机应用产业

具有"赢者通吃"的特点，因此，TikTok 的快速扩张，对移动网络时代的全球数字产业格局具有深远的影响。

据统计，截至 2020 年 5 月，在美国的老牌社交软件公司中，Facebook 的市值最高，达 6723 亿美元，Twitter 的市值为 225 亿美元，Snap 的市值为 160 亿美元。据估算，未来全球社交媒体市场将有数万亿美元的市场规模。因此，TikTok 迅猛发展的势头，招致了美政界和商界的不安。2019 年 10 月，Facebook CEO 扎克伯格公开攻击 TikTok，指责其对网络内容进行审查。2020 年 7 月，在美众议院的一场反垄断听证会中，扎克伯格宣称 TikTok "将会危害美国文化环境"，"作为经典美国故事的 Facebook，正受到来自中国应用 TikTok 的威胁，这将不利于美国企业的技术创新。"

正如新美国安全中心的梅根·兰博斯所言，"(TikTok) 是第一款非美国的但却在美国市场做得如此之大的社交应用。对美国社交网络公司来说，它是一个真正意义上的竞争对手。"

（二）TikTok 在美取得成功是战后美软实力首次在本土遭遇挑战

近年来，随着中美各方面实力的此消彼长，TikTok 作为一款移动应用社交软件，在美本土市场成为最受欢迎的内容类产品，其意义在于，这是战后在美本土文化领域首次由一家外国企业夺魁，显示出令美国引以为傲的文化号召力和吸引力正在面临来自不同价值观和不同文化背景的挑战和融入。

正如美国《大西洋月刊》发表的《为什么美国害怕 TikTok》一文所言："TikTok 是第一家真正突破美国和全球意识的中国公司，已经成为由技术驱动而崛起的中国新挑战的象征，这一挑战不仅面向美国，而且面向美国在技术领域的统治地位"，"TikTok 崛起背后的全球高科技产业趋势，是美国政府最为焦虑的。通过国家安全的政治理由，将 TikTok 一举扼杀，成为美国政府和互联网巨头的共识和默契。"

从长远来看，TikTok 受到美年轻一代用户的钟爱，这将对美国社会文化及价值观产生潜在的影响。据统计，在 TikTok 的美国用户中，13～24 岁的用户占 69%（其中，13～17 岁占 27%，18～24 岁占 42%），25～34 岁占 16%，35～44 岁占 8%。虽然 TikTok 的运作模式是由用户生产和制作内容，但作为运营平台，根据美国目前的法律，TikTok 拥有对平台中所发布内容进行裁量和选择推送的主动权，因此，作为社交应用产品，其在信息传播及价值观念等方面的影响不可小觑。

（三）TikTok 的数据收集能力对美 AI 战略构成长远挑战

TikTok 的母公司字节跳动自我定位为 AI 公司，其在官方网站上表示："字节跳动的内容平台使人们能够享受由人工智能技术提供的内容。"TikTok 通过算法对用户数据、内容数据和场景数据进行分析，同时采取机器自主学习，这对于 AI 技术的发展具有重要的意义。

今天，海量数据的产生和流转是信息时代最为重要的战略资产，同时更是决定 AI 技术未来发展的基础资源。美国早在 2012 年 3 月便制定了《大数据研究和发展计划》，将大数据提升为国家战略。

2019 年 2 月，总统特朗普明确提出"要确保美国在人工智能等新兴技术发展方面的领导地位"，并签署一项名为"维护美国人工智能领导力"的行政命令，启动"美国人工智能倡议"（American AI Initiative），将 AI 研发作为优先事项，目标是"维持和加速美国在人工智能领域的领导地位"。同年 8 月，美国国家标准与技术研究院发布了《美国在人工智能领域的领导地位：联邦政府参与开发技术标准与相关工具的计划》，提出了"可信人工智能技术"的概念，提出要"确保 AI 技术的安全可靠"。

值得注意的是，美国在制定 AI 战略时，一直把我国当作竞争和防范的首要对象。2016 年，在美国国会首次 AI 议题的听证会中，参议员特德·克鲁兹就警告称："把开发人工智能的领导权让与中国、俄罗斯和其他外国政府，不仅会使美国处于技术劣势，还可能对国家安全产生严重影响。"美国国会研究服务局（CRS）在 2019 年的一份报告中称："人工智能市场的潜在国际竞争对手正在给美国制造压力，迫使其在军事人工智能的创新应用方面展开竞争。中国是美国在国际人工智能市场上最雄心勃勃的竞争对手。"

在美国看来，我国发展 AI 的一大优势是数据收集壁垒和数据标注成本较低、更容易创建大型数据库，而这是人工智能系统运作必不可少的基础。美国"新美国安全中心"技术和国家安全项目在 2017 年 11 月发布的报告显示，"2020 年，中国或将拥有全球 20% 的数据份额；到 2030 年，中国拥有的全球数据份额可能超过 30%。"由此，TikTok 的迅猛发展，使其客观上具备了大范围获取用户数据资源的能力，招致美保守政治势力的警觉。

二、美未来对华网络政策的走向

（一）美未来对华网络遏制战略渐成体系

2020 年 8 月 5 日，国务卿蓬佩奥宣布对华实施全面网络打击计划——"清洁网络"计划。2020 年 8 月 6 日，总统特朗普宣布封杀 TikTok。这表明美国在网络空间全面打压遏制我国的战略酝酿已久。

"清洁网络"计划旨在五大领域对我国进行全面的切割和围堵，具体内容包括：对中国电信提供的国际电信服务给予限制；美国应用商店下架所有不可信的中国应用程序；全面禁止我国企业（包括阿里巴巴、百度、腾讯、中国移动和中国电信）提供云服务；限制华为海洋正在建设的国际海底电缆项目。这显示出美国在网络空间全面遏制和打压我国的战略意图，并将在具体领域继续出台措施，其对华网络遏制将更成体系。

（二）美在网络空间领域打压我国的长效机制将更加完备

总统特朗普通过签署《外国投资风险审查现代化法案》（FIRRMA），使美国外国投资委员会（CFIUS）成为未来美国打压和遏制我国的重要机构。

从发展历史来看，CFIUS 在美国各重要阶段都呈现出权力不断膨胀的特点。CFIUS 是美国为防范风险、应对石油输出国家大量收购美国资产，由美国国会通过《1974 年外国投资研究法案》而建立的。"9·11"事件后，CFIUS 成为实施国家安全审查的重要机构。

总统特朗普任内新修订的 FIRRMA，将 CFIUS 的审查权限进一步扩大到新兴技术和基础技术领域，加强了对涉及"对国家安全至关重要或可能至关重要的技术、组件或技术项目"的审查，审查对象更加宽泛。同时，在机制上，CFIUS 成为一个拥有极大实质性权力的跨部门委员会，其主席由美国财政部部长担任，委员则来自国务院、国防部、商务部、国土安全部等 16 个美国政府的部门、机构、办公室。与美国其他机构相比，CFIUS 审查不同国家投资的相关指导性法规不够详细，其审查标准及决策过程也不甚清晰和透明，从而使 CFIUS 在行使权力时拥有较大的裁量权。在实践中，CFIUS 对中、俄及中东等国家和地区的投资者审查更为严格。例如，在 2018 年，就有蚂蚁金服收购 MoneyGram、中青芯鑫收购 Xcerra、中国重汽收购 UQM 等多起我国对美投资遭到 CFIUS 的审查并被迫终止。

（三）美将在网络空间领域加紧促成同盟

在中美高科技领域的博弈中，美国利用地缘政治，加紧游说西方盟友，加快结成同盟。印度及东南亚国家也对此做出不同程度的响应。2019 年 9 月，印度总理莫迪访美，美印两国有意在科技领域加强合作。2020 年，印度、美国先后封杀 TikTok。随后，日本、澳大利亚也分别采取行动表示将限制 TikTok。

三、思考和启示

从美封杀 TikTok 来看，美未来在网络空间进一步加紧对我遏制将是长期策略，所牵涉的技术领域也将更加广泛。应贯彻落实习近平主席提出的关于网络空间治理的"四项原则"和"五点主张"。一是在思想上要充分做好打持久战的准备。二是在具体应对策略上，要勇于创新、增强自信，总结我互联网企业在海外取得成功的经验，在力量对比发生变化的时期，精心策划新时期的对外产业合作模式，务实拓展技术研发与标准制定的国际交流合作，积极营造和维护有利于我的国内外市场环境。

（一）设计适应新实力对比形势下的对外合作模式

此次美封杀 TikTok，而美政界和商界很少对这种违背美国自由市场规则及相关法律原则的行为提出批评，更多的原因还在于美国在我市场没有对等利益，因此在打压我企业时没有顾虑。应进一步总结和评估我网络企业的海外成功经验，对我企业实力进行充分评估，在新的实力对比时期，设计符合我安全利益和发展利益的新的市场开放模式。

（二）巩固和拓展我高科技领域的对外交流合作网络

不断加强技术实力，通过加大资金投入、培养人才梯队等措施，进一步增强我在互联网及高科技领域的技术优势和制度优势，在互联网技术及标准领域进一步加大与国际机构的交流合作，积极参与相关活动，并提供必要的资金和政策支持。进一步拓展与相关国家的交往与合作，不断拓展对外交流合作的网络，在更广泛的领域互惠互利，全力优化符合我安全利益和发展利益的外部环境。

美国"清洁网络"计划及其
对我国企业的影响浅析

（2020 年 9 月）

2020 年 8 月 5 日，美国国务卿蓬佩奥宣布启动"清洁网络"（Clean Network）计划，其主要内容是在互联网服务的全产业链对我国互联网企业采取一系列的歧视性措施。该行为引发各界的担忧，认为该举动将增加互联网"碎片化"的风险。国际互联网协会发表声明，表示对此"非常失望"，认为"让政府根据政治考虑而不是技术考虑来决定网络如何互连，与互联网的理念背道而驰。这些干预措施将极大地影响互联网的敏捷性、弹性和灵活性"。

一、"清洁网络"计划的主要内容

该计划共提出 5 项措施以"保护美国的电信运营商网络和基础设施"，具体内容如下。

清洁承运商：确保不受美国信任的中国的电信公司不为美国或其他国家提供国际电信服务，敦促美国联邦通信委员会（FCC）撤销和终止向中国四家电信运营商的授权。

清洁商店：希望看到不受信任的中国应用从美国应用商店下架。

清洁应用程序（软件）：阻止华为或者其他不被信任的中国手机制造商预先安装或下载、使用美国的应用程序。

清洁云端：保护美国最敏感的个人信息和商业知识产权，防止一些重要的信息被阿里巴巴、百度、腾讯等中国公司的云端系统获取。

清洁电缆：确保连接全球互联网的海底电缆传输的信息不会被破坏和泄露。

二、美国网络安全政策的发展趋势及特点

"清洁网络"计划是美国近年来对我国企业打压行为的重申和整合。该计划有关内容充分体现出美国在数字领域仍具有较大的先发优势，在互联网基础

设施、应用平台等公共产品上处于强势地位，中国移动互联网应用仍受制于人，为我国产业发展和网络安全再次敲响了警钟。

需要注意的是，该计划是由美国国务院提出的。美国国务院作为外交部门无权对某家电信或互联网企业作出终止授权或禁止某款应用上架的相关决定。国务院有关声明中"敦促""希望看到"等措辞都表明最终做出实际行动的依然还是 FCC 及相关的美国企业。美国推出"清洁网络"计划更多的是制造话题，与临近总统大选、蓬佩奥试图积累政治资本等政治因素有直接关系。

尽管 FCC 并未对声明作出回应，但对于配合美国国务院采取进一步措施作好了长期准备。FCC 有对我国企业以国家安全为由进行限制的先例。例如，FCC 已于 2020 年 6 月底禁止华为和中兴在美国政府的资助下参与美国国内通信基础设施的建设。类似禁令存在进一步扩大和升级的可能性。

现阶段在美国本土，只有我国互联网公司具备挑战美国互联网公司的实力，美国官方担心我国企业对美国互联网公司监控、调取全球用户数据形成阻碍。美国《外国情报监视法案》（FISA）和《澄清境外合法使用数据法案》（CLOUD Act）授权美国国安局在无须获得法院授权的情况下，即可监控美国境外的外籍人士[①]，或是在法院授权的情况下通过美国公司收集美国人的数据。一旦美国公司在互联网应用方面不再占据优势，美国将无法通过这些应用获取相关的数据，美国"监控世界"的能力将受到有力的削弱。

近年来，美国利用其数字优势不断打压他国企业，为短期利益透支其信誉。为应对美国带来的挑战，德国总理默克尔呼吁在与硅谷的竞争中维护自身的"数字主权"。随后，欧盟在《欧洲数据战略》中表示，将加快数据领域立法、加大投资力度、鼓励技术发展，确保其在全球数据经济竞争中的地位。

---

① 倪俊：《美特朗普签署法案授权 NSA 监控项目，继续减退外籍人士收集情报》，《信息安全与通信保密》2018 年第 2 期。

美互联网联盟解散反映美西方
互联网行业新动向

（2021 年 12 月）

由于微软、亚马逊、谷歌、苹果和 Meta（脸书母公司）等互联网巨头之间的关系日益紧张，成立 9 年的美国科技行业组织"互联网联盟"（Internet Association）于 2021 年 12 月 15 日宣布将在年末解散。其原因主要是，互联网联盟管理人员青黄不接，组织凝聚力不足，难以满足会员需求，同时，互联网行业发展进入新阶段，外部监管压力剧增，加速其内外矛盾的爆发。

互联网联盟于 2012 年在华盛顿成立，旨在通过免费和开放的互联网促进创新、促进经济增长和保障大众权利。截至 2021 年 11 月，互联网联盟的会员单位有 42 个，包括谷歌、微软、优步等领军企业。联盟在美国政坛一度拥有可观的影响力，也曾在一定程度上起到了为会员争取政策支持的作用。2019 年，美国国会众议院议长南希·佩洛西和时任总统顾问的伊万卡·特朗普曾出席其活动。然而，近年来立法和监管收紧，互联网公司之间冲突不断，互联网联盟为"互联网行业发出统一声音"的能力屡遭质疑。

一、人员青黄不接，应对会员企业关切的能力不足

互联网联盟作为首个解散的由互联网巨头参与的互联网行业协会，有其特殊性。据报道，互联网联盟由于两任执行总裁管理风格迥异，引发内部组织震动和明显的人员流失。

2020 年，互联网联盟前执行总裁兼创始人迈克尔·贝克曼（Michael Beckerman）离职，赴 TikTok 担任美国政策事务负责人。继任者戴恩·斯诺登（Dane Snowden）的工作方法和管理方式不被老员工所接受。据报道，斯诺登自上而下的领导风格，使长期效力的专家感觉受到冷落，加上互联网企业高薪挖人，使互联网联盟人员流失严重。此外，斯诺登此前在传统电信行业工作多年，习惯阅读纸质资料，管理上不分巨细等，这也被不少互联网联盟工作人员

视为"不懂互联网"。互联网联盟由于内部管理的问题，导致其在美国互联网科技监管迎来一个又一个热点时反应迟缓，在会员企业面对诉讼、立法和监管压力时应对乏力，甚至成为"局外人"。

二、监管压力剧增，各类会员间的利益分歧难以弥合

近年来，美西方立法者从社交媒体平台内容、个人信息保护、互联网反垄断等角度不断加强对互联网科技企业的监管，酝酿和出台了一系列政策法规。强压之下，不同类型和不同规模的互联网企业的诉求分野暴露无遗。在此背景下，互联网联盟无力协调各方意见，令会员大为失望，主要成员纷纷选择退出联盟。下面从横向和纵向两个维度分析美互联网企业间的分歧。

从**企业类型**来看（横向），随着互联网与人类生产生活各方面的结合不断深入，互联网企业的业务模式分化愈加明显，"互联网"逐渐难以被视为单一行业。同时，美西方近年来对互联网企业的监管压力却是全方位的。例如，由于社交媒体平台在美国 2021 年初的国会山骚乱中扮演了重要的角色，拜登政府曾呼吁废除使社交媒体平台免于为用户言论承担责任的"230 条款"。相关举措势必对 Meta、推特等社交媒体平台企业造成巨大的影响，但对其他互联网企业则影响甚微。相比之下，苹果、亚马逊等企业更希望行业协会就供应链、反垄断等议题发声。行业协会必须有足够的实力，才能应对不同类型企业的不同诉求，实力不济者必然会顾此失彼。

从**企业规模**来看（纵向），互联网巨头在各自领域的垄断势头明显，在监管压力下与中小互联网企业间的利益分歧巨大。面对强监管，尽管互联网巨头首当其冲，但其适应能力较强。一方面，大企业可以通过积极回应监管，展现负责任的形象，同时使潜在的竞争对手背上更重的合规负担；另一方面，大企业拥有较多渠道转移压力和开展斡旋，大可与同一协会的异见企业进行"切割"。例如，针对社交媒体平台内容责任问题，Meta 对修改"230 条款"积极响应，引起一些互联网联盟会员企业的不满。有分析认为，Meta 能够承受有关的调整带来的后果，为应对监管与公众不惜将行业"拖下水"，置小企业的存亡于不顾。在反垄断方面，小企业与大企业更是存在直接的利益冲突。而互联网联盟专注于共识，不愿插手成员间的分歧，这进一步削弱了其"存在感"。

三、游说产业升级对传统行业协会提出了更高要求

游说团体是具有美西方特色的政企互动中介。行业协会通常是为行业利益进行游说的重要组织。近年来，互联网科技游说产业发生了巨大的变化。

一方面，**游说需求发生变化**。由于近几年美国监管者对互联网科技企业的

关注显著提高，大企业对游说工作的响应速度和应对效果有了更高的要求。在组建自身的游说团队的同时，也越来越愿意聘用专注于细分领域的游说且效率更高的团体和个人。尽管互联网巨头愿意花更多钱用于游说①，但**互联网联盟的低效已经不能满足他们的需求**。另一方面，**游说行业的供给侧也发生了变化**。一些前美国政界人士通过"旋转门"加入或成立了专门面向科技企业的游说公司，利用其对行业的了解和人脉资源承接科技企业的游说需求，在扩大了游说市场的供给的同时**给互联网联盟带来了更大的竞争压力**。两方面因素的叠加，进一步削弱了互联网联盟的存在基础。

四、思考和启示

总体来说，互联网联盟的解散是**微观上自身管理不善和宏观上外部大环境变化共同作用的结果**。从微观角度来说，由于美西方行业协会采取完全市场化的模式，如果行业协会不能满足捐资企业的需求，就必然会遭到市场的淘汰。从宏观角度来说，美西方互联网巨头在各细分领域形成事实垄断后，作为一个整体的互联网行业已经出现分化，反映出所谓的"互联网企业"本质上是运用互联网技术但业务性质各异的企业，这迫使行业协会作出调整。相关的变化对我们或有两点启示。

第一，**随着互联网行业的横向分化，互联网行业监管和治理也应向差异化和精细化发展**。差异化指根据具体细分行业的特点制定监管政策，精细化指形成具体明确的法律法规体系。对于网络安全、数据安全、关键信息基础设施保护等领域，继续加大法律法规及治理模式的差异化和精细化的建设力度，构建符合互联网行业发展规律的监管和治理体系。

第二，**支持和鼓励互联网行业协会发展壮大，平衡其政企双向交流的功能**。美西方行业协会遵循的是全面市场化的逻辑，其功能大多是站在企业的角度单向对政府发声，谋求资本利益的最大化。相比之下，我国的行业协会发挥着联系政府、服务企业、促进行业自律的双向功能，与美西方有根本的不同，在反映企业发展需求的同时，也要起到促进行业自律和防止资本无序扩张的作用。同时，我国部分行业协会存在行使行政职能而行业代表性不足等问题，这需要有关部门综合考虑，充分发挥行业协会的桥梁纽带作用，抓好行业协会党建工作，建立新型行业协会监管机制，同时，加强对行业协会发展的支撑，增强其行业代表功能，避免行业协会成为单一方面的"代言人"。

---

① 谷歌 2021 年 1 季度支出 270 万美元用于游说，相比上一年同期增长 49%。作为参照，大型制药企业辉瑞 2020 年全年花费 1090 万美元用于游说。

美国社交媒体平台内容监管政策

（2020 年 10 月）

美国社交媒体平台在《通信规范法案》230 条款（简称 230 条款）的庇护下，对其平台上的绝大部分内容不用承担监管责任，但可以按自身的标准"善意"地对认为不适宜的内容进行删除或屏蔽。借助美国总统大选等重大政治活动，社交媒体平台对民意的塑造作用愈发受到重视，美国民主、共和两党就社交媒体对舆论导向的作用及平台内容监管问题展开了交锋。这势必对美国的平台内容监管政策，甚至美国的政治生态产生实质性的影响。

一、230 条款的有关情况

230 条款的有关内容为美国社交媒体平台企业的崛起铺平了道路。该条款的主要内容是保护脸书、推特等社交媒体平台，将其与平台用户上传的内容作切割，以免其因用户上传的（儿童色情以外的）侵权和不实内容遭受海量诉讼。如有第三方针对平台内容起诉，那么只能起诉内容上传者，不能起诉平台。该条款本质上将平台视为邮局、互联网基础服务提供商等"渠道"，使其免于为平台上的内容承担责任。同时，这些平台仍被允许根据自身的标准对平台上的内容进行"调整"，最大限度地给予了这些平台内容上的自由。

230 条款制定于 1996 年，其主要目的是为新兴的互联网社交媒体平台提供良好的生长环境，同时鼓励平台自发地对儿童色情等有害信息进行管理。由于美国没有对平台内容监管的法律也没有相关的政府机构，平台内容监管处于接近完全的企业自治状态。随着社交媒体平台成长壮大成为具有巨大影响力的"公共广场"，其对于自身平台上的违法内容的"免疫"及不透明的内容管制标准受到了广泛质疑。有分析认为，在 230 条款的庇护下，美国社交媒体平台通过服务条款制定"平台法律"，用自身的机制判定内容是否违规，并对内容甚至用户账户作出"量刑"，自身既是法官也是陪审团还是执法者。

二、美国关于 230 条款的争议

受新冠疫情中不实信息泛滥问题的影响，脸书和推特等美国社交媒体平台在各界的强烈呼吁下，开始对不实信息进行事实核查（Fact-checking）。2020年 5 月 26 日，美国总统特朗普一条关于反对邮件投票的推文被推特平台打上须进行"事实核查"的标签。对此，特朗普指责推特正在干预美国 2020 年大选。

《通信规范法案》230 条款成为争议焦点。2020 年 5 月 28 日，特朗普签署行政命令直指谷歌、脸书、推特等社交媒体企业，表示"不能允许个别互联网平台挑选美国人可以在互联网上访问和传达的言论"，直言推特的标记行为"反映了政治偏见"，要求美国商务部、司法部通过国家电信和信息管理局（NTIA）向联邦通信委员会（FCC）提出修改 230 条款的意见。特朗普希望：一是将不符合"善意"屏蔽淫秽色情等信息的屏蔽行为排除出第 230 条（1）款的保护范围，要求平台对这些屏蔽行为承担责任；二是明确"善意"的范围，尤其是欺骗性的、托辞性的、与服务条款不一致的屏蔽行为，或是不给出足够的理由或解释、未提供辩解机会就进行屏蔽的情况。

美共和党人积极响应特朗普的行政命令。当年 6 月，美司法部部长威廉·巴尔按照特朗普的要求提出了对 230 条款的具体修改意见，包括"恶意"例外原则（Bad Samaritan Carve-out），即一旦平台知道某一内容违反美国联邦法律或联邦政府提出的要求，那么平台就有义务在短时间内移除相关内容，并且明确表示反恐、儿童性侵害、网络骚扰（Cyberstalking）、反垄断等法律条款不受 230条款的影响。同期，共和党参议员马克·卢比奥、乔什·霍利等人联名致信 FCC主席阿吉特·帕依，要求 FCC 重新审议 230 条款，对该条款的适用范围作更为清晰的定义。7 月，NTIA 按照特朗普的行政命令请求 FCC 对 230 条款进行澄清。10 月 13 日，美最高法院在一项裁决中批评下级法院对 230 条款"解释过于宽泛，为世界上最大的一些公司授予了全面的豁免"。10 月 15 日，由于脸书和推特参与掩盖拜登（美民主党总统候选人）之子的丑闻引发共和党的强烈不满，马克·卢比奥再次致信阿吉特·帕依敦促 FCC 审议 230 条款。

在美国行政、司法、立法三方的压力下，FCC 主席阿吉特·帕依于当年 10月 15 日表示将对 230 条款进行释法。需要注意的是，FCC 释法不能从文本上对 230 条款进行调整。对 230 条款的文字调整需要国会两院对司法部提出的修改意见进行表决，由特朗普签字才能生效。国会将如何对 230 条款进行调整很大程度上受制于国会两院的政党博弈，目前国会两党在此问题上存在较大争议。

三、党派政治利益驱动的平台内容监管责任争议

两党关于 230 条款的争议完全由政治和选举利益驱动。国际互联网协会转载的"国会山"网站的一篇文章称，"将社交媒体公司的责任问题按政党路线进行政治化非常危险。"受大选的影响，以往愿意就削弱社交媒体平台权利进行探讨的左翼人士，由于该行政命令是由特朗普提出的而转为持反对态度。在党派利益驱动下，美国民主、共和两党围绕 230 条款和社交平台内容监管责任问题不断发声，双方存在重大分歧，在美国 2020 年大选投票前达成妥协的可能性极低。

共和党支持者认为社交平台打压保守派声音损害了言论自由。2020 年 5 月 27 日，特朗普表示"共和党人认为社交媒体平台完全压制了保守派的声音"，"推特完全是在扼杀言论自由"。调查显示，90% 的共和党支持者认为社交媒体网站正在审查政治观点。但客观来说，特朗普团队的宣传策略使其团队本身即为不实信息的生成者和传播者，也由此使得共和党支持者更容易相信不实信息，并受到社交媒体的"事实核查"或屏蔽等措施的影响。调查显示，有 65% 的美国人认为特朗普团队很少或极少说出有关新冠疫情的正确事实，但同时只有 25% 的共和党支持者认为新闻媒体在新冠疫情中作了符合事实的报道，而 54% 的共和党支持者将特朗普团队作为疫情的可靠信息来源。特朗普试图进一步限制社交媒体平台内容监管能力的主要目的，就是在竞选关键阶段进一步争取所谓的言论自由，以便扩大其在社交媒体平台的宣传优势，为其选举服务。

民主党支持者认为社交媒体平台对不实信息监管不力。众议院议长、民主党领袖佩洛西早在 2019 年就表示应该结束"平台自我管理的时代"，呼吁废除 230 条款。彼时的民主党候选人、前副总统拜登 2020 年初则表示，脸书等社交媒体平台应对平台上的不实信息负责，应"立即废除"230 条款。随着大选的临近，民主党人转而倾向对 230 条款进行修改，迫使社交媒体平台加大对不实信息的处理力度，这显然是针对特朗普团队的宣传策略。然而，一些支持民主党的社交媒体账户同样正在对外散播不实信息，试图以此打压特朗普的支持率。

近年来，在 230 条款的庇护下，美国特色的政党制度在"草根"属性的社交媒体平台形成了以不实信息和政治广告为特色的舆论场，这对美国政治生态造成了巨大冲击。这样的政治生态使政客不以科学和事实为政治辩论的依据，而是热衷用不实信息和"噪音式"宣传打压对手；不以谋求美国的整体利益为目标，强调身份政治和群体利益，而以分化美国人为手段谋取选票。候选人的治理能力进一步被忽视，"造势"能力成为决定性因素。这种政治生态影响了 2016 年美国大选，也继续影响 2020 年大选，其结果将对未来全球稳定和发展产生重大影响。

美国成立网络空间和数字政策局（CDP）

（2022 年 4 月）

美国国务院网络空间和数字政策局（CDP）于 2022 年 4 月 4 日正式成立，将从网络安全、数字经济、网络意识形态三方面，动员美国盟友和国内利益相关方参与数字化规则、基础设施和标准的竞争。成立 CDP 意味着美国外交部门将更加积极主动参与网络空间国际事务，不再完全依赖多利益相关方模式，未来或在 UNGGE、OEWG、ITU 等国际场合发出更强的声音。同时美国或将进一步在网络空间中推动"价值观外交"，把互联网与意识形态捆绑，搞技术标准"小圈子"。

一、CDP 基本情况

美国众议院 2021 年批准通过的《2021 网络外交法案》（Cyber Diplomacy Act of 2021）提出，美国外交部门应设立新的网络空间与政策部门。国务卿布林肯于当年 10 月正式宣布了 CDP 的组建计划，表示 CDP 将聚焦"对数字化未来具有决定性意义的规则、基础设施和标准的竞争"。成立 CDP 是布林肯提出的国务院现代化一揽子计划的一部分，将提升国务院对网络安全等关键和新兴科技事务的处理能力。

国务院有关网络空间和数字外交方面的工作将由 CDP 来领导和协调，以"推进国家网络空间负责任行为，保护互联网的完整性和安全性，推动形成有竞争力的数字经济，维护民主价值观"。CDP 下设三个部门：**国际网络空间安全部门**，主要关注国际网络安全问题，例如网络威慑、政策制定以及与盟友或对手谈判；**国际信息和通信政策部门**，致力于数字政策工作，例如与国际电信联盟和其他标准制定机构合作，促进可信赖的电信系统、技术轨道和多边议程等相关的工作；**数字自由部门**，致力于推进数字自由，例如在线保护人权、与公民社会加强合作。

CDP 局长将由总统提名、参议院批准任命一名无任所大使担任，目前由国务院高级官员詹妮弗·巴克斯（Jennifer Bachus）暂时履行其职责。CDP 现有人员 60 人。另据外媒报道，CDP 的部门预算达 3700 万美元，未来美国务院还将向国会申请追加预算，以便在年内将 CDP 的人数增加到约 100 人。

二、新机构标志着美网络外交战略的回归与升级

2011 年，奥巴马政府颁布了《网络空间国际战略》。为配合战略实施，美国务院设立了网络问题协调员（CCI）办公室，CCI 也成为世界上首个专门负责网络事务的外交职位。特朗普政府聚焦于经济和安全两大方面，对奥巴马时期综合性的网络外交战略进行收缩。2017 年，CCI 办公室被以打击官僚作风为由关闭。2018 年，美国务院在经济和商业事务局下设立网络事务（CI）办公室，但对网络外交的直接领导能力相对减弱。拜登政府成立 CDP 标志着美国外交在网络空间的强势回归。相比奥巴马时期的 CCI 办公室、特朗普时期的 CI 办公室，**新成立的 CDP 职责范围更广、人员级别更高且人员规模更大，这反映拜登政府将进一步重视网络外交战略。**

职责范围更广。以 CDP 为核心的美国网络外交明确关注"网络空间和数字政策"，相比特朗普时期集中关注安全与经贸的做法更为全面，体现了向奥巴马网络外交"回归"的特点。同时，CDP 将网络外交分解为网络安全、数字经济、数字时代的价值观三方面，较奥巴马时期更具操作指导性。《2021 网络外交法案》也重申网络外交部门应扮演国务院与公民社会互动的联络部门。

人员级别更高。CDP 局长需要由总统提名、参议院批准任命，层级更高。相比之下，CCI 由国务卿任命、无须参议院批准，CI 由总统任命、无须参议院批准，体现出 CDP 在美国外交战略中的重要性。

此外，据媒体报道，2017 年 CCI 办公室编制仅 23 人，而 CDP 成立即有60 人且还将继续增员。

三、美政府发力网络外交

政府亲自下场，缓解自身网络安全和数字发展的焦虑。美国务卿布林肯在2021 年 10 月表示，将对国务院进行"现代化"改革，在全球卫生、网络安全、新兴技术、经济和多边外交等领域加强能力和专业技能建设。他宣称要确保数字革命符合美国利益，提升美国竞争力，维护美国价值观，以应对 21 世纪的新挑战。CDP 在这一背景下成立，相关举措反映出拜登政府对全球数字化对美国的利益与价值观的影响感到焦虑，标志着美国政府不再完全依赖其多利益相关方优势，将亲自下场积极参与网络空间相关事务。

网络外交获两党认可，将成为美国外交的长期战略。随着全球数字化的深入发展，美国国内网络安全事件频发，网络安全已成为美国两党能够携手合作的重要议题，国会和政府默契度提高。因而，此次成立 CDP 受美国党派政治的影响较小，重演上任政府关闭 CCI 办公室的可能性不大。同时，重设高级别网络外交部门，将倒逼政府加大对网络外交的投入，未来，美国外交将长期关注网络空间和数字政策领域，发出更强的声音。

将参与互联网治理多边平台和多方进程的相关工作。CDP 明确将负责美国国务院关于"网络空间负责任国家行为""国际电信联盟和其他标准制定机构合作""推进数字自由"方面的工作，未来势必会主导美国在 UNGGE、OEWG、ITU 等多边国际组织及联合国框架内其他进程的相关工作，同时主持协调美国民间团体、技术社群和企业参与 ICANN 等其他多利益相关方国际组织的相关活动。

或进一步升级"互联网价值观"外交以开展对华竞争。拜登政府上台以来推崇"价值观外交"，惯用"价值观+"的"组合拳"。2021 年 12 月，拜登政府举办了"民主峰会"，意图以"数字民主"为名，在技术、经济和军事等领域制造对立。CDP 通过设立数字自由部门，或将"基于价值观的互联网"的主张摆上台面，网络意识形态战略可能重新提上议程。CDP 或以价值观为号召，在网络空间规则制定、网络舆论、数字经贸规则、新兴技术标准等领域对其竞争对手进行围堵打击。

四、思考和启示

一是美国数字外交跨部门联动加强。CDP 拟参与的互联网治理多边、多方组织和进程涉及联合国裁军事务司、ITU、ICANN、IETF 等多个国际组织。

二是美政府"价值观外交"升级。美国所谓"基于价值观的互联网"的主张本质上是对统一、开放、互操作的互联网的破坏，是零和博弈及冷战思维的产物。该主张的本质在于将网络空间作为新战场，逐步将军事同盟引入网络空间，危害网络空间的和平与安全。

三是 CDP 在美参与多边多方机制中将发挥更大的协同作用。俄乌冲突的相关实例证明，美国公私合作已经全面深化，政企一体协同战略已经非常明确。参与互联网治理多方进程的美企业和技术社群可能向与美政府步调和声音趋同的方向发展。

第四专题
欧盟网络空间治理态势

近年来，欧盟网络空间治理步伐加快。从 2016 年出台 GDPR，到 2018 年欧盟委员会提出"数字主权"等概念，欧盟在网络空间治理领域展现出自主性、创造引领性的追求。欧盟从概念性呼吁到制度性建设，在网络基础设施安全、数字服务治理、数字市场治理等方面建章立制，在网络空间安全外交、网络空间战略等不同层面提出欧洲方案，形成了一套具有"欧式"特色的网络空间治理体系。

回眸欧盟网络空间治理的路径，欧盟一面整合欧洲国家的利益、企业诉求和民众所需，凝聚欧洲意识，一面加强与传统伙伴的联系，为欧洲影响力溢出进行铺垫，同时有意维护欧盟网络治理的独特性。欧盟正积极寻求更有效的治理理念来维护其网络安全和发展利益，这也给中欧加强网络空间全球治理领域的协调与合作带来了机遇。

追求网络安全治理的高水平一体化的
《网络和信息系统安全指令》修正案

（2022 年 7 月）

2020 年 12 月，欧盟委员会公布了对《网络和信息系统安全指令》（Directive on Security of Network and Information Systems，以下简称 NIS1）的修正案，即《关于在欧盟全境实现高度统一网络安全措施的指令（草案）》（Directive on Measures for High Common Level of Cybersecurity across the Union，以下简称 NIS2）。作为新颁布的《网络安全战略》的重要组成部分，NIS2 旨在对欧盟各类基础网络信息的安全保护责任和危机报告制度进行规定，促进欧盟基础网络整体安全实现高水平的一体化。截至 2022 年上半年的公开信息表明，NIS2 拟要求域名地址分配管理机构等数字基础服务实体绝对适用本法，具有确保域名注册信息的准确和完整、为合法查阅者提供特定的个人资料、合法及时地公开"不受欧盟法规保护的注册数据"等义务。

新修订的 NIS2 意图强化"欧盟-成员国-有关实体"的联络纽带与应急机制，以主动应对新时代的治理考验。一是重新划分"网络与信息安全"涉及的领域区块，将数字基础服务与实体经济基础保障领域服务并列，突出了互联网信息的关键性。二是将 NIS1 提出的"欧盟-成员国-有关实体"的三级合作制度细化，提出建立同行评审体系（Peer Review System）以及设立欧盟网络危机联络组织网络（The European Cyber Crises Liaison Organization Network，EU-CyCLONe）等专门的重大事故协调机构。三是向基础实体和重要实体推广欧盟标准，提升欧盟标准的权威性和影响力。NIS2 提出了尚需"填空"的法律或标准需求，并对成员国提出了法规制定和工作配合的要求，意味着欧盟将迎来新一波网络安全立法。

一、扩大网络信息安全关涉领域范围，域名服务受到绝对管辖

（一）以基础实体和重要实体为核心概念，重整网络与信息安全关切范围

NIS1 勾勒出了水网、电网、燃气网、路网、通信网、互联网络等基础运行

网络，但是各网络之间存在一定的割裂性；对数字领域基础服务的关注点在于数字服务的风险传导性和危险现实性；具体关涉的实体列举为互联网交换中心（IXP）、域名系统（DNS）、顶级域（TLD）注册此三类服务的提供者。NIS2拟采用"基础实体"（Essential Entity）和"重要实体"（Important Entity）的概念对网络与信息安全领域实体进行一级分类，对其下的次级类别和具体实体种类进行丰富。在"基础实体"下的次级分类中，"数字基础设施"类关涉的实体，除了旧法已有的 IXP 服务商、DNS 服务提供商、TLD 注册服务者等，还扩增了云计算服务、数据中心服务①、内容分发网络、数字托管服务、公共电子通信网络服务等的提供者。"基础实体"下的次级分类还增设了"公共管理"和"空间"（Space）类别，从而将中央政府机构和通信基站运营者等实体纳入管辖范围，填补旧法的立法空白。

"重要实体"下设的次级类别包含邮政和运输服务、水资源管理、化工产销、食品产销、数字服务等五个类别。其中的数字服务类所涉的实体为在线市场提供者、在线搜索引擎提供者，以及社交服务平台提供者。可见，社交网络已经被认作欧盟社会和经济运转的重要方面，进入了欧盟安全立法者的视野。

（二）考虑技术与商业模式的变迁，要求域名服务绝对适用

NIS1 与 NIS2 均对中小规模实体进行了一定程度的责任豁免，以减轻其运转负担。然而，NIS2 另外规定，"基础实体和重要实体如符合特定要求，则无论规模大小均应适用本法"。意即 NIS2 "基础实体"附件中的数字托管服务提供者、TLD 注册服务者、DNS 服务提供者等，以及欧盟正在制定的《关键实体韧性指令》所界定的"关键实体"等，无论实体的规模大小，均应履行法案所规定的责任、加入法案所规定的机制。

对于 DNS 的监管，NIS2 提出了现实的安全考虑。NIS2 认为，"维护和维持一个可靠、有弹性和安全的域名系统，是维护互联网完整性的关键因素，也是数字经济和社会所依赖的互联网持续稳定运行的必要条件。"确保域名和注册数据（WHOIS 数据）的数据库的准确和完整，并提供合法访问此类数据的途径，对于确保 DNS 的安全性、稳定性和弹性至关重要，亦有助于实现欧盟内部网络安全水平的高度一致。NIS2 指出，TLD 注册管理机构及其服务商应当确保域名注册数据的完整性和可用性。对于欧盟数据保护规则范围之外的域名注册数据，如法人的名称、形式和详细联系方式等个人信息，域名服务实体应当使

---

① NIS2 对"中心"采用"centre"的拼写方式，系欧盟英语版官方文本的写法，本文其他位置援引或注释使用的英语词汇如果出现类似的情况，也是来自欧盟官方文本，不再重复说明。

其可以被公开访问①。

考虑到新技术和新商业模式未来的演变趋势，NIS2 强调其长远的安全顾虑。例如，对于"云计算服务"，NIS1 将其定义为"一种允许访问可伸缩的、可恢复的共享计算资源池的数字服务"②，而 NIS2 的立法者对于云计算服务的重视度提高，注意到云计算去中心化趋势，出现了边缘计算等新形式，故对其定义增加了"支持按需管理""支持分享""提供分布式计算资源""可供广泛远程访问"等特征③。类似地，NIS2 的立法者认为，"数据中心"的重要性来自数据本身，形式上与云存储的绑定关系可能越来越弱，故将数据中心服务单列为一个关切领域④。欧盟对于"数据中心"的理解也预示着它有较大的解释空间。

二、完善"欧盟–成员国–有关实体"三级合作制度，强化欧盟层面的协调作用

（一）完善"欧盟–成员国–有关实体"三级合作制度

2016 年颁布的 NIS1 与 2019 颁布的欧盟《网络安全法案》（Cybersecurity Act）相辅相成，构建了从欧盟到国家再到关切实体的安全监管制度。然而，NIS1 制定的监管架构较为笼统，在实施过程中逐渐出现了各国"各自为政"的趋势，导致欧盟安全治理的碎裂化。NIS2 对监管框架进行了优化、强化、扩展，意图将安全监管责任"压实"到国家层面，将具体的安全应对工作"落实"到安全技术专家和各国联络点手中。NIS1 和 NIS2 所设的网络安全监管架构比照表见表 1。

表 1　NIS1 和 NIS2 所设的网络安全监管架构比照表

层级	NIS1	NIS2
欧盟层	① 欧盟网络安全机构（ENISA，协助法案实施，为各部门和各国落实法案精神提供协助，向欧盟委员会报告有关工作情况）。② 合作组（Cooperation Group，成员来自欧盟委员会、各国、ENISA，促进各国能力建设和最佳实践交换，与欧盟的其他机构开展有关合作，可以邀请其他的利益相关方加入）。③ 计算机应急组（EU CERT）	① 欧盟委员会（适时与其他国家和地区签订国际协议，与其他国家计算机应急响应网络合作）。② 欧盟网络安全机构（ENISA）。③ 合作组（Cooperation Group，可以请求 CSIRT 对特定问题提供技术报告，定期与私人利益相关方会面，可以邀请欧盟机构参与相关议程）。④ 计算机应急组（EU CERT）和计算机安全事故响应组（EU CSIRTs Network）

---

① 参见 NIS2 序言第 15 段、59 段、61 段、72 段（第 16～25 页）。

② 参见 NIS1 第四条（第 14 页）。

③ 参见 NIS2 序言第 17 段（第 16 页）和第四条（第 33 页）。

④ 参见 NIS2 序言第 18 段（第 16～17 页）。

续表

层级	NIS1	NIS2
欧盟层	④ 计算机安全事故响应组（EU CSIRTs Network，成员来自 EU CERT、各国 CSIRT，欧盟委员会作为观察员）	欧盟网络危机联系机构网络（EU-CyCLONe，应对涉及多国的大规模事故）。 ⑤ 关于基础实体与重要实体及其服务商之脆弱性或漏洞的注册表（Vulnerability Registry，由 ENISA 建立和维护，用于记录 ICT 产品和服务的安全漏洞，鼓励非基础、非重要领域实体主动申报并加入列表）。 ⑥ 正式的同行评审体系（Peer Review System，各国指定的网络安全技术专家加入该机制，ENISA 和欧盟委员会应指定专家以观察员的身份参与其中，评审内容包括各国的立法情况、执行情况、CSIRT 的运行情况、各国互助情况等，向欧盟委员会、合作组、ENISA 提交报告，最晚在新指令实施后的 18 个月内，欧盟委员会将就评议机制出台专门的说明）
成员国层	① 国家网络安全制度和战略。 ② 单一联络点（Single Point of Contact，负责欧盟与各国之间的信息互通、跨国合作）。 ③ 主管部门（Competent Authority/-ies，要求其具备协调有关各方和必要的技术能力，单个国家可以有一个或多个主管部门）。 ④ 计算机安全事故响应组（CSIRT，各国 CSIRT 组成 CSIRTs Network）	国家网络危机管理网络安全框架，包括： ① 已有：国家网络安全制度和战略、单一联络点、主管部门、CSIRT 等。 ② 较 NIS1 新增：国家网络危机管理框架（National Cybersecurity Crisis Management Framework）、脆弱性披露协调框架（Framework for Coordinated Vulnerability Disclosure）
有关实体层	① 松散的信息合作机制（Information Cooperation Mechanisms，鼓励各实体形成自己的信息合作机制）。 ② 关涉实体分为基础服务运营实体（Operators of Essential Services）及数字服务运营实体（Digital Services Operators），法案给出所涉的领域和实体类别，各国进一步制定具体的界定标准。 ③ 具体对数字服务提供者，中小规模的实体不适用本法的有关规定	① 关涉实体分为"基础实体"和"重要实体"，法案给出所涉的领域和实体类别，各国进一步制定具体的界定标准。 ② 中小规模企业不适用本法，但"基础实体"和"重要实体"附件中符合特定规定的实体除外，即 IXP、DNS、TLD 等领域的实体绝对适用本法。 ③ TLD 注册服务提供者及其服务商应保证注册数据的完整与准确；域名服务系统应确保"不受欧盟法规保护的注册数据应当公开"，例如，法人的域名注册信息应当公开

（来源：作者根据法案内容整理）

机构方面，NIS2 新设立了欧盟网络危机联络组织网络，负责协调处理跨国的重大网络安全事故。该组织的成员来自各国的危机管理主管部门、欧盟委员会，以及欧盟网络安全机构（ENISA）①。

机制方面，NIS2 提出了建立"同行评审体系"（Peer Review System），将 NIS1 所倡议的"可多方商议"调整为固定的专家评审体系，评审内容包括各国的立法情况、执行情况、计算机安全事故响应组（CSIRT）的运行情况、各国互助情况等，

① 参见 NIS2 第十四条（第 43 页）。

并向欧盟委员会、合作组、ENISA 提交报告。该体系主要由各国指定的技术专家组成，ENISA 和欧盟委员会应指定专家作为观察员参与评审[1]。同行评审体系或将成为 NIS2 的一大创新，成为独立于国家和欧盟机构的"监察机制"，利用专家议事机制来平衡有关国家或实体的利益诉求，以公正评审来促进国家之间相互看齐。

（二）建立事故报告"两步走"机制，兼顾效率与深度之需

突发事故应急方面，NIS2 建立了"24 小时内速报+一个月内全面报告"的"两步走"报告机制。网络信息安全事故发生时，有关实体应向国家主管部门或国家 CSIRT 报告情况：第一步是在知晓事故发生的 24 小时内，尽快提供初步报告，并在国家主管部门或 CSIRT 的要求下，提供后续的更新报告；第二步是在初步报告提交后一个月内，提供最终报告。最终报告至少包含三方面内容：事故的详细信息、事故可能的诱因和根源、有关主体已采取的和正在进行的应对措施。当事故影响超过两个欧盟成员国时，国家主管部门或 CSIRT 应告知其他受影响的成员国及 ENISA，以备欧盟层面统筹应对事故威胁[2]。

（三）推广欧盟标准和国际标准，提高欧盟标准的权威性和影响力

在网络安全产品、服务、流程标准方面，新旧法案在措辞上的微妙差别透露出欧盟推广欧盟标准的需求。NIS2 明确指出，由于基础实体和重要实体具有的特殊性，欧盟委员会在制定标准时应尽可能采用国际通行标准或欧盟标准，各国政府则"可以要求"基础实体与重要实体采用欧盟标准认证体系[3]。NIS1并未强调某一标准，而是与欧盟其他大部分的民商法类似，尊重相关实体者的私营性质，倡导尊重市场选择，要求不搞"一刀切"，对欧盟或国际标准只是表示"鼓励"，甚至鼓励各实体发展自己的信息沟通方式，公共机构应在尊重私营机构的基础上开展"公私共商"[4]。

三、欧盟网络安全立法一体化深入推进，中欧应进一步增强交流互信

（一）立法思路调整的背后是欧盟提高治理整体性的诉求

NIS2 对 NIS1 初步建设的欧盟网络与信息安全监管机制进行了具体化，将

---

① 参见 NIS2 第十六条（第44～45页）。
② 参见 NIS2 第二十条（第46～47页）和序言第55段（第23页）。
③ 参见 NIS2 第十八条（第45～46页）和第二十一条（第48～49页）。
④ 参见 NIS1 第十九条（第23页）和序言第35段（第6页）。

安全监管责任压实到成员国政府层面，将具体的安全应对工作"落实"到安全技术专家和各国联络节点手中。欧盟借助法律工具，重塑基础网络安全监管体系，意图调动成员国主动性，使欧盟、成员国、有关实体各方积极开展信息共享、风险共担、危机联动。

自新冠疫情爆发以来，互联网空间为社会生产生活分担了大量的压力，也成为各类风险的集散地，医疗、水、电、气等领域网络的脆弱性受到广泛关注。这促使欧盟机构和成员国提升对技术风险的"结构性"认知，欧盟各界对集体应对"系统性"风险的意愿也得到了空前的提高。例如，卫生领域的实体门类在 NIS2 中得到丰富，从原先仅包含医疗服务提供机构与人员，增加了包含卫生相关的实验室、药物研发厂商、基础药物生产厂商、医疗设备制造者，并且援引了在疫情期间颁布的其他法令[1]。从这个意义上来说，NIS1 和 NIS2 的立法基础始于欧盟内部市场规则的协调，现已扩展为欧盟自强自立之必要。NIS2 正式通过后，欧盟机构和各成员国政府将需要对国家网络信息安全战略、漏洞注册表等进行制定和完善，"同行评审体系"等合作机制也将在法案施行后的 18 个月内被进一步打磨并推出细则。届时，覆盖欧盟各治理层级的社会经济基础安全信息网络将比目前更为丰富和完善。

（二）战略上充分重视欧盟的治理雄心，中欧应在平等尊重的基础上增进交流互信

欧盟推进网络安全立法的过程显示了欧盟一体化的雄心，但内外复杂因素带来的不确定性也同样存在。

一方面，NIS1 的修订过程显示出欧盟立法者对技术和产业动向、国际国内时局的敏感度，对社交网络平台、域名服务提供者等实体的监管具有一定的前瞻性。与此同时，在疫情引发的发展困境、治理危机之下，欧盟正在抓紧制定《关键实体韧性指令》，并指出该法将与 NIS2 相配合，"应对物理和数字世界之间日益增强的互联性带来的挑战，包括网络（Cyber）空间和物理（Physical）空间方面的挑战"，主管当局在必要时交换信息、采取行动，以有效应对网络或非网络的风险。

另一方面，欧盟的政策取向和具体策略并非铁板一块，对欧盟政策法规的解读应看到其内部考量的复杂语境。就 NIS2 而言，它隶属于欧盟"数字"系

---

① 参见 NIS2 附件一（第 5~6 页）。

列的治理工具，具有鲜明的"主权觉醒"的色彩。综合自 2020 年底至近期欧盟委员会颁布的多项网络安全战略和数字发展规划可以看到，欧盟高度强调数字技术的普及，以及对独立研发和生产的重视，欧盟所追求的科技自主不是一个绝对排外的状态。网络与信息安全问题关系民众福祉，具有国家地域特色，但也是全球性的治理挑战，其中关于网络基础资源分配、网络内容平台治理、电子通信稳定等的问题，不是单一国家市场所能应对的，需要跨国治理协作。中欧双方应在平等互信的基础上，就其中共同关切的具体议题开展建设性的交流，就治理理念加强沟通、求同存异，就治理经验方法加强交流互鉴，为共建数字治理的命运共同体铺垫共识与互信。

欧盟《数字服务法案》主要内容和
国际技术社群的参与

（2021 年 12 月）

2020 年 12 月，欧盟委员会公布了《数字服务法案》（DSA）草案和《数字市场法案》（DMA）草案。两份法案计划以"条例"的形式直接适用于整个欧盟，有望成为欧盟打造"数字欧洲"的关键立法进程。

本文分析了 DSA 的立法背景、最新版本草案的核心内容、各大国际技术社群的修改意见，发现 ICANN、美国电子前沿基金会（EFF）等组织反馈的意见得到了立法者的采纳，这促使欧盟委员会在一定程度上缩小了网络基础服务商对网络内容的责任范围。DSA 的立法过程为我们研究数字治理风险与机遇带来了启示：一方面，随着全球监管者对数字服务的透明度、公平性的要求逐步提高和细化，我国电商、算法推荐内容平台等新型数字服务平台的国际舆论压力与日俱增；另一方面，国际性的专业社群"组团发声"对国际重大立法进程具有可观的影响力。全球数字化发展亦为中欧交往开辟了新领域，中欧宜就数字经济议题交流互鉴，抓住中欧关系调整窗口，增进中欧数字监管交流互信。

一、立法背景：欧盟统一数字服务监管，为提升数字活力破除障碍

2020 年，欧盟宣布将重塑欧洲在全球数字领域的领导地位。2019 年底至 2020 年初，欧盟决策机构换届，欧盟委员会主席冯德莱恩履新后多次表示，欧盟必须重新夺回"技术主权"（Technological Sovereignty）。新的欧盟领导班子面对的国际局势是，美国和中国成为世界科技和数字经济的引领者，两国拥有世界上用户规模最大、产值最高的互联网科技企业，中美交锋也主宰着全球重大的经济、商业、科技议题。在 2020 年的慕尼黑峰会上，"东道主"欧盟的"风头"被中美盖过。2019 年，欧盟数字企业的市值占全球数字企业总市值的比例不到 4%，但欧盟拥有超过 4 亿的用户，为世界提供了优质的市场。欧盟亟须站在新经济时代的轨道上检视其市场机制，一方面进行产业刺激，另一方面进行

市场规制引导。欧盟最拿手的监管法规常引起数字巨头警惕，如《通用数据保护条例》（GDPR）引发了强劲的"布鲁塞尔效应"，其中关于数据携带、"被遗忘权"等内容被其他多国的数据保护法规广泛借鉴，欧盟市场监管机构对谷歌等科技巨头发起的调查也刷新了欧盟在新经济领域的执法纪录。

DSA 是 2019 年至 2024 年欧洲数字议程中的重点之一。基于欧盟建立和完善单一数字市场的立场，DSA 旨在调节数字服务市场层面的用户、网络平台、公众、政府等各方的关系，规范欧盟内数字服务市场的运作机制，形成"安全、可预测、可信任"的网络环境。一是现有的政策工具不足以应对新经济的新挑战。欧盟在数字经济领域的法律主要是《电子商务指令》，该法已经使用超过20 年，难以适应数字经济的新面貌，网络空间不能成为不法信息损害用户利益、危害社会安全的避风港。DSA 的首要任务是对《电子商务指令》进行全面更新，以覆盖在线广告、算法等新的科技及商业模式。如何对超大平台实施有效的监管也是原先的法律没有预见的治理课题，因此，DSA 对《电子商务指令》中关于网络平台责任的内容进行了大幅扩充。二是欧盟成员国各自为政对有效监管造成掣肘，这需要从欧盟层面制定统一的法规准绳，破除不法内容传播、跨国合规矛盾、智能决策不透明等困扰。

总之，DSA 形成了这样的内在逻辑：围绕保障数字服务受众的合法权益，通过约束超大数字服务提供者的过度市场化行为和保护小型数字服务商的市场空间，鼓励公众和具有公信力的组织进行协同治理，从根源上"净化"网络环境，从而为发展基于信任的数字经济开辟良好的市场环境。

二、重点内容：网络服务商须对内容负责，应主动提高算法透明度

DSA 的核心内容在于设立更快速删除网络不法内容的制度，对所有连接消费者与商品、服务或内容的数字服务均施加强制性义务，适用对象十分广泛。根据数字服务的类型，网络服务商可划分为提供网络基础结构的中介服务提供者（如域名注册服务的提供者）、托管服务提供者（如云和网络托管服务的提供者）、将卖家和消费者聚集在一起的网络平台（如电子商务平台）、网络内容公共传播平台和撮合其他各类形式数字服务的平台（如应用程序商店、协作经济平台、社交媒体平台）。根据数字服务所覆盖的人群范围或平台的经济影响力、对公共利益的影响力，平台又可分为超大平台（每月活跃用户数量不少于 4500万，即覆盖欧盟 10%以上的人口）、一般平台和小型平台。在评估传播不法内容和社会危害方面，大型在线平台被认为具有特殊风险。所有对欧盟单一市场的主体提供服务的在线中介平台，无论其机构所在地是在欧盟内还是在欧盟之

外，都必须遵守规定。

（一）对平台上的不法内容进行尽职监督和及时处置

网络不法内容是 DSA 的首要防范和打击对象。平台对此类内容的处理原则是"及时封锁、勤勉监督、客观处置"。对"不法内容"，DSA 采用了"关联性"的界定方式，认为有关内容的"不法"属性可来自信息本身或与之有关联的活动。法案起草者指出，对这一"关联性"应作扩大解释，一是内容本身违法，如仇恨言论，二是与不法活动存在关联，如分享儿童色情信息。对于可合理推知信息发布者可能实施严重犯罪的情况，网络平台应即刻向有执法权的机关报告，提供所有可获取的有关资料，不得延误。

（二）网络基础服务提供者受到管辖，但不用对第三方不法内容担责

法案制定者开展了为期数月的意见征集活动，收到了多个国际组织、行业协会、企业以及公众的意见。此次公布的草案提出，域名管理者等网络基础服务提供者仍在管辖范围内，但是他们作为"通道"，如果其服务属于"纯粹的管道""缓存"或"托管服务"，则不需要对第三方不法内容承担责任。DSA 指出，这类平台在性质上是"使其他中介服务提供者能够发挥或改进其功能"，视具体情况，这类平台可以是无线局域网、域名系统（DNS）服务机构、顶级域名注册机构、颁发数字证书的证书颁发机构或内容交付网络。类似地，线上通信服务（如 IP 语音、消息传递服务、电子邮件等）的提供商也可以免于对平台内容担责。但是，如果不法内容或服务形成了极恶劣的影响，而平台与此又存在密切联系或对此有明显的疏失，平台也应当承担相应的法律责任。

（三）提高在线广告、算法推送等新技术模式的透明度，以保障用户和广告商的合法权益

DSA 认为，超大在线平台的商业模式的核心之一在于提供定制化的信息服务，例如，使用算法技术进行信息竞价排名和定制化推送，这在网络内容和网络广告业务领域非常普遍。对此，DSA 提出了一系列算法透明化的需求，要求平台使用易于理解的方式告知用户（或广告商）其算法中的关键指标，用户（或广告商）有权绕过平台的算法机制自行选择如何接受有关的服务。DSA 鼓励行业摸索形成行业细则，也鼓励超大平台参与准则的制定。此外，DSA 提出了审查平台运作方式的新权利，支持和促进研究人员访问平台的关键数据。

（四）针对超大平台设立了以 DSC 为核心的"企业—成员国—欧盟"三级问责框架

DSA 指出，超大平台具有造成系统性影响的可能性，因此提出了一个监管体系，旨在对超大平台施加与其影响力相称的约束，保护其用户和交易对手的合法权益，为欧盟的各类在线平台创造更公平、更具竞争力的市场环境。与 GDPR 所形成的"数据保护官"（DPO）机制相似，DSA 提出了以"数字服务协调员"（Digital Services Coordinator，DSC）为核心的"企业—成员国—欧盟"三级问责框架，要求数字服务平台都要在欧盟境内设立代表，超大平台要为有关业务设立专门的岗位，负责内部监督及向主管部门报告有关情况，每个成员国设立一个 DSC 组成的委员会，在监督大型平台方面拥有特别权力，包括直接制裁权。

三、各方意见：国际技术社群的意见被采纳，网络基础服务商的担责范围缩小

欧盟委员会于 2020 年初公布了 DSA 的征求意见稿，意见征集至 2020 年 9 月。其间，征求意见稿引起了全球特别是欧美国家产业界、行业协会及相关国际组织的广泛讨论，其中的一些建议和理念被吸收。

互联网治理相关的国际组织普遍认为，应该区分互联网的核心基础设施和在该基础设施上运行的应用程序的操作，核心基础设施的服务提供者主要负责维护互联网的稳定性和互联性，他们不应为不在他们影响范围内的第三方内容负责。此外，应致力于维护互联网的原有构架，保护核心基础设施和技术不受不必要和不合适的干预。

欧美国家的信息通信技术行业普遍强调了规则应具有明确性和可执行性，以及对各利益相关方的职责应进行明确的界定，并在欧盟一级进行监督。对于履行防范和打击非法网络内容有关的义务和承担相应的责任，提出应将互联网基础设施的服务提供者和直接接触普通受众的一般网络平台区分讨论。2021年 7 月 5 日，欧洲议会审议通过了新一版 DSA 草案，该版草案对超大在线平台的报告义务进行了缩减，明确了有关报告只对执法部门开放，以平衡监管需求与产业界对合规负担的担忧。

（一）大型国际组织的态度

互联网治理国际组织的意见和建议主要是聚焦于在线平台的角色和责任问题，一是认为网络中介平台不应为用户内容承担责任，二是应促进网络内容自

由流动，而不是限制互联网现有的运作方式。

ICANN 对监管机构以法律手段界定在线平台的角色和责任的做法表达了担忧，强调核心基础设施的服务提供者主要负责维护互联网的稳定性和互联性，网络应用程序中的第三方内容并不受其管束，不应由他们承担法律负责。ICANN 敦促决策者区分互联网核心基础设施和在该基础设施上运行的应用程序的操作。

国际互联网协会（ISOC）指出，互联网基础设施必须坚强可靠，但也要富有弹性。一是互联网发展至今仍然依赖于其原有的架构，在设计法规时应优先考虑如何保持这些构架不变；二是全球互联网的理想形式及其传递的文化应该是普遍可访问、分布式和开放，促进知识、思想和信息自由和高效地流动。ISOC认为，监管者不应要求基础设施提供者监管用户生成内容、削弱加密，以及打击不法活动和拦截网络内容。

欧洲国家顶级域注册管理机构委员会（CENTR）和欧洲地区互联网注册网络协调中心（RIPE NCC）联合指出，国家和地区代码顶级域（ccTLD）注册机构是互联网基础设施的重要组成部分，域名系统对于提供电子商务、电子政务和其他在线服务至关重要，有关法案应支持而不是限制互联网。他们同样敦促决策者区分互联网的核心基础设施和运行，以及运行在该基础设施之上的应用程序和内容，以保护核心基础设施免受不必要和不合适的干预，以免善意的用户保护政策"在无意中"破坏互联网的技术运作。他们表示，DSA 的主要目的是解决不法内容的传播问题，然而互联网基础设施层无法对在线内容进行有效控制，将内容监管义务延伸至互联网基础设施层并不能真正实现这一目标。

EFF 从交互操作性、平台责任、用户控制和程序正义等几个方面对法案提出建议：在平台责任方面，网上中介平台不应为用户内容承担责任；在用户保护方面，应明确用户的信息自主权；在行业竞争方面，具有显著市场影响力的平台必须为非歧视性竞争创造可能性；在程序正义方面，欧盟应通过统一的报告机制规则，便利各方报告潜在的不法内容，同时，确保平台的任何后续行动具有较高的透明度。

（二）美欧行业协会的反应

相比于前述的国际组织，美欧行业协会的意见相对温和，普遍对欧盟委员会反思数字服务有关制度的举措表达了支持，并认可 DSA 的各项原则对数字经济整体发展的重要性。

美国计算机与通信行业协会（CCIA）表示，期待建立健全欧盟数字单一市场，明确各方责任，并保障用户权益。CCIA 对 DSA 的一些具体条款表示赞赏，例如：允许网络中介平台采取自愿措施处理不法的内容、产品或行为，且平台不会因为这种善意的行为而受到惩罚，但同时，任何新的义务都必须是可执行的，并与已知的风险相称；针对"非常大的在线平台"建立特定制度，有可能会无意中将不法内容和产品推向小型数字服务提供者。

全球移动通信系统协会（GSMA）和欧洲电信网络运营商协会（ETNO）呼吁法案解决市场权力过度膨胀的问题，同时应注意在网络自由和网络安全之间寻找平衡。其建议的主要内容包括：新法案应重视保护互联网自由；新规则应具有充分的确定性和可执行性；应重点监管大型网络平台中所存储、传播、共享或删除的信息。

美国信息科技产业协会（ITI）强调了"共同责任"对于"维护一个安全、包容和创新的网络环境"的重要性，即所有的利益相关方均需要共同努力，确保互联网对用户、小企业和品牌提供足够的保护。ITI 同时强调了法规确定性的重要性，例如，主张慎重区别非法内容和有害内容，以及在欧盟层面进行监管协调。对于监管介入市场的问题，ITI 持谨慎态度，提出既要保障消费者利益和经济效率，又要解决事实上的市场失灵问题。

四、思考和启示：提高数字服务的透明度，积极联络国际组织社群

（一）全球数字服务的透明度要求提高，警示我国数字服务商应面对合规挑战和国际舆论风险

与 DSA 的制定过程相伴的是，提高网络平台把关责任已经成为中美欧监管者与社会共同的呼声。我国有不少电子商务平台、算法驱动的网络内容数字服务平台拥有涉欧甚至全球业务，其面临着多国、多重监管审视。欧盟委员会负责数字经济事务的官员维斯塔格表示，"假冒和非法商品的卖家将成为 DSA 的规制目标"。我国互联网科技企业在电子商务、算法推荐方面的领先优势已然受到国际关注，但相关的负面消息可能被关联炒作，引发国际舆论风险。

（二）对重要文件的起草制定过程进行"全生命周期"跟踪，通过国际组织和行业组织表达合理诉求

欧美的政策制定过程漫长，尤其在关切广泛利益的问题上，程序上要求听取有关各方的意见，理念上亦尊重企业、专业组织的诉求，这为多方参与治

理提供了路径。此次欧盟委员会对 DSA 的制定过程即吸收了一些国际组织的建议和理念。

在文件起草的初期，关键决策者和权威组织的立场对确立政策基调发挥了关键作用。随着文件制定进程的推进，各方的意见交流将基于最新版本草案进行，后面发挥的空间趋于受限。政策法规生效后，市场主体、社会公众与主管部门沟通的通道机制长期有效，如此次 DSA 设立的"数字服务协调员"机制和此前 GDPR 设立的"数据保护官"机制，以及常见的听证会、庭外调解、司法裁量、司法救济等方式。一些文件规定，在其生效的初期，主管部门须定期对政策的执行情况进行评估，以优化解释口径和执行力度。例如，DSA 约定了文件施行后需要进行三年期、五年期的执行情况评估，这为社会各界了解监管侧重点和执行力度提供了观察窗口，各方可有针对性地发表意见。

（三）结合国情就数字经济议题加强借鉴，增进中欧数字治理交流互信

2019 年以来，欧盟和各成员国的重要官员在对华关系方面的意见不尽相同，但存在一个共性的认识，就是中国既是重要的伙伴又是系统性的竞争对手，在对华事务上存在一定的观望心态。尽管拜登就任美国总统以来，美国积极与欧盟在数字发展领域发展盟友关系，但欧盟方面整体上仍然保持务实态度，并不跟随美国亦步亦趋，在具体议题上存在交流的空间。

第一，应充分调研我国数字服务平台涉外业务的开展情况，摸排企业面临的合规困难，针对有关法案中对外国数字服务商（含我国企业）不利的规定，应充分表达中方立场，保障我涉外利益。

第二，就数字经济的共性问题，如互联网反垄断、互联网平台"零工"劳动权利，结合我国国情，在有关的立法和执法活动中参考和借鉴欧盟方面已经纳入考量的因素和问题。

第三，欧盟有关数字经济的一系列法律规制将影响全球数十亿的用户并深刻影响全球数字经济的发展轨迹，我国应主动谋求中欧双方在数字经济方面形成更大范围、更深层次的谅解、善意、共识，通过消弭国际数字政策鸿沟和促成国际共识，推动全球数字治理。

欧盟《数字市场法案》内容及影响简析

（2021 年 1 月）

2020 年 12 月 15 日，欧盟委员会公布了《数字市场法案》（DMA）草案。DMA 意在限制大型线上平台，鼓励行业竞争。可以说，DMA 是全球互联网反垄断浪潮中的欧洲方案，是欧盟试图夺回"数字主权"的重要举措，也是西方网络空间治理向"政府主导"转变的又一佐证。该法案为全球大型互联网公司量身定制了限制措施，并规定了高达公司前一财年全球营业额 10% 的超高罚款门槛，"累犯"甚至可能会被拆分。

一、通过"守门人"概念将大型线上平台作为规制对象

DMA 认为，在由个别大型平台提供企业与用户"门户"功能的数字服务的情况下，弱化竞争和不公平行为更为常见，因此提出了"核心平台服务"和"守门人"的概念。

在定义核心平台服务方面，DMA 采取了逐一列举的方式。DMA 认定线上中介服务（包括市场、应用商店等）、线上搜索引擎、线上社交服务、视频分享平台服务、无须号码的人际交流服务、操作系统、云计算服务、广告服务（包括前述核心平台服务提供者提供的任何广告、交易或中介服务）都属于核心平台服务。

在判定哪些核心平台服务的提供商属于守门人方面，DMA 列出了三个原则：一是在欧盟内部市场具有显著影响，具体体现在营业额或市值上；二是运营一个或多个面向消费者的"门户"，具体体现在月活跃用户数量和企业用户数量上；三是在其运营中具有或预计具有难以更改且持续的地位，具体来说要连续三年满足第二项要求。符合以上三个原则的企业应自行通知欧盟委员会，启动认定程序。欧委会每两年对被认定为守门人的核心平台服务提供者进行审查，判断其是否仍旧符合守门人的地位。简而言之，守门人是核心平台服务提供者中居于"主导"地位的企业。

从核心平台服务"白名单"列举的项目上我们大体可以看出 DMA 将要把

矛头指向哪些企业。例如，线上中介服务剑指苹果应用商店和谷歌 Play Store，搜索引擎则针对谷歌。TikTok 在欧洲的影响力较大，同样符合守门人标准。按照 DMA 的规定，TikTok 属于核心平台服务中的"视频分享平台服务"。其市值估计超 1000 亿美元（约合 816 亿欧元），在欧洲月活用户数量超过 1 亿且预计未来将继续增加，这已超过守门人的门槛。

二、列举"黑名单"为守门人"量身定制"相应义务

DMA 在规定守门人的义务时采取了问题导向的"黑名单"模式，逐条列举了守门人应当遵守的事项。相关事项具有明显的指向性，可以说是为目前全球大型互联网企业"量身定制"的。总体来看，DMA 对守门人施加了以下限制措施。

（1）禁止"二选一"行为。守门人应允许企业用户通过第三方网上中介服务，以不同于守门人网上中介服务的价格或条件向终端用户提供相同的产品和服务。

（2）限制数据集中。守门人应避免将核心平台服务的个人数据与守门人提供的任何其他服务及第三方服务的个人数据进行合并，也避免将用户签入守门人的其他服务以合并数据，符合《通用数据保护条例》（GDPR）有关规定获得用户同意的情况除外。谷歌曾因未经用户同意将个人数据与在第三方网站的浏览历史数据合并，以提供定向推送广告，被澳大利亚消费者监管机构起诉。

（3）禁止平台渠道垄断。守门人不得要求企业用户在通过守门人核心平台服务提供的服务中使用、提供守门人的身份识别服务或与之互通，也不得要求用户以订阅或注册任何其他的核心平台服务作为访问登录的条件。同时，应允许其他辅助服务提供者（如支付服务、云存储服务等）以同等的条件接入。这使得苹果和谷歌不能再强制使用苹果或谷歌账号登录第三方应用，第三方应用也可不再使用苹果支付系统进行支付。

（4）禁止使用企业用户产生的数据与企业用户竞争。守门人不得在与企业用户的竞争中使用任何非公开的、从企业用户（包括企业用户的终端用户）在核心平台服务活动中产生的数据。前期，欧盟针对亚马逊的调查已经将此类行为认定为不正当竞争。同期，美国众议院司法委员会下属的反垄断小组委员会发布的《数字市场竞争调查报告》（*Investigation of competition in digital markets: majority staff report and recommendations*）也认为，亚马逊滥用其内部竞争商户的数据和信息是不正当竞争手段。

（5）要求保证搜索排名的公平性。守门人在对守门人本身或同属一个企业的第三方提供的服务和产品进行排名时，不得给予比第三方的类似服务或产品更优惠的

待遇，而应对这种排名使用公平和不歧视的条件。上述调查报告认为，谷歌正在利用其搜索垄断的地位不正当地提升谷歌自有内容的搜索排名。

（6）加强定向投放广告的透明度。守门人应允许广告商获得其投放的特定广告的价格信息，允许发布商获得其发布的特定广告的收益信息，并应当免费提供守门人的性能测量工具，以及让广告商和发布商进行独立核查的足够信息。

（7）破除守门人数据垄断。守门人应向企业用户或经企业用户授权的第三方免费提供企业用户和终端用户使用核心平台服务时产生的汇总和非汇总数据，并且数据应当有效、高质量、连续且实时。个人数据则须根据 GDPR 的有关规定，在获得数据主体的同意后，提供给相关的用户访问和使用。同时，DMA 再次强调了 GDPR 规定的数据可携权，以降低锁定效应和转换成本。

三、根据市场情况不断调整认定门槛和处罚额度

DMA 就认定核心平台服务是否属于守门人设定了相应的门槛和处罚标准，但也承认相应的门槛易受到市场和技术发展的影响，是一个复杂的问题。为此，DMA 设立了市场调查机制，可对具体的守门人进行审查，也可及时调整守门人认定门槛，体现了数字时代法律法规的新特性。

在市场调查机制方面。欧委会通过市场调查机制，一是可对符合相关标准的核心平台服务进行守门人认定；二是可对未必完全符合守门人标准的核心服务平台进行调查，并提前采取规制措施，避免其通过运用 DMA 禁止的手段获取守门人地位；三是对守门人的系统性不服从行为进行调查，并作出处罚决定；四是对核心平台服务清单及守门人的认定门槛，根据市场和技术的发展进行调整。根据目的不同，市场调查最长可达 12 个月。

在惩罚措施方面。DMA 对违反相关规定的企业规定了较高的罚款天花板，一次性罚款不超过该企业前一财年全球年营业额的 10%，同时，还规定了不超过前一财年全球日平均营业额 5% 的定期罚款，以推动相关企业积极采取措施执行欧委会的相关决定、提供相关的信息或允许相关的人员进行现场检查。

需要注意的是，DMA 明确授权欧委会可访问任何企业的数据库、算法以及给出相应的解释，并可赴企业对其组织机构和运行情况、IT 系统、算法、数据处理、商业操守等进行现场检查，以确保守门人有效执行 DMA 规定的各项义务。

四、DMA 在数据治理等领域具有重要意义

从数据治理的角度来看。由于互联网平台等数据经营者通常采取免费的商业模式，传统的价格中心主义反垄断分析范式已经难以适用。基于价格上涨的

假定垄断者测试方法完全不能适用，而基于质量下降的假定垄断者测试又难以量化[①]。虽然 DMA 本身并非反垄断法，但其"维护市场竞争性"的制定目的与反垄断法一致，是反垄断法的有效补充。DMA 跳出原有的思维模式，以业务类型、营收、用户数量等简单、明确、量化的标准对影响市场竞争性的地位加以界定，形成以反垄断法为主、相关法律为辅的综合规制，为大数据时代反垄断规则的制定提供了新的思路。但在借鉴相关经验时，须注意 DMA 限制域外企业竞争优势、培育域内企业的本质。我国在制定促进互联网行业竞争的相关措施的同时，应考量相关措施是否会削弱我国互联网企业的海外竞争力。

从发展战略的角度来看。DMA 是欧盟"数字主权"战略的组成部分，是针对美互联网巨头的数字反垄断措施的重要组成部分。长期以来，欧洲公司乃至欧盟及其成员国政府，在数字产业方面都很难与美互联网巨头及它们创造的数字平台相抗衡。2020 年 7 月，欧洲议会发布的报告《欧洲的数字主权》（*Digital Sovereignty for Europe*）称，要"在数字领域获得欧洲领导力和战略自主权"，认为非欧盟企业限制了欧盟高技术企业的发展，对欧盟及其成员国政府执行相关法律形成了阻碍。DMA 是解决这些限制和阻碍的具体措施之一。DMA 以更为明确的条款界定了数字时代互联网公司垄断的评判标准，缩短了反垄断诉讼的时间，使欧盟及其成员国政府能够更好地与美互联网巨头进行博弈。

从网络空间治理的角度来看。随着人类社会进入数字时代，数字产品和服务对国家和社会的影响力已经占据了举足轻重的地位。网络空间治理的多利益相关方模式正在逐步向"政府主导、多方参与"的新模式转变。同日公布的 DMA 及 DSA 赋予了欧盟及其成员国政府对于网络虚拟空间生产要素、生产关系以及言论内容进行部分调整的权力，为政府提供了"大棒"，是西方政府重新参与并日益主导网络空间治理的佐证。

---

① 殷继国：《大数据市场反垄断规制的理论逻辑与基本路径》，《政治与法律》2019 年第 10 期。

【专家视角】

欧洲网络安全外交的三条路线：塔林路线、海牙路线、巴黎路线

（2020 年 5 月）

近几年来，欧洲国家在全球网络安全外交中日益扮演引领角色，除了由外交、国防、公安等官方部门直接开展的活动，科研机制、民间机制、半官方机制、混合机制也在网络安全外交中扮演了极其灵活的作用。本文以北约合作网络防御卓越中心、全球网络空间稳定委员会、互联网与司法管辖权政策网络机制为例，梳理并分析了以爱沙尼亚塔林、荷兰海牙、法国巴黎为中心的三条网络安全外交路线，描述了这三条路线的支撑机制、主要特点及主要成果。

本文的内容和观点主要来自深度访谈、感性观察及参会记录，并结合了三个机制的网站材料。深度访谈涉及丹麦奥尔胡斯大学教授沃尔夫冈·克莱恩沃彻特（Wolfgang Kleinwächter）、荷兰莱顿大学副教授丹尼斯·布罗德斯（Dennis Broeders）、全球网络空间稳定委员会秘书处联合主任布鲁斯·麦康纳（Bruce McConnell）、互联网与司法管辖权政策网络机制联合创始人贝特朗·德·拉·沙佩勒（Bertrand de La Chapelle）。国际会议主要涉及 2019 年在北京、海牙、柏林召开的三场网络空间政策国际会议：中欧针对国际法在网络空间适用的对话、第二届海牙网络空间国际规则会议、第十四届联合国互联网治理论坛。

本文认为：塔林路线主要体现爱沙尼亚、捷克、波兰等部分中东欧国家的网络安全观点，是这些国家在新的国家安全背景下采取的网络安全外交路线，在较大程度上依附于美国；海牙路线是一条更具全球化特点的路线，欧美网络安全战略界通过新颖的方式联手推出了一系列带有试水性质的网络空间国际规则；巴黎路线主要体现法国、德国等欧洲大国的网络安全立场，用来协调解决欧美西方阵营的内部矛盾，是欧洲应对美国信息技术企业的创新路径。本文认为，欧洲还有以日内瓦为代表的更为中立的网络安全外交路线，构成第四条路

线，但本文不再叙述。

一、塔林路线

第一条路线以爱沙尼亚塔林为中心，核心国家是爱沙尼亚、捷克等部分中东欧国家。它们以位于爱沙尼亚首都塔林的北约合作网络防御卓越中心（NATO Cooperative Cyber Defence Centre of Excellence）为大本营，形成了欧洲网络安全外交当中的塔林路线。

这条路线有两个重要背景。一是部分中东欧国家在国家安全方面全面倒向美国。2004 年 3 月，保加利亚、爱沙尼亚、拉脱维亚、立陶宛、罗马尼亚、斯洛伐克、斯洛文尼亚加入北约。这些曾经属于东方阵营的国家在融入西方的过程中，开始重新界定国家身份、国家形象、国家立场。二是 2007 年爱沙尼亚受到网络攻击，成为具有影响力的网络安全事件，被西方塑造成网络地缘政治的起点事件。

（一）塔林路线的起源和演化

部分中东欧国家在重新界定国家身份的过程中，对二战等重大历史事件的认识开始严重偏离真相，抹杀苏联在反法西斯战争中付出的沉重代价，甚至将苏联与纳粹德国划等号。

2007 年 4 月，爱沙尼亚迁移位于首都塔林的苏联红军墓，俄罗斯认为这种行为是整个欧洲的耻辱，仅在爱沙尼亚战场上，就曾经有 5 万名苏联红军战士为抗击纳粹德国而牺牲。随后，爱沙尼亚的很多网站受到分布式拒绝服务（DDoS）攻击，导致爱沙尼亚大量的政府、政党、媒体、银行网站瘫痪。

这次攻击并没有带来有形的损害，远远没有达到动用武力的门槛。但是，西方国家敏锐地捕捉到了这起事件的地缘政治内涵，启动宣传马达，将这一场网络攻击定义成第一场网络战，将爱沙尼亚描述成第一个遭受重大网络攻击的国家，为欧美网络安全合作与外交提供了完美的场景设计。

这条线索以俄罗斯为主要假想敌，有时顺带牵连我国，损害我国利益。这些国家都是欧洲小国，外交路线容易出现一边倒的现象。

美国政府通过 5G 安全这条路线在欧洲打开了炒作我国技术威胁的突破口。2018 年 11 月，捷克网络安全部门首先表示，华为、中兴等公司威胁国家安全，并将矛头指向我国的法律和政治环境，这些指责内容完全复制了美国的立场。

2019 年 5 月，捷克政府举办 5G 安全大会，召集了来自欧盟、北约、日本、韩国等的代表参加会议，通过了对我国企业不利的《布拉格提案》。2019 年 9

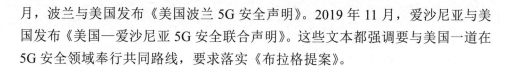

月，波兰与美国发布《美国波兰5G安全声明》。2019年11月，爱沙尼亚与美国发布《美国—爱沙尼亚5G安全联合声明》。这些文本都强调要与美国一道在5G安全领域奉行共同路线，要求落实《布拉格提案》。

（二）支撑机制与主要成果

2008年5月，爱沙尼亚、德国、意大利、拉脱维亚、立陶宛、斯洛伐克、西班牙等国宣布成立北约合作网络防御卓越中心（NATO Cooperative Cyber Defence Centre of Excellence，以下简称卓越中心）。同年，北约最高决策机构北大西洋理事会迅速授予该中心国际军事组织地位。爱沙尼亚、拉脱维亚、立陶宛、捷克、波兰、保加利亚、罗马尼亚等22个北约成员国是该中心的资助国家。卓越中心主要通过召开网络冲突国际大会、开展网络防御演习、编纂《塔林手册》等方式发挥影响力。

从2009年开始，卓越中心连续11年举办网络冲突国际大会（CyCon），从法律、技术、政策、战略、军事等跨学科视角，聚焦网络战、网络防御、网络实力、网络基础架构、网络核心等议题。例如，2019年的网络冲突国际大会有600多人参加，在会议召开之前两星期，爱沙尼亚政府正式批准了关于网络空间国际法适用方面的官方主张，由爱沙尼亚外交部、国防部、经济部、信息系统管理局以及卓越中心共同起草。爱沙尼亚借助主场外交机会首次阐释该主张。爱沙尼亚总统克尔斯季·卡柳莱德（Kersti Kaljulaid）强调各国避免本国领土被用来攻击其他国家的责任、溯源原则、反措施权利、自卫权。2019年的会议还推出了互动网络资源"网络安全法律工具箱"（Cyber Law Toolkit），用于从国际法视角来分析网络攻击事件。卓越中心、英国埃克塞特大学、捷克国家网络和信息安全管理局负责日常维护。

从2010年开始，卓越中心每年组织成员国进行名为"锁盾"（Locked Shields）的网络防御演习，号称是世界上规模最大、最复杂的国际实战网络攻防演习，能够模拟大规模网络攻击事件中的所有细节。除了保护日常IT和军事系统、关键基础设施，网络安全专家还借此锻炼战略决策、法律与媒体沟通。2019年的"锁盾"演习有五个特征：（1）实战红蓝两队攻防演习；（2）关注商业IT系统、关键基础设施、军事系统；（3）融合技术与战略决策演练；（4）将近30个国家的1200多名网络防御专家参加；（5）借助爱沙尼亚国防部网络靶场平台来实现。此外，卓越中心还参与"联盟战士互操作性演习"（Coalition Warrior Interoperability Exercise）、"三叉戟接点"（Trident Juncture）、"三叉戟美洲豹"（Trident Jaguar）、"网络安全联盟"（Cyber Coalition）等几乎所有北约的重要演习。

2009 年，卓越中心邀请专家撰写一部关于（战争时期）"网络战国际法"的手册，2013 年出版了《塔林网络战国际法手册》（塔林 1.0）。2013 年，卓越中心开展了下一步的动作，邀请专家撰写一部关于"和平时期网络作战国际法"的手册，2017 年出版了《网络行动国际法塔林手册 2.0 版》（塔林 2.0）。

从 2013 年到 2017 年，塔林 2.0 专家组主要关注了"门槛以下"（Below the Threshold）的网络行动。这些门槛以下的网络行动既没有达到《联合国宪章》第 2 条第 4 款规定的使用武力的水平，也没有达到《武装冲突法》下的武装冲突的程度。

塔林 2.0 和塔林 1.0 都是沿用旧法的典型实践。二者的共同之处在于，它们都着眼于网络空间之外已经存在且具有习惯法地位的实然法（Lex Lata），并对这些规则应当如何适用于网络空间加以澄清和发展，而不是倡导新的应然法（Lex Ferenda）。从法律术语来看，沿用旧法和制定新法的争议是"实然法"和"应然法"之间的差异。

《塔林手册》是传统派的典型观点，反映了西方法学专家眼中的网络主权观。这种提倡沿用旧法、"法律类推"（Law by Analogy）的工作方式具有一定的优势，发达国家和发展中国家的决策者都可以找到符合自身立场的共鸣之处。美国认可该手册所说的在网络空间动用武力的理由，弱国也认可该手册的在较大程度上支持不干涉内政的原则。《塔林手册》的主要缺点是没有充分考虑这些规则在代码空间的可行性。

二、海牙路线

第二条路线以荷兰海牙为中心，以全球网络空间稳定委员会为代表，核心欧洲国家是荷兰、德国及法国，构成慕尼黑-海牙-巴黎路线，简称海牙路线。该线向亚洲延伸，获得新加坡和日本的支持。该路线还获得非官方行为主体的广泛认可。以国际互联网协会为代表的技术社群、以温顿·瑟夫（Vinton Cerf）为代表的互联网先驱人物、以美国电子前沿基金会（EFF）为代表的民间团体，均表示支持和认可。这条路线的主要成果是提出了八条网络空间治理国际规则，并成功地将其植入了国际政治议程。

（一）支撑机制与特点

2017 年 2 月，全球网络空间稳定委员会（Global Commission on the Stability of Cyberspace，以下简称委员会）在慕尼黑安全会议（MSC）上正式亮相。委员会选择慕尼黑安全会议亮相，是为了宣示要关注军事、情报等极其硬核的网络安全问题。

委员会由 40 多名知名的网络空间领袖人物组成，来自将近 20 个国家，其中包括两名来自我国的知名专家。委员会主席曾经是爱沙尼亚前外长玛丽娜·卡尤兰德（Marina Kaljurand），后以美国国土安全部前部长迈克尔·切尔托夫（Michael Chertoff）和印度前国家安全顾问拉塔·瑞迪（Latha Reddy）为联席主席。委员会成员绝大多数都具有政策和安全研究背景，但也吸纳了民间团体和技术社群的代表，并在关键议题上征求他们的意见。

委员会成为了一个较为封闭的小圈子，都是熟人关系，都属知名人物。核心成员的产生和工作方式不具备任何开放、民主的程序，并不符合真正的多方机制的组织方式，但保证了工作效率。委员会的主要资助人是荷兰政府，秘书处设在荷兰海牙战略研究中心和美国东西方研究所。合作伙伴包括荷兰外交部、法国外交部、新加坡网络安全局、微软公司及国际互联网协会。

委员会奉行"小处着手（Start Small）、大胆设想（Think Big）、快速行动（Move Fast）"的工作方式，在成立不到一年的时间里，不断完善机制，抛出研究主题，笼络人才。委员会经常采用"随会办会"的方式，追随既有国际会议安排，以会议日期衔接或纳入主会分论坛的方式举办自己的会议。例如，委员会参加了慕尼黑安全会议（2017 年、2018 年、2019 年）、联合国互联网治理论坛（2017 年日内瓦、2018 年巴黎、2019 年柏林）、巴黎和平论坛（2018 年、2019 年）、ICANN 会议（日本神户 ICANN64、摩洛哥马拉喀什 ICANN65）。

委员会甚至将触角延伸到非洲，2019 年参加了非洲联盟在亚的斯亚贝巴举办的会议。借助这种方式，委员会既实现了成员之间的面对面讨论，也借机与国际社会、各利益相关方保持密切沟通，宣传自身主张。

（二）主要成果

委员会的工作进度惊人，从 2017 年到 2019 年，先后提出了八条国际规则，并且步步推进，迅速将其输入国际政治议程中。2019 年 11 月，委员会在巴黎和平论坛发布了《推进网络空间稳定性》报告，公布了八条行为规范的最终版本。

（1）不干涉互联网公共核心：国家和非国家行为主体不能从事或纵容那些故意并实质损害互联网公共核心的通用性或整体性并因此实质破坏网络空间稳定的活动。

（2）不渗透选举设施：国家和非国家行为主体不能实施、支持或纵容那些旨在破坏选举、投票、表决关键技术设施的网络行动。

（3）不干涉供应链：如果篡改活动会实质损害网络空间稳定，那么国家和非国家行为主体不能实施篡改或纵容别人篡改那些处于开发和生产阶段的产品与服务。

（4）不劫持公众 ICT 资源：各个国家和非国家行为主体不能强制征用公众 ICT 资源用作僵尸网络（Botnet）或相似的目的。

（5）建立漏洞披露评估机制：各国必须建立程序透明的框架来评估是否以及何时披露那些他们获知但公众尚不知晓的信息系统和技术的漏洞或缺陷。默认选项应该是支持披露而非隐瞒。

（6）明确开发者和生产者责任：影响网络空间稳定的产品和服务的开发者和生产者应该将安全和稳定置于首要地位，采取合理步骤避免自身产品和服务存在较大漏洞，采取措施及时纠正后续发现的漏洞并保持程序透明。所有行为主体都有责任分享漏洞信息来制止或应对恶意网络活动。

（7）保障网络卫生：各国应该制定和实施合理的法律法规，来保障基本的网络卫生。

（8）禁止私有和民间部门从事网络攻击活动：非国家行为主体不能从事进攻性网络行动，国家行为主体应该禁止此类活动，并在此类活动发生时做出应对。

在委员会提出的上述八条国际规则中，第四条到第八条使用的语言较为清晰，不容易产生误读。例如，在提及私有和民间部门的时候，明确表示禁止这些行为主体发动网络攻击，也不能以毒攻毒、发动报复式反击。但是，第一条、第二条、第三条规则使用的语言不够直白，容易产生歧义、引发联想、导致误读，在推动形成非强制性规则或者国际法的过程中，需要进行纠正，因此需要特别关注。就目前状态而言，这三条规则在字里行间隐藏的信息令人不安，转移了人们对字面信息的注意力，以不干涉之名，行干涉之实，让人们认为这是在以不干涉的名义来为实际的干涉行为做辩护。

委员会提出的第一条规则叫作"不干涉互联网公共核心"。该规则首先由荷兰学者丹尼斯·布罗德斯（Dennis Broeders）提出，获荷兰政府采纳，接着在全球范围扩散，还被写入法国总统马克龙提出的《网络空间信任与安全巴黎倡议》，进入欧盟《网络安全法案》，并有望在下一步成为真正的非强制性规则或者有约束力的国际法。

这条规则听起来好像是禁止所有行为主体攻击、渗透互联网公共核心，但实际情况并非完全如此。这条规则主要关注攻击的后果，关注是否造成大规模的、重大的事故。它实际上仅对渗透的后果作出了限定，并没有禁止所有渗透活动。这条规则默许了情报部门对海底光缆等关键设施的渗透活动，间接表示只要不带来实质的破坏，就可以渗透。如果某个非洲国家砍断海底电缆，切断本地互联网服务，肯定违反了这条规则。但是，美国国家安全局在海底光缆上设置拦截器，监听全世界，没有在功能层面影响互联网的正常运转，并不在这条规则禁止的范畴内①。

将这条规则写入地区法案的时候，欧盟的做法值得全球各国借鉴。欧盟对这条规则进行了巧妙的提升和修改，并写入 2019 年颁布的《网络安全法案》，让人们看到了这条规则的真正价值。欧盟《网络安全法案》前言第 23 段指出："互联网公共核心是指开放互联网的主要协议和基础设施，是一种全球公共商品，保障互联网的功能性，使其正常运行，欧洲网络与信息安全局支持开放互联网公共核心的安全性与运转稳定性，包括但不限于关键协议（尤其是 DNS 域名系统、BGP 边界网关协议、IPv6）、域名体系的运行（例如所有顶级域的运转）、根区的运行。"

欧盟《网络安全法案》将不干涉公共核心规则与全球公共商品理念结合起来，将其带入维护全球共同利益的轨道，引上正途，使这个条款更加稳固。这种做法等同于我国用网络空间命运共同体思想指导网络空间全球治理实践，能够确保关键政策不跑偏。欧盟《网络安全法案》突出强调互联网公共核心的中立性，是中性和中立符号，无论是在战争时期还是和平时期，任何国家和个人都不能碰触或阻断其在全球层面的正常运行。

不干涉互联网公共核心规则是在为美国情报部门的隐蔽活动提供国际法庇护和借口，还是在致力于打消美国之外其他国家担心被断网的顾虑？欧盟的立法实践给发展中国家的网络空间政策研究专家带来了信心。沿着这个逻辑往前走，这条规则最有希望进入国际法文本。如果能落实好，会较好地消除顾虑，那些删除国家顶级域的阴谋论观点自然会失去存在的土壤。

委员会提出的第二条规则被称为"不渗透选举设施"。这一条包含的语境信息同样重要。它最主要的特点是避重就轻，只关注技术层面的问题，即禁止干涉选举设施，但回避了内容争议。这条规则诞生的背景是美俄两个大国在数字时代进行了一次宣传与反宣传的交锋。跟传统时代的斗争结果大不相同，美俄两国这次在互联网时代的交锋中打成了平手。

2011 年 12 月，美国政府出资 900 万美元深化与俄民间社会和组织的接触，推广普世价值。当年，俄罗斯国家杜马选举结果遭遇了规模巨大的抗议集会，在阿拉伯世界"茉莉花革命""Facebook 革命"蔓延的背景下，俄罗斯真正感受到了威胁。

---

① 徐培喜：《全球网络空间稳定委员会：一个国际平台的成立和一条国际规则的萌芽》，《信息安全与通信保密》，2018 年第 2 期。

俄罗斯奉行"以牙还牙"的原则。2017 年 1 月，美国情报部门联合发布《评估俄罗斯在近期美国总统大选中的活动和意图》报告，认为俄罗斯总统普京下令开展针对 2016 年美国总统大选的行动，表示俄罗斯既动用了黑客等隐蔽能力，也动员了政府部门、官方媒体、社交媒体水军。俄罗斯虽然否认干涉，但是极有可能实施了一定程度的干扰措施。

美俄矛盾当中还包含欧洲因素的加持作用。欧洲国家担心俄罗斯干涉欧洲选举。近些年来，受移民危机、暴恐危机、经济下行等不利因素的影响，欧洲社会心理日趋脆弱，右翼民粹排外政党崛起。欧洲国家担心黑客因素、网络谣言、假新闻干扰本已微妙的选举生态。英国、荷兰、法国、德国等都表达了类似的担忧。

但是，总体而言，俄罗斯与西方在软实力方面的差距依然巨大，美国牢牢占据信息传播的上游位置，垄断社交媒体、搜索引擎、短视频等社交媒体平台。在实力占优的情况下，美国军事和情报部门并不愿意收敛在信息内容层面针对别国的渗透活动。美国军方甚至成立了专门的信息战部门，拥有固定的预算和编制，以故意泄密、植入评论等巧妙的方式与媒体合作。

美国不想"自断筋脉"，对自己的实力进行限制。从这个视角出发，就能更好地理解委员会提出的第二条规则只提技术设施，不提网络内容。

委员会提出的第三条规则与产品和服务的供应链有关。对于干涉供应链、植入漏洞和后门等行为，这条规则设定了两个递进式的条件。一是在开发和生产阶段不能这样做，二是如果必须这样做，则不能实质损害网络空间的稳定。这条规则当中最重要的两个词是"开发"和"生产"。从字面上来看，规则禁止所有行为主体在产品和服务的开发和生产阶段植入漏洞，但是，从语境信息来看，这条规则暗指可以在供应链的其他阶段（例如销售阶段）植入漏洞。甚至，即便是针对开发和生产这两个阶段，委员会仍然含糊其辞，没有建议全面禁止，而是加上了"实质损害网络空间稳定"这个前提条件。

这条规则所默认的信息和内容让人担心。如果撕掉语言的"遮羞布"，将其默认的信息写出来，这条规则的内容可以这样重新表述："除了开发和生产这两个阶段，国家和非国家行为主体可以在供应链的销售等其他阶段篡改产品和服务。如果有必要在开发和生产阶段进行篡改，应该注意不要给网络空间稳定带来实质损害。"

与委员会相比，在面对同样挑战的时候，卡内基国际和平基金会的态度更为真诚和直接。该智库研究员怀特·霍夫曼（Wyatt Hoffman）和阿里·莱维特（Ariel E. Levite）建议，将政府干涉供应链、植入漏洞的行为区分为"系统性干预行为"（Systemic Interventions）和"特殊干预行为"（Ad-Hoc Operation）。前者是指在硬件或软件生产线植入后门，后者是指在小部分产品中植入漏洞。

他们认为，系统性干预行为可能带来广泛的后果，损害商业利益和 ICT 产品的品牌价值，动摇用户信心，因此可以考虑全面禁止。但是，他们不反对在小部分产品中植入漏洞，他们认为这种特殊干预行为（又称离散干预行为）带来的后果可以控制，可以容忍情报和军事部门采取这种行为，以满足国家安全的需要[①]。

三、巴黎路线

第三条路线以法国巴黎为中心，以互联网与司法管辖权政策网络机制（Internet & Jurisdiction Policy Network，I&J）为支撑机制，核心国家是法国和德国，构成了巴黎-柏林路线，外部官方盟友是北美国家加拿大，因此延伸成为巴黎-柏林-渥太华路线，简称巴黎路线。该机制获得了法国、德国、加拿大官方的背书，在某种程度上也可以被称作马克龙-默克尔-特鲁多路线。

法国、德国、加拿大这三个国家在网络安全领域面临的挑战具有较高的相似性。一方面，这三个国家与美国同处西方阵营，是核心西方大国，同属北约成员国与七国集团成员，在网络军控领域持统一立场，形成统一阵线。另一方面，这三个国家并非跟美国铁板一块，面对美国强大的信息产业与通信渗透实力，这些国家的网络主权意识逐渐觉醒，意识到本国网络主权的陷落，认识到在涉及政治稳定、经济利益、公民隐私、网络犯罪等议题领域，与美国存在根本的利益差异，必须作出抗争与改变，收复一些失地。

在这条外交路线上，欧洲虽然具有全球导向，但是主要将美国与美国互联网巨头视为谈判对象，对华态度虽不明朗，但并不疏远，也不敌视。

（一）支撑机制及其特点

I&J 创立于 2012 年，是一个多方机制，主要关注互联网与国家司法管辖权之间的争议，其秘书处设在法国巴黎，动员了三百多个实体参与网络空间全球治理的辩论，这些实体包括政府、互联网公司、技术社群、民间团体、学术机构、国际组织，涉及 50 多个国家。

贝特朗·德·拉·沙佩勒（Bertrand de La Chapelle）是 I&J 联合创始人和执行主任，拥有职业外交官、技术社群领袖、信息技术公司创始人等多元履历，曾经担任过 ICANN 董事会成员（2010 年至 2013 年）、联合国信息社会世界峰会法国特使（2006 年至 2010 年）、虚拟现实公司 Virtools 联合创始人与总裁（20世纪 90 年代）。我国企业并没有参与该机制，但是在 2017 年布鲁塞尔数字权利

[①] 见 Wyatt Hoffman 和 Ariel E. Levite 在中国现代国际关系研究院的演讲材料，会议于 2016 年 12 月 7日在北京举办。

大会间隙，沙佩勒曾表示要努力获得腾讯、阿里巴巴等中国公司的支持。

I&J 拥有欧洲理事会、欧洲委员会、ICANN、联合国教科文组织等合作伙伴。资金主要来源于法国、德国、加拿大、荷兰、丹麦、爱沙尼亚、瑞士、巴西等国的政府，脸书、亚马逊、苹果、谷歌、微软等互联网企业。I&J 分别在2016 年（法国巴黎）、2018 年（加拿大渥太华）、2019 年（德国柏林）召开了三次全球大会。

大会认为，谁来制定规则、制定何种规则、如何落实规则，是建设全球数字社会的核心挑战，需要将其提升到人类文明的高度进行阐释。一方面，没有必要也不可能追求全方位的全球和谐和大一统，这样做反而会破坏人类社会的多样性和丰富性。另一方面，要避免在立法领域陷入军备竞赛，一些行为主体追求最大限度地将自己的规则强加到别人身上，这种做法只能加剧冲突，导致弱肉强食。

为了解决这个问题，各利益相关方制定了一些行为准则。公共行为主体制定了国家法律与国际协议。市场行为主体修改了服务与社区指导规则。公私行为主体都开发了一些技术体系、平台机制、告知路径、算法工具，以提升各行为主体之间的默契程度，提高各类规则之间的兼容性。

（二）主要成果

会议设立了数据、域名、内容三个主攻方向和工作组，分别对应网络犯罪、技术代码、网络信息内容三大治理领域。每个工作组都有 39 名成员，产生的成果看起来已经达到"万事俱备、只欠东风"的水准。工作组已经确定好治理框架和治理细节，具备了可执行性，只要获得广泛的官方支持，便可投入使用。

（1）域名与司法管辖权工作组。这个工作组负责起草域名代码领域的跨境规则和标准。39 名工作组成员中，有 29 名来自 ICANN 体系中的互联网关键技术资源管理部门或域名经营企业，3 名来自谷歌、微软、亚马逊等互联网巨头，7 名来自德国、意大利、美国、印度、巴西等国的政府部门。工作组表示，以DNS 域名体系为抓手来处理技术和内容滥用行为，需要建立四方面的操作标准：行动层次、合理告知、行动种类、程序保障。

比如，在行动层次方面，工作组先界定了技术和内容两类滥用行为，技术滥用行为包括垃圾邮件（Spam）、恶意软件（Malware）、网络钓鱼（Phishing）、网址嫁接（Pharming）、僵尸网络（Botnet）、隐藏恶意网址（Fast-flux Hosting）等六类行为。内容滥用行为包括发布与虐待儿童、受控或管制商品、暴力极端内容、仇恨言论、知识产权五类内容相关的行为。随后，工作组界定了在 DNS

层面采取行动所需达到的门槛，例如该内容在多个国家被定义为非法内容等。

（2）内容与司法管辖权工作组。这个小组负责起草网络信息内容领域的跨境规则和标准。39 名工作组成员中，30 名来自学术机构、民间团体、行业协会、智库等机构，5 名来自谷歌、微软、脸书、推特、西班牙电信等企业，4 名来自英国、德国、加拿大、瑞士等国的政府部门。I&J 直面跨境内容争议是一个非常激进大胆的举动。

工作组提出了一系列可行的方案。工作组认为《公民权利和政治权利国际公约》（ICCPR）是最相关的国际法文本，详细阐释了该法第 24 条（儿童权利）、第 17 条（隐私权）、第 19 条（言论自由、责任、国家安全/公共秩序例外）、第 20 条（禁止宣传战争和国家、种族、宗教仇恨）等条款与网络信息内容全球治理之间的关系。

内容与管辖权工作组在三个工作组中最具特色，未来有可能招致西方阵营内部的批评。西方总是指责我国等国过度重视网络信息内容，并将此与网络审查等同起来进行污名化。实际情况却是，网络信息内容是所有国家都关心的焦点问题。诡异之处在于，如果换作我国提出完全相同的政策建议，通常将导致西方阵营的联合抵制。

（3）数据与司法管辖权工作组。这个小组负责起草跨境获取用户数据方面的规则和标准，这里的用户数据主要是指网络犯罪相关的数据，并不涉及数字贸易规则。39 名工作组成员中，22 名来自智库、学术机构、民间团体、国际组织等机构，11 名来自加拿大、法国、英国、爱尔兰、巴西、墨西哥、加纳等国的政府部门，6 名来自苹果、脸书、谷歌、微软、亚马逊、西班牙电信。

工作组建议，将保护人权作为跨境获取用户数据的前提条件。只要不违背国际人权的相关规则，便可以按照流程索取关于严重犯罪的数据信息。同样，服务提供方可以利用合理理由拒绝提供数据，这些合理理由包括：数据过于宽泛，容易导致滥用，具有违背国际法等的非法特征。数据具有在种族、宗教、国别、民族、政治观点等方面的歧视行为。

（作者简介：徐培喜，中国传媒大学教授，中传网络空间全球治理研究中心主任）

【专家视角】

欧盟网络空间战略调整及影响

（2021 年 4 月）

全球网络空间中一直存在着发展中国家与发达国家两个理念和立场差异较大的阵营。欧盟作为西方阵营的代表，在网络空间战略的理念和能力上对美国的依赖程度较高，一定程度上对建立网络空间的实力有所忽视。这不仅使欧盟在网络空间大国关系中表现出与其在传统国际关系中不对等的地位，也阻碍了中欧在网络空间领域的合作。随着全球网络空间安全与发展形势的变化，欧盟的网络空间战略正在进行重大调整，这反映出欧盟正寻求更有效的治理理念来维护其网络安全利益，提升其在全球网络空间中的地位。这一变化也给中欧加强网络空间全球治理领域的政策协调和在网络安全、发展领域的双边务实合作带来了机遇。

一、欧盟网络空间战略的调整

网络空间大国博弈的态势正在发生急剧的变化，引发欧盟在网络空间战略上的调整，这主要体现为，在治理理念上开始关注网络空间中的主权，在战略层面开始构建统一的网络安全战略，以及更加积极地参与全球网络空间治理进程，并力求发挥领导作用。

在网络空间治理理念上注重维护网络空间主权。传统上，欧盟一直强调网络的公域属性，关注网络自由、人权议题，积极支持政府之外的利益相关方在治理中发挥主导作用。出于协调立场的需要，欧盟在很大程度上追随美国的网络空间治理理念，不太注重发挥领导作用。随着全球网络空间安全态势急剧恶化，欧盟面临的安全威胁和战略竞争不断加剧，原有的治理理念已经不符合欧盟的利益。因此，欧盟开始重新审视网络空间的治理理念，从战略上重视维护网络空间主权，提出了数字主权和技术主权等新概念。

2018 年，欧盟委员会提出了数字主权（Digital Sovereignty）的概念，为维护数字主权进行顶层设计。数据是网络空间中最重要的战略资源，被认为是数字时代的"石油"。过去，欧盟与美国立场一致，主张数据应该在网络空间中自由流动，国家不应当对数字流动设置障碍。然而，"斯诺登事件"曝出美国以"棱镜计划"为基础开展大规模的全球监听，特别是对欧盟领导人的通信设备进行监听，这侵犯了欧盟用户的隐私，严重危害了欧盟的数字主权。这一事件直接导致欧盟转变了数据自由流动的观念，并于 2015 年废止了与美国签订的关于数据跨境流动的《安全港协议》。2016 年，欧盟与美国重新谈判制定了《欧美隐私盾》协定，但这一协定未能彻底打消欧盟对美国的疑虑。在此背景下，欧盟制定了具有全球影响力的《通用数据保护条例》（GDPR），并将此视为维护数字主权的战略抓手。2018 年 5 月 25 日，在《通用数据保护条例》正式实施当天，欧盟委员会官方推特发文宣称重新掌控了自己的数字主权。

2020 年初，欧盟又提出要加强构建技术主权，减少对美国的依赖，保持在人工智能、数字经济等领域的独立自主。2 月，欧盟委员会发布了 3 份旨在建立和维护欧盟技术主权的网络战略文件，分别是《塑造欧洲的数字未来》（*Shaping Europe's Digital Future*）、《人工智能白皮书》（*The White Paper on Artificial Intelligence*）和《欧洲数据战略》（*European Data Strategy*），从不同侧面对技术主权进行了阐述。技术主权的提出反映了欧盟希望摆脱长期依赖美国的现状，提升欧盟在网络空间领域的技术实力，其主要内涵包括"提升欧盟在与数字经济发展密切相关的数据基础设施和网络通信等领域的关键能力和关键技术独立自主的权力，以减少对外部的依赖"。

网络安全战略开始从成员国各自为政、强调非政府组织的作用转向突出欧盟层面的顶层设计和统筹协调。近年来，随着治理理念的转变，欧盟开始制定区域层面的网络安全战略、政策和法规，强调区域层面的统筹协调。在早期网络安全治理中，欧盟对主权范畴进行了划分并采取了双层治理结构，例如，涉及国家安全的领域往往是各成员国政府的主权范畴，各成员国的网络安全政策都由本国政府制定。但面对网络空间治理这样一个跨领域、跨部门的复杂议题时，欧盟和各成员国之间的权力边界很难界定，传统的治理结构已经无法应对其中出现的安全问题。此外，随着全球网络安全形势的恶化，欧盟各成员国已难以独立应对，需要在欧盟层面进行资源配置和统筹协调。这一发展趋势使欧盟认识到原有的治理模式已出现赤字，需要加强在欧盟层面的顶层设计。

从网络安全的层面来看，欧盟近年来加强了顶层设计的力度，先后出台了《通用数据保护条例》和《网络安全法案》，开始从欧盟层面统筹协调以应对数据安全、网络安全问题。为了在欧盟内部更好地落实《通用数据保护条例》，欧盟还成立了数据保护委员会（EDPB），负责《通用数据保护条例》的解释工作，并对各国的数据保护机构进行协调。此外，欧洲法院负责向各成员国法院就涉及网络安全的相关案件作出解释。《网络安全法案》则将欧盟网络与信息安全局（ENISA）指定为永久性的网络安全职能机构，并且赋予其更多的网络安全职责。为了确保欧盟网络与信息安全署能够履行职责，欧盟大幅扩充了该机构的预算资源和人员配置。

从发展新兴技术的层面来看，欧盟一直致力于构建数字单一市场以方便数据在欧盟境内自由流动，为人工智能、云计算等新兴技术的发展提供基础保障。2015 年，欧盟通过了《数字单一市场战略》，以保障数据在各成员国间自由流动。2020 年初发布的《欧洲数据战略》《人工智能白皮书》则为推动大数据和人工智能的进一步发展提供了保障。这些战略举措在很大程度上都离不开欧盟层面的统筹协调。一方面，欧盟通过区域层面的协调来克服成员国之间存在的差异，统一法律、标准和技术；另一方面，通过集中各成员国的优势，来提升欧盟的网络空间治理能力。例如，欧盟通过集合德国的工业 4.0 和法国的网络安全技术等，试图在新兴技术领域获得领先优势。

更加积极地参与网络空间全球治理并力求发挥领导作用。欧盟曾一度认为，国家或政府间国际组织不应成为网络空间全球治理的主导力量，对于其他国家较为关注的网络主权、网络军备竞赛、数字鸿沟等议题也较少关注。然而，随着网络空间安全形势不断恶化，欧盟这一立场越来越无法适应新的变化，并影响了欧盟在网络空间全球治理领域的话语权。在此背景下，欧盟的网络空间治理理念发生了转变，其对于参与网络空间全球治理的立场也发生了变化。

在对外交往层面，欧盟通过不断加强与其他国家的网络对话和交流，实现了网络空间全球治理的全方位布局。欧盟不仅与传统盟友美国开展了网络对话与合作，而且与日本、韩国这些价值观较为接近的国家以及印度、中国等新兴国家建立了网络对话机制。特别是欧盟与中国的网络对话机制，覆盖了全球治理、网络安全、数字经济、信息通信技术等多个领域，涉及双方之间的外交、网信和工信等多个部门。欧盟通过全方位的双边对话加强了与其他国家在网络空间全球治理和国内治理方面的政策协调，这有助于其价值观念和政策立场转化为网络空间治理领域的领导力。

在成员国层面，法国、德国等欧盟大国在网络空间全球治理中的影响力不断提升。欧盟虽然无法直接以国家身份参与网络空间全球治理的多边进程，但是法国、德国等在欧盟发挥领导作用的国家，对网络空间全球治理的参与程度达到了前所未有的高度。法国政府在 2018 年推出了《网络空间信任与安全巴黎

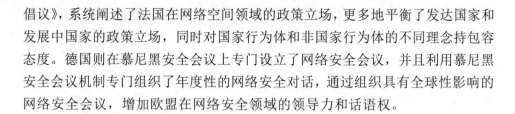

倡议》，系统阐述了法国在网络空间领域的政策立场，更多地平衡了发达国家和发展中国家的政策立场，同时对国家行为体和非国家行为体的不同理念持包容态度。德国则在慕尼黑安全会议上专门设立了网络安全会议，并且利用慕尼黑安全会议机制专门组织了年度性的网络安全对话，通过组织具有全球性影响的网络安全会议，增加欧盟在网络安全领域的领导力和话语权。

二、欧盟网络空间战略转变的动因

欧盟网络空间战略调整是其对外战略转型的延续，是"主权欧洲"战略在网络空间领域的延伸。一方面，欧盟通过不断出台战略、法律和政策，提升在网络空间领域对内和对外的权威；另一方面，网络空间地缘政治变化，如全球网络安全形势恶化、大国博弈加剧和"美国优先"政策的实施等因素是欧盟网络空间战略转型的直接推动力量。

网络安全形势急剧恶化，传统手段无法有效应对新威胁与新挑战。与传统的国家安全威胁相比，网络安全更加复杂，来源也更加广泛（如黑客通过综合应用窃取网络信息、社交媒体操纵等手段影响各成员国的大选），对欧盟及其成员国的安全带来了严峻的挑战。传统的国家安全工具和网络安全政策都无法有效应对类似的新挑战。因此，欧盟通过不断出台新政策以提升管控和协调能力：出台《反对虚假信息行为准则》，加大对社交媒体平台的监管；发布《网络安全法案》，在加强欧盟层面网络安全政策协调的同时，通过欧盟网络与信息安全署来协助增强各成员国的网络安全能力。

不仅如此，欧盟面临的网络安全威胁也越来越多，既要打击网络犯罪组织、恐怖主义，也要防范竞争对手（如俄罗斯、伊朗）甚至是美国这样的传统盟友给欧盟的网络安全带来的挑战。2013年的"斯诺登事件"几乎摧毁了美欧在网络安全领域的互信；2020年2月11日，美国《华盛顿邮报》联合德国电视二台（ZDF）又曝出，美国中央情报局（CIA）60年来一直秘密操纵全球知名的加密公司，向包括欧盟在内的盟友提供安装有后门的加密产品，以此来获取他们的安全机密。这些事件让欧盟意识到，在网络安全领域，美国并未视其为盟友，而是将自身利益凌驾于欧盟利益之上。因此，欧盟必须提升维护自身网络安全的能力，以保护网络主权不受侵犯。为实现这一目标，2020年2月，欧盟成员国建立了新的情报合作机构——欧洲情报学院（ICE）。法国总统马克龙公开表示，这是为了摆脱对美国在信息技术领域的依赖。

作为整体参与网络空间领域的大国博弈。网络空间已经成为全球战略性新疆域，大国在网络安全、经济和政治等方面开展了全方位的博弈。美国、中国、俄罗斯等大国纷纷加大在网络空间治理领域的投入。相比其他大国对网络空间的重视程度，欧盟自认为已经在这场大国博弈中处于下风。例如，欧洲对外关系委员会研究员优莱克·弗兰克（Ulrike Franke）指出，在"在慕尼黑安全会议关于人工智能、5G 领域的讨论中，中美垄断了所有的议程和讨论，没有给包括欧盟在内的其他国家和国际组织留下任何空间。"

因此，为改变落后的状态，获取主动权，欧盟必须整合各成员国的力量，以统一立场参与网络空间的大国博弈。欧盟发布的《人工智能白皮书》《数据安全战略》等战略性文件，均强调欧盟对其成员国的统一领导，同时将中美作为人工智能领域竞争的参照对象，提出要建立欧盟在人工智能领域的全球领导权，在 10 年时间内将欧盟建设成为全世界最具竞争力和活力的新兴技术经济体。这就要求欧盟与各成员国加强协调，在人工智能、数据安全等领域加大欧盟层级的预算投入，制定统一的法律和标准，强化欧盟在新兴技术领域的统一领导，克服过去由于欧盟与其成员国的双重治理结构导致的效率低下的问题。

美国网络空间战略的调整迫使欧盟不得不采取更加独立自主的网络空间战略。特朗普政府的"美国优先"战略不仅导致了自由主义国际秩序的弱化，网络安全领域的"大西洋鸿沟"也已经成为欧盟领导人的主要担忧之一。从"欧盟主权"到数字主权和技术主权，欧盟不断对美欧之间的分歧做出政策回应，通过加大投入重新建立自己在网络领域的竞争优势。特朗普政府为维持其对新兴技术的垄断，通过修订《出口管制法案》，加强了对国外企业和机构获取美国新兴技术产品和服务的管制。在此背景下，缺乏技术主权将会使欧盟在与包括美国在内的全球大国开展竞争时处于不利地位。因此，欧盟需要通过加大在数字技术和基础设施建设等方面的投资，构建在数字经济领域的技术主权，降低对包括美国在内的全球网络技术供应链的依赖。

三、对中欧网络空间国际治理合作的影响

欧盟网络空间战略调整既是对全球网络空间战略形势发展的回应，同时也表明欧盟有意重新构建网络空间领域的大国关系。欧盟更加关注网络主权、加强网络治理的内部统筹协调、寻求在网络空间全球治理领域发挥领导力等行动，在一定程度上为中欧在网络空间领域加强合作带来机遇。

欧盟对网络主权的重新定义使得中欧的网络空间治理理念开始走向融合，这有助于双方建立互信，开展合作。目前，中欧已经建立了三个网络对话机制，包括中欧信息技术、电信和信息化对话，中欧网络工作组，中欧网络安全与数字经济专家组等，这为双方的产业和技术合作作出了积极贡献。例如，双方在

中欧信息技术、电信和信息化对话框架下开展了"中欧物联网与 5G"联合研究项目，就物联网与 5G 领域的技术、产业和政策展开深入研究分析、探索合作路径。中欧网络安全与数字经济专家组围绕中国与欧盟在网络安全、数字经济领域的法律法规、制度建设对双方所产生的影响，以及如何进一步推动中欧在产业发展、人才培养和科学研究等方面的合作开展对话。

但是，受制于欧盟在网络空间治理理念上排斥中方主张的网络主权，双方未能就网络军事、关键信息基础设施保护、数据安全等敏感议题开展深入探讨。中国与欧盟在网络主权这一核心议题上达成某种程度的共识，将会有利于双方在网络空间领域开展深入的对话与合作。一是明确了国家在网络空间中的主导地位，提升了国家在网络事务中的合法性和权威性，有利于双方从政府层面加强在网络安全等复杂议题上开展合作的整体设计。二是在网络治理理念方面共同认知的扩大，可以增加双方在网络空间战略层面的互信，避免由于互信缺失而导致对对方政策的误判。三是中欧在网络空间全球治理立场方面共识的增加，有助于网络空间秩序的建立，为全球网络空间的建章立制打下良好的合作基础。

欧盟对网络安全重视程度的提升，有助于双方在敏感的网络安全领域开展更加深层次的对话与合作。一方面，欧盟新的网络安全战略调整展现出双方在网络安全领域面临共同的威胁与挑战。例如，欧盟在其《网络安全法案》中将保护关键信息基础设施、保护数据安全、打击网络虚假信息列为网络安全领域面临的主要挑战，这与中方在《网络安全法》中对网络安全威胁的描述一致，为双方寻求合作与共识开辟了空间。另一方面，欧盟网络安全机构职能的调整为中欧双方网络安全机构之间开展合作创造了机会。欧盟网络与信息安全署职能的扩张和资源的增长，有助于其与中方的合作伙伴国家互联网应急中心、中国网络安全审查技术与认证中心等机构在有害信息共享、网络安全产品和服务认证等方面开展技术层面的交流与合作。

欧盟网络空间自主意识的提升，有助于缓和陷入"中俄"与"美欧"阵营化对抗的网络空间大国关系，维护网络空间战略稳定。网络空间大国博弈阻碍了网络空间秩序的构建，加剧了全球网络安全形势的恶化，影响了网络空间的战略稳定。一方面，随着欧盟战略定位的变化，其在网络空间地缘政治中的地位和作用会上升，加强中欧之间的合作对于维护网络空间战略稳定具有重要的价值。另一方面，网络空间领域"去美国化"已经成为中欧面临的共同课题。对欧盟而言，"去美国化"是指美国在网络空间全球治理领域的"退群"。特朗普执政期间，美国取消了负责美国网络外交和国际合作的国务院网络事务协调员一职，撤并了协调员办公室。此外，时任特朗普政府也不再支持美国政府一手打造的"伦敦进程"，使这一曾经在网络空间全球治理领域最重要的机制正面临解体的困境。不仅如此，时任特朗普政府还拒绝签署法国政府提起的《网络空间信任与安全巴黎倡议》，这让欧盟大失颜面。对我国而言，"去美国化"是指在美国阻止我国企业使用美国的设备、软件和技术，并且在网络战略层面对我国进行威慑和打压的情况下的应对思路。在"去美国化"的进程中，中欧需要共同确保信息通信技术供应链的安全和完整。同时，中方也期望欧方能够顶住美国的压力，平等对待华为和中兴等中方信息通信技术企业，欧盟也希望中方能够给欧盟的信息通信技术产品和服务提供更大的市场便利，使其更好地分享全球最大的互联网市场的红利。

欧盟网络空间战略的调整意味着中欧双方在网络治理领域的认知更加接近，网络意识形态领域的差异有所减小，建立互信的基础在加强。但是，如何将其转变为促进双方合作的动力，还需要双方采取切实的举措，以"求同存异"的精神加强对彼此网络政策的理解，以平等、合作的姿态来探索在网络安全、政治、经济、外交等多个层次的对话与合作，共同维护网络空间的和平、发展与稳定。

（作者简介：鲁传颖，上海国际问题研究院全球治理研究所研究员，网络空间国际治理研究中心秘书长）

第五专题

数据治理

数字经济事关发展大局，数据要素已成为数字经济时代影响全球竞争的关键战略性资源、驱动经济发展的动力引擎和推进网络空间治理的重要抓手。2020年3月，数据作为新型生产要素写入《中共中央国务院关于构建更加完善的要素市场化配置体制机制的意见》，与土地、劳动力、资本、技术等传统要素一道被并列为重要的生产要素之一，体现了大数据时代的新特征。近期，我国分级分类的数据治理标准规范陆续出台，在激活要素价值、加快市场培育的同时力图防范安全风险。

国际上，数据主权和隐私保护是数据治理的重要议题，欧美国家从不同的利益出发推进不同的立法实践。其中，欧盟的GDPR影响广泛，成为事实上的国际立法标杆，其在推动个人数据隐私保护方面发挥了重要作用。美国一方面积极推动数据跨境流动，另一方面也制定了联邦层面的数据隐私和保护法案，让各州成为落地实施的立法主体。我们在广泛学习借鉴、深入沟通协作的同时，也要坚守发展利益和数据安全底线，把握数据治理的主动权。

全球数据治理趋势

（2021 年 9 月）

2021 年 8 月 20 日，《中华人民共和国个人信息保护法》（简称《个保法》）正式颁布，我国开启了对个人信息系统性、综合性的保护。"十四五"规划和 2035 年远景目标纲要提出要统筹数据开发利用、隐私保护和公共安全。数据治理已引发国内外学者的热议，包括数据治理应如何理解、如何推进，有关理论与实践有何进展、特点、趋势等。

一、数据治理的维度与范畴

国内对数据治理的探讨，可分为宏观、中观、微观三个维度，分别对应国家数据战略部署、数据法规政策、组织机构内部的数据管理。①中观维度衔接宏观与微观、顶层指导与基层落地，得到了学界、立法者、产业、公众的重点关注。以研究对象进行分类，数据治理可以分为"数据驱动的治理"和"以数据为对象的治理"。

"数据驱动的治理"主要作用于政府行为，力主以科技提高治理效能、实现国家治理体系与治理能力现代化。在这个意义上，数据治理与"数字治理""治理数字化"等概念大致相同。"以数据为对象的治理"，主要围绕与数据有关的社会活动展开（如数据收集、存储、转移、处理、交易、收益、销毁等），所规范的对象是参与数据全生命周期的各方，政府、机构、个人都可以成为数据主体、收集者、处理者、使用者。要实现"数据驱动的治理"，须先实现"以数据为对象的治理"。当前，全球数据治理的主要问题集中于"以数据为对象的治理"，将全球数据治理的内涵限于此狭义范围内，关注以数据为客体的治理。②

在发扬国家主权、促进数据可持续利用、保障数据主体权利方面，行政机关的数字治理，与社会主体主导的数字发展"异曲同工"。一方面，建设法治市

---

① 牛丽雪、白献阳：《国内外政府数据治理研究进展及未来研究趋势》，《河北科技图苑》2020 年第 33 卷第 1 期。

② 蔡翠红、王远志：《全球数据治理：挑战与应对》，《国际问题研究》2020 年第 6 期。

场、引导市场有序竞争、维护公民合法权利，三者统一于国家治理现代化的需要。另一方面，全球兴起对提升数字竞争力进行战略部署，数据治理体现着政府对数据的立场原则，客观上具有政治意义。对于数据治理的研究，应优先聚焦以数据为对象的治理，推动数据主体权益保护、数据有关产业有序发展、国家数据治理体系建设三者有机衔接。

二、数据治理的内涵演变

（一）治理内容增加

数据治理对象从早期的金融数据、儿童数据、通信数据，扩展到"通用数据"。在这方面，欧盟的《通用数据保护条例》（GDPR）和《非个人数据自由流动条例》成了国际上对数据活动进行全面立法的标杆。全球互联网经济活跃地区的有关立法成果庞杂，其内在的立法语境交错，数据、隐私、个人信息等概念混杂。基于其构建"数据"认知的角度差异，可以以三组相对关系纵观全球数据治理的主要立法成果（见图3）。比较来看，我国数据治理的法规主要从总体安全的角度出发，通过明确安全底线、主管机关、责任机构等来制定数据整体安全治理框架。欧盟的数据治理则优先从个人权益出发，从数据"可识别性"的核心特征出发，将各种载体的数据及衍生数据都纳入考虑范围，对个人或私人主体所支配的数据进行一般性保护。美国有关的专门立法基本停留在分业监管、重点人群专门保护的阶段，对数据跨境流动主要通过国际贸易协议另行约定。

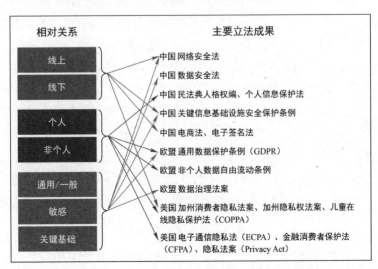

图 3　全球数据治理主要立法成果与相对关系示意图

（二）治理方式丰富

数据内涵的扩展也丰富了数据治理行为，其从"个人信息保护"等局部议题向"数据治理"发展，支撑数字经济发展、国家整体安全保障等宏观目标的实现。

第一，国家治理中的数据治理，**从主要强调数据安全向强调安全与发展并举演变，数据治理框架逐渐融入国家制度设计中。**欧盟通过 GDPR 及更早的《数据保护指令》建立起了"欧盟—成员国—组织机构（企业）"的数据保护机制，设立了欧洲数据保护委员会（EDPB）和欧洲数据保护监督员（EDPS）等数据主管部门。我国在 2020 年将数据列为继土地、劳动力、资本、技术之后的第五种市场化配置的关键生产要素，2021 年通过的《数据安全法》建立起了国家数据治理体系，并在广东开展了首个首席数据官制度试点，加速推进地区数据治理建设。

第二，社会治理中的数据治理，**从互联网数据向传统产业信息化数据扩展。**随着各行业领域推进数字化转型，数据规范的范围从网络数据扩展到全行业范围的数据，成为互联网、金融、航空、医疗等所有涉及数据处理的领域的重要关切。以德国联邦反垄断局就数据违规问题处罚脸书公司为例，德国、法国认为数据霸权与网络效应之间的积极互动可以使市场支配地位永久化。[①]我国的《数据安全法》中，网络等新兴场景只是数据来源的一种，工业、电信、交通、金融等部门的数据也在该法的适用范围内。

第三，互联网生态中的数据治理，**从用户数据的保护向流量等新型数据的监管扩展。**在我国，网络主管部门持续开展移动互联网应用程序违规收集用户个人信息数据的治理行动，国家网信办、工业和信息化部、公安部、市场监管总局 2021 年 3 月联合印发了《常见类型移动互联网应用程序必要个人信息范围规定》，网页内容、广告数据、用户流量等另类"数据"成为互联网生态中数据治理的新要素。近年来，我国利用网络爬虫技术非法抓取网站数据受到司法审判的案例不在少数，例如，2021 年，字节跳动公司非法抓取微博的数据被判不正当竞争。欧美监管部门关注到大型网络平台利用大数据优势，为旗下产品提供竞品分析，涉嫌不正当竞争。2021 年，谷歌因向旗下广告平台 AdX 提供竞投价格等关键数据，向法国政府支付了 2.2 亿欧元的调解费，并承诺将使发布商能够更方便地使用数据。

---

① 参见德国联邦经济事务与能源部发布的报告 *A New Competition Framework for the Digital Economy*，第 13 页。

三、数据治理的路径特点

美国的数据治理基本停留在分业监管、重点人群专门保护的阶段，尊重和保护个体选择，相信市场自治。欧盟贯彻欧洲"人本"思想，将个人的数据权利置于人、组织、政府之上。我国的数据治理通过规定安全底线、主管机关等来制定数据整体安全的治理框架。近年来，随着公民个人权利保护意识的提高，我国正开启对个人数据权利的专门立法。

（一）美国：国内数据治理延续自由主张

美国在联邦层面尚未制定针对"信息保护"或"数据治理"的基础性法律，其数据治理法律更多体现为对既有隐私权概念进行的拓展与修正，进而对个人信息保护提供支持。

一是美国国内的数据治理模式以隐私权保护为基础，以企业自律而非政府主导为基调。美国数据治理蕴含对个人权利朴素的追求和古典自由主义色彩，保障公民个人通信（隐私数据）不受政府干涉。美国早期制定的《电子通信隐私法》（ECPA）及《隐私权法》，其核心思想在于保护个人通信自由免受公权力干涉。[①]《加州消费者隐私法案》（CCPA）提出，隐私权是加州宪法中不可剥夺的权利，同时也为数据持有者提出了严格的隐私保护要求。

二是保护私人主体在国内外交易中对其数据享有自决权，同时通过国际交易协议要求其他国家对数据流动采取"最低限度干预"的原则。在数据跨境的问题上以"数据自由"为圭臬，坚决反对外国政府的数据本地存储要求。美国近年来订立的大多数自由贸易协定（FTA）均坚决反对数据本地存储，主张努力避免对跨境电子信息流动施加或保持不必要的前置条件。例如，美韩 FTA 第 15.8 条"跨境信息流动"约定："各方认识到信息自由流动对促进贸易的重要性及保护个人信息的重要性；各方应当努力避免施加或维持对电子信息跨境流动的非必需的障碍。"

三是在外国互联网企业在美国经营的问题上，强调数据治理的国家安全视角。将数据治理"安全化"，将非政治问题当作对国家生死存亡的严重威胁提上日程，进而使用超出传统政治经济手段的方法加以处理。[②]自 2019

---

① 刘仑：《美国网络隐私权保护的法律问题研究》，博士学位论文，山东大学，2012 年。

② 此种"安全化"行为的范例，是 2018 年美国先后对钢铁、铝、汽车提起的"232 调查"。此次事件的动因是上述产品对美出口激增，这原本应当是在 WTO 框架下通过保障措施可以解决的贸易摩擦。然而，特朗普政府对此提起的"232 调查"本质上是针对进口产品如何危及国家安全展开的调查，进而以国家安全为由完全规避了保障措施的合法性问题。

年以来，美国政府以 TikTok 及其母公司字节跳动威胁美国国家安全为由，称 TikTok 将美国用户包括联邦工作人员的个人信息未经许可地传输给中国政府，但并未提供有力证据。TikTok 及字节跳动通过调整股权结构、组织架构、企业高管、产品流程等手段成为"国际化科技公司"，但仍未化解危机。

（二）欧盟：以个人权利为重，数据跨境问题秉承外紧内松的原则

欧盟将数据隐私保护作为基本人权，体现在《欧洲联盟基本权利宪章》等文本中。欧盟数据治理从数据"可识别性"的核心特征出发，将各种载体的数据及衍生数据都纳入考虑，对个人或私人主体所支配的数据进行一般性保护，体现了浓厚的欧洲"人本"思想。

对于"欧洲居民"，GDPR 明确其隐私权、处分权、被遗忘权、携带权等。个人权利至上的立法精神也体现在后续的诸多司法裁判中。自斯诺登事件以来，欧盟对美国政府监控政策的排斥持续增加，以 Schrems 起诉脸书公司将其个人数据从爱尔兰传输到美国的案件为标志，欧盟先后宣布美欧《安全港协议》《隐私盾协议》无效。同时，为了加快发展数字经济、推动欧盟一体化，欧盟对其境内的非个人数据，强调应保障其自由流动。2018 年通过的《非个人数据自由流动条例》限制其成员国的数据本地化要求，确保政府依法获取数据的权利，从而与 GDPR 共同形成了欧盟数字经济发展、数字治理的法律基础。

在跨境数据流动的问题上，欧盟对他国信息保护进行"充分性"评估。根据 GDPR 第四十五条、第四十六条，欧盟原则上限制数据由欧盟境内转移至第三国，除非该第三国已经由欧盟委员会认定能够对信息提供充分保护。截至 2021 年 6 月底，欧盟已经授予英国、韩国、日本、加拿大、新西兰等国家"充分性认定"，认为这些国家的隐私法足够强大，企业可以在没有特别防范措施的情况下将欧洲用户的个人数据转移过去。"欧式模板"借助充分性认定机制将"欧标"国际化，事实上结成了数据治理的"伙伴网络"。

（三）中国：为国家安全与个人权益划出"底线"，探索发展和保护并重

我国的数据治理呈现突出安全"底线"的特点。数据安全的法律依据确立于 2017 年施行的《网络安全法》，2020 年，中央政法委强调要把大数据安全作为贯彻总体国家安全观的基础性工程。2021 年 6 月颁布的《数据安全法》在原则上规定了数据收集者、处理者与国家机关相应的义务与责任。

随着我国数字经济和跨国贸易的纵深发展，我国数据治理方式也在强调安全的基础上探索精细化治理。2020 年颁布的《民法典》提出，保护个人对于其个人数据的合法权利，从而使数据治理在个人权益保障方向上取得进展。现阶段，我国的数据治理与"欧式模板"有诸多相通之处，例如，《民法典》将个人信息有关权利纳入"人格权"保护的范畴，标志着我国对个人数据主要采取人格权保护路径，与 GDPR 的"人本思想"相似。①《个人信息保护法》和《汽车数据安全管理若干规定（试行）》均采用了最小范围处理和"告知—同意"的原则，继承了《民法典》的立法精神，也与 GDPR "以维护隐私为原则、获取隐私需授权""数据保护嵌入技术流程中"的原则一致。②

在对待数据跨境的问题时，我国数据治理的核心要求是"本地存储、出境评估"，以境内数据安全为前提的原则与"欧式模板"相似；对待一般商贸场景的数据跨境，在合理范围内追求最大限度的自由，尊重和保护市场自由，这则在一定程度上与"美式模板"相近。2020 年，商务部在北京、天津、河北雄安等 28 个省市和区域开展数据跨境传输安全管理试点，对数据跨境流动安全评估、数据保护能力认证、数据流通备份审查、交易风险评估等进行实验，同时，深圳、上海积极探索数据要素治理，建立地方首席数据官制度等做法，在思路上与欧盟"充分性"审核相近。2020 年，我国成为《区域全面经济伙伴关系协定》（RCEP）缔约国，作出了保护数据跨境流动等原则性承诺，亦约定对市场准入采用负面清单机制，这与追求数据跨境自由的"美式模板"相似，积极支持破除区域经贸壁垒、为区域内市场开放进行机制性铺垫、推动高水平经贸繁荣等目标的实现。

四、探究全球治理共性，认知"国家安全、经济、个人"关系趋势

随着数据治理逐渐深入，数据的权属问题成为烫手的山芋。目前，各国基本保持审慎的态度，避免直接对"数据权"进行定义，而在"国家战略安全、产业有序发展、个人权益保护"三方关系之间进行动态调整优化，探索"勾勒"数据治理的底线和原则。"国家安全、经济、个人"三极之间难以达到全面平衡，如何权衡阶段性利弊，决定了一国或地区的数据政策法规的面貌。

当前，一般认为，在世界主要数字经济体中欧盟通过高立法水准和高要求，借助欧洲互联网市场的吸引力，塑造"欧式模板"在全球的立法影响力；美国借助区域贸易协定和市场主体互认协议来扩大认可范围。欧盟侧重所谓"人权"，

---

① 蔡翠红、王远志：《全球数据治理：挑战与应对》，《国际问题研究》2020 年第 6 期。
② "Privacy by Design"和"Privacy by Default"原则，见欧盟《通用数据保护条例》第二十五条。

美国侧重经济，我国在保障国家安全和利益的基础上正在积极向另外两极摸索。在"国家安全、经济、个人"三者的权衡中，以中美欧为代表的全球数据治理形成了三大趋势。

（一）在人格权利与经济权利的博弈中，初步认可数据主体的自主权利

目前普遍认可，**数据主体对其合法产生的数据拥有一定的自主权利**。数据主体可以是自然人、法人、非法人组织等。个人数据具有人格权属性已形成普遍共识；而进入经济领域的数据（例如算法衍生数据），以及与其有关物权、债权、知识产权的权利问题尚存争议。数据权利的排他性，一方面来自于个人数据的人格属性，另一方面受到其经济属性的影响，单纯以一般人格权利或物权为标准要求的数据权利具有绝对的排他性，将与其关联性、共享性、开放性等特性相悖。

各国立法机构对于将"数据权"拟制为专门的权利较为审慎。欧盟 GDPR 明确了数据主体对其数据的处分权，数据的取得和处理应获得数据主体的明确同意，但是并未直接定义何谓数据权。欧盟和中国的数据立法，在对数据整体安全作出初步规定后，优先围绕个人数据作出规定，综合地从"权利法"和"管理法"的角度部署数据治理。我国的法律也未直接碰触数据权，但《民法典》认可了个人对其数据享有权利。《网络安全法》《数据安全法》《个人信息保护法》同样体现了对个人信息强保护为主、兼顾经济社会生活复杂性的立法思路。深圳、上海等地拟定的地方数据条例，转而采用务实的方法，从确认各方可以对数据行使哪些权利的角度，对数据主体和数据处理者的"数据权益"进行规定。

（二）在经济与安全的权衡中，以安全为前提促进数据自由流动成为共识

追求发展和安全并重、最大程度保障数字经济发展利益和安全已经逐步成为全球共识。从经济效能合理有效开发的角度，立法者已经将数据归属问题具体到了数据价值链上的不同环节和场景。这也促成了一个操作性共识的形成，即**对数据进行分类分级治理**。在我国，《网络安全法》提出了将电子数据进行分类、对重要数据进行重点维护，《数据安全法》进一步明确了依据数据的来源、用途、影响等方面的关键性进行分类分级。我国地方政府在理论基础上尚未达成共识①，但是北京、上海、浙江等地已率先制定法规，按照公共数据在分级的基础上进行合理扩大开放的原则，将公共数据分为无条件开放类数据、有条件开放类数据和非开放类数据。

按照数据价值链上的收益分配原则，目前主要存在三种取向：一是数据赋

---

① 胡凌：《论地方立法中公共数据开放的法律性质》，《地方立法研究》2019 年第 3 期。

权论，其认为数据从根本上源于个人，系通过个人"授权"而成为公共数据的，主张数据处分收益的权利归于数据源头；二是数据附加值论，其认为流动方有价值，数据经企业开发或转手后产生价值，有关权利应归企业，或按"赋值"比例分配收益；三是大数据特性论，其聚焦大数据融合和复用的再生价值，认为"去个人化"的数据集合已经与原始数据相距甚远，能创造独特的社会价值，与社会公共利益相关，应归于社会共有或国有。

目前"大数据特性论"得到较多青睐，政策端和企业端基本上认同应逐渐放开公共数据。近年来兴起的智慧城市建设，以及新冠疫情等突发公共卫生事件，促进了有关公共数据"如何"开发利用的讨论。以 2009 年美国签署《开放透明政府备忘录》、2011 年英美等八国签署《开放政府宣言》和《开放数据声明》为标志，许多国家的政府将政务公开自然延伸到公共数据公开。欧盟《欧洲数据战略》提出在九个战略性部门和公共利益领域构建欧盟共同数据空间，此外，《开放数据和公共部门信息再利用指令》《非个人数据自由流动条例》等都致力于在不触及数据主体的个人利益的情况下，盘活公共大数据。我国《电商法》《网络安全法》《数据安全法》对于打通公共数据均有所提及。此外，在国家法律尚未出台专门规定的情况下，我国多个地方为推动利用大数据资源与技术提升地方治理水平，综合"大数据特性论"与"数据附加值论"，先行先试发布了一批区域性大数据发展条例。例如，深圳、上海、贵州等多地的条例明确保护自然人、法人、非法人组织等数据主体对其合法处理形成的数据产品和服务享有的财产权益，以激励社会主体参与地方的大数据活动。

（三）"国家安全、经济、个人"三角关系中，国家安全的比重正在上升

在明晰数据权利、分层管理数据等原则之上，数据治理问题从社会秩序、市场规则之需，逐渐成为国家战略关切。 数据安全已经上升到了国家战略安全的层面，在国际博弈中，集中体现在数据跨境合规与本地化义务等方面。欧盟 GDPR 对"欧洲居民"的数据流向欧盟境外作出了严格审批的规定。我国《网络安全法》和《关键信息基础设施安全保护条例》要求，关键基础数据应当在中国境内存储，《个人信息保护法》进一步明确，要求在达到国家网信部门规定数量的情况下，数据应当进行本地化处理。

"数据政治"的兴起，使数据治理的法治化在自身规范化的轨道上增添了更多时局和国际政治博弈的考量。在美国《澄清境外合法使用数据法案》、欧盟《电子证据条例》等出台之后，数据治理与司法管辖问题的交叉加速，数据治理正进入一个新的历史时期，以更宏大的议题浮现。"个人信息保护"等局部议题向"数

据治理”发展，形成了围绕数据资产的隐私保护、创新竞争、安全主权等更复杂、更多维的公共政策的讨论场，宏大复杂问题的交织比以往更加明显。[①]

五、明确数据治理价值主张，探索内外治理联动

数字治理已经超越网络治理的范畴，其战略意义进一步提升。比较以中美欧为代表的全球数据治理的进展，可以看到国家安全、经济、个人三方面的关系受到政府的普遍关注。

对此，一是需要加快立法、科学立法。对于我国应当在何种程度上实现数据开放与信息保护的平衡，我国需要明确自己的核心价值主张。二是在坚定利益取向、坚守国家总体安全和行业根本利益的基础上，引导数据在有序流动中实现价值最大化，将对外贸易谈判与国内数据治理相结合。我国的数据治理处在早期阶段，关于数据安全、数据发展的理论与政策的发展正经历“井喷期”，与全球各主要发达经济体的进展一致，又各有特点。应促进国内治理成果与国际对话相得益彰。

---

① 北京航空航天大学法学院、腾讯研究院：《网络空间法治化的全球视野与中国实践（2019）》，法律出版社，2019 年，第 13 页。

数据主权的实践与冲突：以中美欧为例

（2020 年 8 月）

随着大数据、人工智能、数字贸易等新技术、新业态的快速发展，数据成为新时代的重要资源。数据治理及随之而来的数据跨境流动成为关系世界贸易和各国利益的核心问题。目前，全球尚未形成统一的数据治理理念，但在实践中出现了"主权平等基础上相互尊重""自我中心的非对称跨域管辖""以数据自由为名行使数据霸权"三种模式。本文主要结合具体国家的案例对全球范围内数据治理的数据主权理念的实践与冲突做简要梳理。

一、作为网络主权子集的数据主权

数据主权通常被认为是网络主权概念的子集。主权是一个国家对其管辖区域所拥有的至高无上的、排他性的政治权力。网络主权从属于国家主权，是传统主权在网络空间的自由延伸。网络主权对内体现为一国在其领土范围内对信息通信技术活动、信息通信技术系统及其承载数据具有最高的、排他的管辖权与支配力[1]；对外体现为在以主权国家为单位构建的国际公法秩序下，各国遵守《联合国宪章》有关国际关系的基本原则，不受他国干涉地治理本国网络空间，以平等参与、协同共治的理念解决争端、推动发展，坚持网络空间和现实空间在国际制度上的一致性[2]。

从网络主权的概念向下延伸，数据主权可以归纳为：各国有权独立自主地规制在其领土范围内收集和产生的数据，跨境数据的法律规制应维系以主权国家为基础的国际公法秩序，以尊重主权差异为原则，以联合国及其下设的国际仲裁机构和国家间司法互助协议为解决争议的主要渠道，通过各国平等参与实现跨境数据的共享共治。

---

[1] 方滨兴主编《论网络空间主权》，科学出版社，2017，第 82 页。
[2] 黄志雄主编《网络主权论——法理、政策与实践》，社会科学文献出版社，2017 年，第 70 页。

二、日渐式微的"数据自由论"

与数据主权理念相对的是"数据自由论"。基于互联网的虚拟性、开放性与无界性等技术特征，部分学者将网络空间诠释为一种独立于现实空间的，接近公海、太空的"全球公域"。"数据自由论"强调，数据的虚拟性、自由性和非排他性等技术特征能够超越传统主权范畴，特别是主权理论中强调国家边界的领土原则，主张数据可以不受国家主权管制地自由跨境流动，数据治理主要依靠弱主权化甚至去主权化的方式，以私营部门、民间团体和国家政府共同参与的"多利益相关方"模式解决纠纷，实行自治①。

然而，随着网络空间与人类生产生活的结合愈发紧密，网络空间与现实空间进一步融合，将网络空间视作完全独立于现实空间存在的虚拟空间已经不符合现实。网络空间的行为者、网络空间运行所基于的硬件设备均受到现实空间传统主权的管辖。网络空间承载的数据也有着个人隐私和财产的双重属性，不能脱离现实单独考量。因此，"数据自由论"现在已经逐渐被摒弃，全球网络空间治理出现"再国家化"的趋势。各国政府纷纷推出数据治理法律法规本身即是数据主权的一种体现。

此外，只谈自由而忽视公平有损弱者。数据自由有利于固化部分国家已经建立的数据优势，从而成为虚拟空间中实质性的立法者，维护既有的不平等竞争格局，这损害了其他国家的利益。

三、中国：全面实践数据主权

在习近平总书记"要加强政策、监管、法律的统筹协调，加快法规制度建设"的指示要求下，我国在近年来加紧研究制定和出台数据治理相关的法律法规。这些法律法规充分体现了网络主权和数据主权的原则。

（一）法律适用范围充分贯彻主权原则

我国数据相关的法律法规的适用范围充分贯彻以领土范围为界线的属地原则，这是数据主权原则的重要体现。例如，《网络安全法》第二条规定，"在中华人民共和国境内建设、运营、维护和使用网络，以及网络安全的监督管理，适用本法。"《数据安全法》第二条规定，"在中华人民共和国境内开展数据处理活动及其安全监管，适用本法。"《个人信息出境安全评估办法（征求意见稿）》

---

① 刘天骄：《数据主权与长臂管辖的理论分野与实践冲突》，《环球法律评论》2020 年第 2 期。

第二条规定，"网络运营者向境外提供在中华人民共和国境内运营中收集的个人信息（以下称个人信息出境），应当按照本办法进行安全评估。"《民法典》规定了部分个人信息保护的内容，其第十二条规定，"中华人民共和国领域内的民事活动，适用中华人民共和国法律。法律另有规定的，依照其规定。"

（二）数据本地化有利于行使数据主权

数据本地化存储是数据主权的重要体现。《网络安全法》第三十七条规定，"关键信息基础设施的运营者在中华人民共和国境内运营中收集和产生的个人信息和重要数据应当在境内存储。"按照相关规定，个人信息出境须由所在地网信部门进行事前审批。

各国通过立法要求数据本地化存储的趋势在 2000 年以后显著上升，目前，德国、俄罗斯、加拿大、印度、澳大利亚等超过 60 个国家提出了数据本地化存储的要求[①]。相对于发达国家，新兴发展中国家的数据本地化要求更为严格。以俄罗斯为例，俄罗斯《个人数据保护法》规定：俄罗斯公民的个人信息数据只能存于俄境内的服务器中，以实现数据本地化；任何收集俄罗斯公民个人信息的本国或外国公司在处理与个人信息相关的数据时，包括采集、积累和存储，必须使用俄罗斯境内的服务器。

但必须注意的是，数据本地化要求本身与数据的价值体现之间存在天然的矛盾。数据必须通过流动才能实现价值的最大化。因此，如何在数据治理体系中体现发展与安全、自由与监管的平衡，已成为下一步研究的重要课题。

四、欧盟：主权内化于私权形成长臂管辖

与我国恪守数据主权的原则不同，欧盟《通用数据保护条例》（GDPR）从个人权利保护出发，不限制数据流动，不强制数据本地化存储，但提出了较高的个人数据保护要求。GDPR 第 1 条第 2 款规定，"本条例保护自然人的基本权利和自由，尤其是个人数据受保护的权利。"但事实上，GDPR 在保护个人数据权利的同时，通过划定法律适用范围宣誓了欧盟的数据主权。

与此同时，GDPR 的适用范围实质上形成了长臂管辖。GDPR 第 3 条第 1 款规定，"本条例适用于联盟内设立的数据控制者或处理者的个人数据处理行为，无论处理行为是否发生在联盟内。"GDPR 第 3 条第 2 款规定，"本条例适用于非联盟内的数据控制者或处理者处理联盟内数据主体个人数据的行为。"

---

① 洪延青：《数据主权的必要谦抑：以〈网络安全法〉数据境内留存规定为例》，转引自黄志雄主编《网络主权论——法理、政策与实践》，社会科学文献出版社，2017 年，第 233~234 页。

在跨境数据流动的政策方面，GDPR 也形成了长臂管辖。GDPR 的数据出境政策主要采取事中、事后审核模式，但对数据流动的目的地提出了数据保护要求。数据控制者或处理者如果想要向第三国或国际组织传输数据，对方对于数据的保护必须达到欧盟的标准或欧盟认可的标准，这使欧盟在与第三国、国际组织或企业进行数据保护谈判时，有重要的法律筹码，在本质上是欧盟数据主权的域外延伸。

五、美国：以数据自由为名行使数字霸权

美国采取的是"以自我为中心的非对称跨域管辖"的数据治理模式。美国2018 年通过的《澄清境外合法使用数据法案》（CLOUD Act）放弃了原《存储通信法案》遵循的管辖权限于"数据存储地"的国际通行标准，转而主张"数据自由"规则，明确授权美国政府可以要求数据服务商保存、备份或披露其拥有、监管或控制的数据，而不论这些数据存储于美国境内还是境外。

该法案旨在"加快获取总部设在美国的全球服务提供商所持有的对美国的外国伙伴至关重要的电子信息的速度"，并提出在"适格外国政府"之间构建跨境执法合作区的框架，强调只有经美国司法机构判断符合一定标准的外国政府才能对等调取存储于美国境内的数据。该法案实质上依托"数字自由"和"高效"扩大了美国执法机构单方面调取域外数据的权利。

六、数据主权的冲突与合作

由于数据治理仍是一个新课题，全球数据相关的法律法规尚不健全，且数据对于各国未来发展的重要性毋庸置疑，各国存在深层次的利益博弈，导致在数据治理层面未能形成统一的国际治理规范。在缺乏国际规范的情况下，各国在实际行使数据主权过程中往往采取现实主义和实力政治的思路，在保障自己的利益时忽视别国主权，在法律上表现为长臂管辖，使各国在数据立法方面出现冲突。

对此，应探索采取措施阻断长臂管辖，保护国内各类组织机构不受域外的非法制裁；应加强数据安全保护，提升国内数据安全保护的水平，保证海外数据能够有效流入；应警惕有关国家通过本国立法影响国际数据治理态势的动作，构建内外联动的数据治理体系；应就如何推动秉持数据主权理念的有关国家间的合作，建立有效的争议解决机制和互助机制开展研究，为建立健全全球数据治理体系作出积极的贡献。

美国数据保护的立法情况

（2020 年 7 月）

目前，美国没有单独围绕数据保护来立法，而是通过联邦和各州的法律法规共同组成保护美国公民个人数据的法律体系。联邦层面以特定行业的特定类型数据（如金融服务或医疗保健有关的数据等）为目标进行立法。而州一级的立法保护更广泛的个人隐私权利，从保护图书馆记录到保护家庭不受无人机监控等不一而足，且各州之间有一定的差异。这种分散的数据保护立法使得美国的数据保护存在诸多问题，美国联邦层面的统一数据保护立法工作目前尚无重大的实际成果。

一、美国各州数据和个人信息保护的立法情况

全美多数州颁布了针对特定类型个人信息的数据保护相关的法律。即使企业并不在某一个州物理上存在，但只要它收集、持有、转移、存储某一州居民的数据，就需要遵守该州的法律。各州法律规定的信息主体类型各有差异，但普遍将个人信息定义为个人姓名及一个"数据点"（Data Point）的组合，"数据点"包括个人社保号码、驾照或州身份证号、存款账号或卡号等。一些州的"数据点"还包括出生日期、母亲的"娘家姓"、护照号、生物数据、雇员身份号或用户名密码。

部分州的数据保护相对积极。以马萨诸塞州为例，其对数据保护较为重视，要求任何持有、传输或收集马萨诸塞州居民"个人信息"的实体，都应当针对与数据有关的行为实施和更新全面的数据安全计划。纽约州对在州内开展业务的特定金融机构采取了网络安全规定（23 NYCRR 500），对企业设定了最低标准，要求其开展定期风险评估并申请年度合规证书。

加利福尼亚州隐私立法历史较长，该州颁布的《加州消费者隐私法案》（California Consumer Privacy Act）于 2020 年 1 月 1 日生效。该法案对受管辖的企业规定了新的义务，包括公开企业收集的消费者个人信息类别、已经收集的消费者个人信息及来源类别、收集或出售个人信息的商业用途、与企业共享个

人信息的第三方类别等。此外，该法案也为加州居民提供了新的权利，例如，要求访问和删除个人数据以及选择不将自己的个人数据出售给第三方。新的法案可能迫使一些数据驱动的企业的模式作出调整，同时促使有关企业的内外部隐私政策和合规流程做出较大调整。

二、美联邦一级在特定领域内的个人数据保护立法

尽管没有一般性的联邦立法，但美国存在一些特定领域的联邦数据保护法律。例如，《联邦贸易委员会法案》（The Federal Trade Commission Act）授权美国联邦贸易委员会采取强制措施，保护消费者不受不公平行为或欺诈行为的损害，同时根据联邦隐私和数据保护的相关规定进行执法。该委员会认为，除发布欺诈广告等行为外，企业不遵守隐私承诺或不提供足够的个人信息保护措施也属于欺诈行为。其他联邦法律主要针对某些特定领域，例如金融服务、医疗保健、电信通信、教育等。

（一）金融服务领域

《格拉姆-里奇-布利雷法案》（Gramm-Leach-Bliley Act）即《金融服务现代化法案》，其内容主要围绕银行、保险公司等金融服务行业掌握的个人信息的保护。该法案提出的"非公开的个人信息"概念，指金融服务公司在提供服务时收集的其客户的任何信息。该法案明确了金融服务机构保护"非公开的个人信息"安全的具体要求，限制其对外公开相关的信息，并要求一旦信息泄露必须通知客户。

《公平信用报告法案》（Fair Credit Reporting Act）及后续的《公平准确信用交易法案》（Fair and Accurate Credit Transactions Act）限制使用涉及个人资信、性格、一般声誉、个人偏好或生活模式的信息来确定申请信贷、就业岗位、保险的资格，同时，要求在打印出的收据中隐去信用卡的部分卡号，要求特定类别的个人信息应安全销毁，规范从关联企业获取信息并用于市场营销的行为。此外，法案在其"身份盗用红旗规则"（Identity Theft Red Flag Rules）中还规定，金融机构和债权人必须采取能够有效监测和应对身份盗用的措施。

除金融行业法律法规外，主要的信用卡公司还要求处理、存储、发送信用卡有关的数据的企业应遵守《付款卡行业数据安全标准》（Payment Card Industry Data Security Standard）。

（二）医疗保健领域

《健康信息可携性和问责法案》（Health Information Portability and Accountability

Act）保护了相关实体掌控的健康状况、可追溯到个人的医疗保健项目或费用等信息，其隐私规则规范了相关信息的收集和公开行为，其安全规则提出了对此类信息的安全要求。

（三）电信通信领域

《电话消费者保护法案》（Telephone Consumer Protection Act）及相关的法规规范了以市场营销为目的、使用自动拨号系统或使用预先录制信息的移动电话呼叫、短信发送及座机电话呼叫的行为。

（四）教育领域

《家庭教育权利和隐私法案》（Family Educational Rights and Privacy Act）为学生提供了检视和订正其学生档案的权利，同时禁止在未取得学生或其家长同意的情况下公开此类数据或其他个人信息的行为。

另外，还有一些相对具体的隐私保护法律法规。例如，《1994 年驾驶员隐私保护法案》（The Driver's Privacy Protection Act of 1994），主要涉及州机动车管理部门收集的照片、社会保险号码、驾照编号、地址（邮编除外）、电话号码、就医信息等的隐私保护和公开等。儿童信息保护主要由《儿童在线隐私保护法案》（Children's Online Privacy Protection Act）来规制，其中包括禁止线上收集13 岁以下儿童的任何信息，如需收集必须发布隐私提示，并获得可验证的监护人的同意后才可进行。《录像隐私保护法案》（The Video Privacy Protection Act）则保护录像带、网上直播等视听材料的销售或租赁记录不被错误地公开。《电缆通信政策法案》（Cable Communications Policy Act）则包含保护订阅者隐私的条款。联邦和大部分州的法律均将未经一方或全部参与者同意而录制通信内容的行为视作犯罪。

三、美国数据保护法律中的个人权利

美国数据保护法律法规规定和保障了个人的一系列权利，具体包括数据的访问和复制权、订正权、删除权、反对处理权、限制处理权、可携权、撤回同意权、反对市场营销权。然而，由于美国数据保护立法的分散性，导致各项权利并非一般性权利，具体权利的实现通常需要州立法或他国立法倒逼数据的持有者、处理者、传输者提供相应的功能。

例如，数据可携权在联邦立法层面仅在《健康保险携带和责任法案》中提及，因此，只有医疗服务提供者需要保证与其持有的医疗信息相关的个人享有数据可携权；而在州一级的立法中，《加州消费者隐私法案》对数据可携权作了规定。由于数据立法通常存在长臂管辖的情况，即当用户为某地居民时，该地法律即对数据的控制者、处理者和传输者有管辖权，因此，大多数实体都需要向用户提供数据可携权所涉及的功能。

四、美国数据保护的立法情况分析

与欧盟不同，美国的数据保护最大的特点即其分散性，通过具体领域和州一级的立法形成数据保护的法律法规体系，没有通用性的数据保护规定。分散性的立法模式为美国数据保护带来了一系列的问题。

一是各州独立立法使法律环境趋于复杂化。一些州已经在数据保护领域进行了积极的立法，例如，《加州消费者隐私法案》的出台表明数据治理的长臂管辖使州立法常常具有全国效力。除非美国联邦出台统一的数据保护立法或采取其他措施，州立法可能会继续在数据保护领域发挥作用，这使得美国的数据保护法律环境趋于复杂化。

二是特定领域的立法无法全面保护个人信息。由于美国的数据保护属于拼凑性质，即便州级法律具备长臂管辖的能力，但联邦一级的法律在适用范围方面不具备溢出效应，无法做到全面的数据保护。

三是各管一块导致执法机构责任不清晰。由于美国联邦一级立法仅针对特定行业，导致美国有多个联邦机构负责数据保护的执法工作，包括联邦贸易委员会（FTC）、消费者金融保护局（CFPB）、联邦通信委员会（FCC）、卫生与公众服务部（HHS）等。这些机构中，FTC通常被视为主要的数据保护执法机构，为联邦隐私和数据安全问题定调。但FTC执法能力存在若干的法律限制，且FTC不能对首次违反"禁止不公平或欺骗性贸易行为"的企业进行罚款，只能发出停止令或实施救济。只有在企业违反停止令和解决协议后，FTC才能进行民事处罚。FTC还缺乏对银行、非营利组织等实体机构的管辖权。

美国曾试图设立统一的数据保护法律。自2018年起，美国国家电信和信息管理局（NTIA）持续推动数据保护立法的相关工作。2020年3月，美参议院议员、参议院消费者保护委员会主席杰瑞·莫兰（Jerry Moran）向参议院提交了《消费者数据隐私和安全法案》（Consumer Data Privacy and Security Act），规定了联邦层面的消费者数据保护措施，并将美国联邦贸易委员会作为美国数据保护的主要执法机构。但截至2020年5月，美参议院仍未对该提案进行表决。

欧盟《通用数据保护条例》（GDPR）实施观效

（2021 年 6 月）

欧盟《通用数据保护条例》（General Data Protection Regulation，GDPR）于2018 年 5 月 25 日起实施。GDPR 对全球数据及个人隐私的保护造成了重大影响，也掀起了全球数据和个人隐私保护的潮流，阿根廷、巴西、韩国、日本、肯尼亚以及美国加利福尼亚州均将 GDPR 作为范本推出了各自的数据保护法律法规。2021 年 5 月，挪威数据保护局（Datatilsynet）发布了基于 GDPR 的首例涉中国的数据跨境案。

按照 GDPR 的规定，欧盟委员会在 GDPR 生效两年后向欧洲议会和欧盟理事会汇报 GDPR 的实施情况。现综合该报告[①]及各方声音对 GDPR 实施的情况作评析。

一、GDPR 的主要内容

欧盟颁布 GDPR 代替了此前施行的《数据保护指令》，主要有以下变化。**一是适用范围更广**。凡企业或组织持有或处理在欧盟境内居住的数据主体（即自然人）的个人信息即受 GDPR 管辖。**二是包含惩罚措施**。凡违反 GDPR 规定的企业或组织需缴纳其全球收入的 4%或 2000 万欧元（两者取其高）的罚款。**三是对"同意"授权的要求更高**。请求授权的信息应当简单易懂，并阐明使用数据的目的，且数据主体可以随时撤回授权。**四是数据泄露须及时反馈**。一旦发生数据泄露，数据处理者必须在 72 小时内告知数据持有者及消费者。**五是数据主体有权要求数据持有者提供相应的信息**。其中包括其个人数据是否已被处理、为何被处理。同时，数据持有者应向数据主体提供其所持有的该数据主体的个人信息的电子版。**六是数据主体应有"被遗忘权"，即数据删除权**。如果数据主体提出删除其个人信息的请求，数据持有者应给予删除并停止对外分

---

① 欧盟委员会于 2020 年 6 月发布了报告 *Data protection as a pillar of citizens' empowerment and the EU's approach to the digital transition - two years of application of the General Data Protection Regulation*。

发，第三方也应停止处理。**七是引入"数据转移权"概念**。要求数据持有者向数据主体提供常用且机器可读格式的个人数据。**八是将数据保护纳入系统设计**。在设计系统时需将数据保护纳入考量，使其符合 GDPR 的要求。**九是指定数据保护官**。GDPR 要求，存在大规模地、长期地、系统性地监控数据主体行为的，或收集违法信息的数据持有者和数据处理者，须指定一名数据保护官（DPO）。

二、GDPR 实施的总体情况

GDPR 对全球数据保护起到了示范和带动作用。自颁布实施以来，全球企业全面提升自身的数据保护能力，形成了普遍的默认隐私和默认保护的数据保护标准化措施，用户的个人数据权利得到了前所未有的重视。然而，在取得显著成效的同时，GDPR 的实施情况也受到一定的质疑，例如，GDPR 实施仅一年便收到了 144376 件投诉，但实施两年内仅开出 273 张罚单，处罚力度显然与投诉数量不成比例，GDPR 能否有效执行成为各方关注的焦点。

（一）整体实施情况

GDPR 生效后，其属人原则导致的长臂管辖，使得全球企业对于数据安全的重视程度大大提升，并采取了许多数据和隐私保护的具体措施，数据主体的权利受到有力保护。同时，全球数据和隐私保护出现了以选择加入（Opt-in）、默认隐私、默认保护为代表的标准化趋势。多国开始以 GDPR 为蓝本，以选择加入为基本模式设计本国的数据保护立法。

随着 GDPR 的实施，相关的配套措施也在不断完善，最初企业担忧的不确定性问题正在逐步解决。2019 年 12 月，欧洲数据保护委员会（EDPB）发布了丹麦提交的数据控制者与数据处理者之间的标准合同范本，为企业开展数据传输提供了便利[①]。2020 年 5 月，EDPB 公布了 GDPR 规定中对"同意"的指导原则，进一步明确了 GDPR 中"同意"的认定标准。

但也有互联网用户表示，GDPR 规定的各类数据保护措施使他们的上网体验变差，各类网站和手机应用中的隐私提示变得更为繁杂，互联网用户甚至出现了"选择加入疲劳"，但各类网站和手机应用中的广告数量并未减少，且网站数据保护措施缺乏直观感受，总体来说上网体验不如以往。

---

① EDPB, "First standard contractual clauses for contracts between controllers and processors (art. 28 GDPR) at the initiative of DK SA published in EDPB register", December 2019.

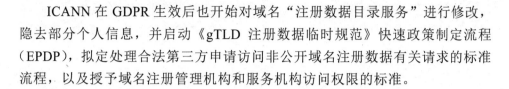

ICANN 在 GDPR 生效后也开始对域名"注册数据目录服务"进行修改，隐去部分个人信息，并启动《gTLD 注册数据临时规范》快速政策制定流程（EPDP），拟定处理合法第三方申请访问非公开域名注册数据有关请求的标准流程，以及授予域名注册管理机构和服务机构访问权限的标准。

（二）处罚情况

截至 2020 年 5 月 18 日，欧盟 27 国中的 24 国以及英国共开出了 273 张 GDPR 罚单，总罚款金额超过 1.5 亿欧元。另外，英国对英国航空和万豪国际分别处以的 1.8 亿英镑和近 1 亿英镑的巨额罚单经多次延期后仍未最终敲定。

尽管 GDPR 规定了其全球收入的 4% 或 2000 万欧元（两者取其高）的罚款天花板，但在执行时大多数的罚款额都远低于这个天花板，且额度差异较大。迄今为止，GDPR 有关的最大笔罚款是 5000 万欧元，是 2019 年 1 月法国对谷歌公司开出的，最小的一笔仅为 90 欧元，是 2019 年 11 月匈牙利对一家医院的处罚。从处罚理由来看，"数据处理法律依据不足"位居第一，共有 105 起罚单，"保障信息安全的技术措施或组织措施不足"居第二，共有 63 起罚单。

从目前处罚的案例来看，欧盟各数据保护机构主要还是针对欧盟域内的企业和个人以及大型跨国公司进行监管。对于包括我国企业在内的域外处理欧盟居民个人数据的企业和个人，出于对欧盟数据保护机构的监管能力及政治经济等各方面的考虑，尚未作出相关的处罚。

（三）处罚案例分析

GDPR 使全球个人数据的处理方式发生了巨大的改变，对于处理欧盟居民个人数据的各方都提出了极高的全面性的要求。除常被谈及的"获取同意"等注意事项外，下面援引一些具有特点的、可能容易被忽视的案例供各方参考。

1. GDPR 不仅针对电子数据

尽管当今社会数据多以电子文档的形式存在，但 GDPR 从未将其管辖限制在电子数据上，实体的包含欧盟居民个人信息的文档也受 GDPR 管辖。2019年，英国一家药房存储的 50 万份记载客户姓名、地址、医疗信息、处方等个人信息的文件，由于存储不当被水浸泡而受损，英国数据保护机构以信息安全措施不足为由对该药房罚款 32 万欧元。

2. GDPR 要求从细微处做到"默认保护"

2020 年，丹麦有两地市政府存储有个人数据的电脑被窃，警方发现包含个人身份证号等个人数据的文件未加密，丹麦数据保护机构对两地市政府分别处以 7000 欧元和 14000 欧元的罚款。2020 年，西班牙数据保护机构接到数据主体的投诉，称其向某宾馆发送的包含有个人身体状况的投诉邮件被宾馆管理层在有其他员工参加的内部会议上宣读，西班牙数据保护机构认为该宾馆的行为违反了"完整和保密"原则，对该宾馆处以 15000 欧元的罚款。

3. 企业内部对员工的数据处理同样受 GDPR 监管

2019 年，荷兰某企业因违反 GDPR 第 5 条和第 9 条被罚款 72.5 万欧元。该企业在内部采取指纹打卡系统记录员工考勤，但荷兰数据保护机构认为，该企业不能以法律规定的例外条款为理由收集员工的生物数据，在收集时应得到员工对处理该生物数据的明确同意。因此，雇佣欧盟公民的企业在采用使用个人数据，尤其是生物数据（包括指纹、虹膜、面部识别等），来记录考勤或进行其他活动时，应向员工征得明确同意并作好记录。

4. 个人同样受到 GDPR 监管

从一些处罚情况来看，GDPR 不仅适用于企业，一些违反 GDPR 规定的个人也受到了处罚。例如，西班牙对在海滩上偷拍的个人以违反 GDPR 第 5、6 条为由处以 4000 欧元的罚款；德国北莱茵-威斯特法伦地方数据保护机构对使用行车记录仪记录公共交通情况并上传至 Youtube 的个人处以 200 欧元的罚款；奥地利对使用行车记录仪的车主以非法监控为由处以 330 欧元的罚款。类似情况多见于私人设置的监控摄像头或行车记录仪对公共区域实施监控等行为，相关数据保护机构认为此类数据存储和处理行为"法律依据不足"或违反"数据最小化"原则。

三、GDPR 实施以来暴露的问题

由于 GDPR 包含的新内容较多，涉及主体范围广，其实施两年来暴露出诸多问题，有待欧盟各成员国和欧盟数据保护委员会加以解决。

（一）数据保护机构执法能力不足

数据显示，欧盟各国的数据保护机构（Data Protection Authority，DPA）的人员和预算严重短缺，进行数据保护调查的技术调查专员数量明显不足。有调查显示，仅有 6 国 DPA 有超过 10 名技术调查专员，7 国 DPA 技术调查专员数量少于 2 人。德国联邦和地方 DPA 技术调查专员数量占全欧的 29%。英国的信息专员办公室（ICO）是目前预算和编制最多的 DPA，但技术调查专员仅占全员的 3%。全欧盟一半的 DPA 每年财政预算少于 500 万欧元。在回复 EDPB 的信件中，多国 DPA 表示，他们目前的人力资源已无法应付庞大的工作量。且从处罚情况来看，如将个人也纳入 GDPR 管辖范围，则现有 DPA 的监管和执法能力完全不能满足需要。因此，欧盟委员会呼吁"成员国按照 GDPR 要求向其提供充足的资源"。

按照 GDPR 的规定，企业可以指定一个欧盟成员国的 DPA 作为与其相关的投诉的处理机构，同时欧盟居民可以向任一成员国递交投诉。投诉受理国 DPA 与企业指定的 DPA 将合作处理相关投诉，拿出最终裁定。但在实际操作过程中，DPA 间的跨国合作通常"笨拙、耗时且低效"[①]，难以及时有效地处理各类跨国投诉。欧盟委员会在其报告中也表示，"数据保护机构尚未充分利用 GDPR 提供的工具导致错过了促进更多协调的机会"。

（二）政治经济影响进一步削弱执行力

受 GDPR 的影响，欧盟内部原有的"数据驱动"型中小企业或非营利机构无法承担数据存储、处理、传输应具备的较高的合规成本，数据相关业务加速向能够完成合规要求的大企业集中。GDPR 对欧盟互联网经济造成了一定的影响。同时，由于 GDPR 规定的一系列权利需要企业付出较高的成本，且 GDPR 部分条款的许多细节有待明确，企业存在较高的合规风险，这实质上提升了欧盟互联网市场的准入门槛。一些域外中小企业从成本和风险的角度考量，不再面向欧盟提供服务。欧盟为此专门面向中小企业"提供了实用的工具，以方便从事低风险处理活动的中小企业实施 GDPR"。

同时，由于欧盟是一种松散的联盟体制，各成员国自主性较强，以爱尔兰为代表的部分成员国在大型互联网公司的游说以及对本地政治经济影响的综合考量下，对 GDPR 的执行意愿不高。以爱尔兰为例，因其具有竞争力的吸引外资政策，微软、脸书、谷歌等大型互联网企业均将爱尔兰作为其欧洲总部所在地，并将爱尔兰 DPA 作为指定的数据保护相关投诉的解决机构。因此，爱尔兰政府在这些公司的密集游说下对 GDPR 的执行力度明显偏弱，两年来未对这些互联网巨头开出任何罚单。2019 年 1 月，法国数据保护监管机构 CNIL 以谷歌的安卓业务在欧洲没有分支机构为由，绕开爱尔兰 DPA 直接对谷歌开出了 5000 万欧元的巨额罚单。2020 年 3 月，瑞典 DPA 则以谷歌未能做好"被遗忘权"为由，对谷歌处以 7500 万瑞典克朗的罚款，再次绕开了爱尔兰 DPA。

在个别国家，GDPR 被政客用作阻挠新闻报道的工具。斯洛伐克 DPA 负责

[①] The Hamburg Commissioner for Data Protection and Freedom of Information，"Data Protection as fundamental right - big demand, long delivery time"，February 2020.

人被指控滥用权力，以巨额的 GDPR 罚款强迫调查记者公开信息来源，并与记者谋杀案存在关联。波兰与罗马尼亚同样存在类似情况。互联网人权组织 Access Now 认为，原本旨在保护个人权利的 GDPR 在某些情况下有可能成为遏制媒体自由的工具。

（三）新技术对数据保护提出新考验

随着区块链、人工智能等新技术的涌现，有观点认为 GDPR 的有关规定恐不能将这些新技术有效纳入监管。

GDPR 以数据库为对象制定的各类对于个人数据存储、处理、传输、更正的规定，以及"被遗忘权"的规定显然不适用于去中心化的区块链技术。区块链作为分布式记账技术，在单个区块中写入的个人数据势必会共享到链内后续全部区块和全部用户且无法消除，一旦有用户处于欧盟以外便构成了跨境数据传输。在数据更改方面，即便对原数据进行更正或删除，原数据依然以某种形式存在于区块当中。

GDPR 对人工智能技术的发展也带来了极大的挑战。GDPR 对于自动化模型决策作出了严格的规定，认为采用无人干预的自动决策属非法行为，并要求当用户对算法提出质疑时，开发者应对算法进行解释。人工智能技术由于其算法"黑箱"的模糊性，数据处理的公开透明与算法效率成反比，因此 GDPR 恐削弱欧洲在人工智能领域的竞争力。同时，其具有的长臂管辖效应恐迫使域外开发者避免使用欧洲居民的数据进行深度学习，这使欧洲成为人工智能"孤岛"，降低了人工智能算法在欧洲的可靠性。

总体上，GDPR 为全球数据保护立法设立了标杆。在生效的两年间，GDPR 已经对全球企业和互联网用户产生了广泛而深刻的影响，互联网用户个人权益得到了前所未有的保护。但仍然需要看到，GDPR 作为一项划时代意义的法律，其具体执行仍需要欧盟内部各方进行有效的协调，分配足够的资源，并及时根据新情况、新技术作出调整，同时对权力进行有效监督，避免权力滥用。此外，GDPR 在跨境数据流动方面形成的规则外溢效应和其采用的"俱乐部"模式实质上使 GDPR 成为全球数据保护政策的范本，其模式值得我们参考和借鉴。

第六专题
互联网基础资源治理

按照联合国互联网治理工作组（WGIG）2005 年的报告，互联网治理研究四大领域排第一位的就是与基础设施和互联网重要资源管理有关的问题，即域名系统和 IP 地址管理、根服务器系统管理、技术标准、互传和互联、包括创新和融合技术在内的电信基础设施及语言多样性等问题，目前这些问题大都有负责处理的相关国际组织，如 ICANN、IETF、ISOC、IAB、RIR 等。这些组织名称大多以 Internet 的首字母 I 开头，也常常被称为 I*（ISTAR）互联网国际组织。在 2016 年完成互联网号码分配机构（IANA）职能移入后，ICANN 成为互联网基础资源管理的核心组织，在网络空间治理领域具有举足轻重的作用。各大洲互联网基础资源组织也围绕本区域的互联网发展共谋共进，亚太顶级域名联合会（APTLD）就是亚太区的代表组织。

基础资源因其在互联网中发挥承上启下的关键作用，往往被作为网络空间治理的重要抓手，这从俄乌冲突刚爆发不久乌克兰申请撤销俄罗斯国家顶级域事件中可见一斑。此前，美国也以国家安全为由，通过域名劫持手段查封伊朗网站。在地缘政治的冲击下，维护互联网的统一性、避免互联网碎片化任重而道远。

互联网基础资源主要国际组织概览

（2022 年 10 月）

互联网基础资源（Internet Infrastructure Resource）主要指提供关键互联网服务的重要基础资源，包括标识解析、IP、路由等及其服务系统和支撑服务系统的底层基础设施。作为互联网重要的基础资源，域名、IP 地址及其服务系统提供关键的互联网核心服务。目前，负责管理全球互联网基础资源、制定技术层面标准或协议的国际组织主要包括互联网名称与数字地址分配机构（ICANN）、五大地区性互联网注册管理机构（RIR）、国际互联网协会（ISOC）、互联网工程任务组（IETF），以及互联网架构委员会（IAB）等，这些机构及组织处于全球互联网治理的核心和基础地位。

一、互联网名称与数字地址分配机构（ICANN）

ICANN 成立于 1998 年，总部设在美国加利福尼亚州，最早通过与美国商务部下属的国家电信与信息管理局（NTIA）签署相关协议及谅解备忘录建立。ICANN 的主要职能包括：互联网协议地址的空间分配，协议参数的指派，通用顶级域（gTLD）、国家和地区顶级域（ccTLD）的管理以及根服务器系统的管理。ICANN 主要负责制定与互联网唯一标识符相关的政策，维护全球互联网的稳定性和统一性，因此，ICANN 在互联网国际治理中具有特殊的地位。由于 ICANN 在确认域名分配、归属和管理方面的作用独一无二，因此，它实际上控制着互联网基础资源的核心职能，关系到整个互联网系统的稳定。

ICANN 由互联网技术、商业、政治及学术团体等多利益相关方的代表组成，其内部组织架构主要包括以下几个部分。

（一）董事会及行政系统

ICANN 董事会的职责是监督政策的制定流程和 ICANN 的管理工作，其由

16 名具有表决权的成员和 5 名不具表决权的联络人代表组成。ICANN 总裁是董事会的执行官员之一，具有表决权。ICANN 行政系统负责支持政策制定工作，以及执行和实施由 ICANN 社群制定、并由 ICANN 董事会批准的各项政策。

（二）支持组织（SO）

ICANN 设有三个支持组织，这些组织负责制定与各自所属专业领域内互联网技术管理相关的政策，并提供相关的建议。这三个支持组织分别是地址支持组织（Address Supporting Organization，ASO）、国家和地区名称支持组织（Country Code Names Supporting Organization，ccNSO）及通用名称支持组织（Generic Names Supporting Organization，GNSO）。

（三）咨询委员会（AC）

ICANN 设有四个咨询委员会，它们是 ICANN 董事会的正式咨询机构。这些委员会由来自互联网社群的代表组成，可针对特定的问题或政策领域提供建议，包括一般会员咨询委员会（At-Large Advisory Committee，ALAC）、DNS 根服务器系统咨询委员会（Root Server System Advisory Committee，RSSAC）、政府咨询委员会（Governmental Advisory Committee，GAC）及安全性和稳定性咨询委员会（Security and Stability Advisory Committee，SSAC）。ICANN 的政策制定流程秉承"多利益相关方"参与理念，采用多利益主体参与模式，实行自底向上的（Bottom-up）、基于社群共识驱动（Consensus-driven）的政策制定流程。

ICANN 的内部运作遵循以下流程：支持组织（SO）负责制定政策建议并上报给 ICANN 董事会，ICANN 董事会拥有批准或否决政策建议的最终决定权；咨询委员会（AC）向 ICANN 董事会提供咨询，在某些情况下，还可以针对政策制定提出问题。值得一提的是，为避免某一主权国家对 ICANN 产生实质性的影响，有超过 180 个国家和地区的政府整体作为一个咨询委员会参与到 ICANN 中，而且 ICANN 章程也规定，必须在咨询委员会内部达成共识之后才能发布政策建议，从而制约和削弱了政府咨询委员会的话语权。

（四）全球域名事业部（GDD）

ICANN 全球域名事业部（Global Domain Division，GDD）主要负责监督全球顶级域名的运行、域名行业协议执行及网络服务，监督 GNSO 通过政策制定流程形成的政策或建议的执行情况，更高效地为注册管理机构和注册管理机构申请者提供服务。随着 GDD 自身及关联社群规模的不断扩大，从 2015 年开始，GDD 计划在 ICANN 会议之外独立举办 GDD 峰会，参与者由注册管理机构利益相关方团体（RySG）、注册服务机构利益相关方团体（RrSG）等群体组成，旨在就域名注册管理机构、注册服务机构和相关群体在实际运营中的具体需求和遇到的挑战进行对话，同时也为社群成员提供与 ICANN 具体部门一对一对话的平台。

二、地区性互联网注册管理机构（RIR）

全球一共有五大地区性互联网注册管理机构（Regional Internet Registry，RIR），即美洲互联网号码注册中心（ARIN）、欧洲互联网注册网络协调中心（RIPE NCC）、亚太互联网络信息中心（APNIC）、拉丁美洲和加勒比海地区互联网络信息中心（LACNIC）及非洲互联网络信息中心（AfriNIC）。它们的主要职能是负责分配和注册本地区的互联网数字资源，承接 ICANN 分配的资源，向经济体分配 IP 地址和自治域（AS）号码等。其中，ARIN 主要负责北美地区的业务，RIPE NCC 主要负责欧洲地区的业务，LACNIC 主要负责拉丁美洲的业务，AfriNIC 负责非洲地区的业务，APNIC 负责亚太地区的业务。

APNIC 是全球五个地区性互联网注册机构之一，是分配 B 类 IP 地址的国际组织，属于开放性、会员制的非营利机构，其主要职责是确保 IP 地址和其他相关资源的公正分配并负责相关的管理工作。APNIC 秘书处作为该机构的执行部门，负责维护公共 APNIC WHOIS 数据库、管理储备 DNS 区域分派并提供资源认证服务。该机构通过提供培训和教育服务、为域名根服务器配置提供技术支持，以及与其他全球性、地区性国际组织开展合作等方式，积极推动互联网的发展。APNIC 提供支持互联网操作的分派和注册服务，其成员包括网络服务提供商（ISP）、国家级互联网注册管理机构（NIR）等。Internet 的 IP 地址和 AS 号码分配是分级进行的，ICANN 负责全球 IP 地址编号的分配（原来由 IANA 负责），将部分 IP 地址分配给地区性互联网注册管理机构（RIR）然后由 RIR 负责该地区的登记注册服务。

三、国际互联网协会（ISOC）

国际互联网协会（Internet Society，ISOC）成立于 1992 年 1 月，是一个非政府、非营利的行业性国际组织，其主要目标是推动互联网全球化，加快网络互连技术、应用软件的发展，提高互联网普及率等。ISOC 拥有来自全世界各地的 100 多个组织成员和 20000 名个人成员，它同时还负责互联网工程任务组（Internet Engineering Task Force，IETF）、互联网架构委员会（Internet Architecture Board，IAB）等组织的组织与协调工作。

ISOC 主要由理事会、国际网络会议与网络培训部、地区与当地分会、各个标准与行政团体、委员会等组成。其中，理事会是 ISOC 的决策部门，主要负责 ISOC 全球范围内的各项事务，由主席及理事组成。

ISOC 的主要职能主要包括以下几方面：

① 推动互联网的法律发展。ISOC 鼓励和促进法律发展，以保护各参与者在互联网领域的权利。

② 推动互联网企业自律。ISOC 积极参加众多技术领域的发展工作，如全球电子商务、加密技术、审查制度、隐私权等。

③ 推动互联网标准制定。支持互联网标准与协议组织的工作是 ISOC 工作中重要的一部分。ISOC 作为 IETF、IAB、互联网工程指导组（IESG）、互联网研究任务组（IRTF）等互联网标准制定与研究机构的支持组织，在该领域的活动非常广泛。

④ 推动公共政策研究。ISOC 每年主办两次全球性年会：国际网络会议（INET）主要集中讨论在全球范围内与互联网技术、应用软件、相关政策等有关的议题；网络与分布式系统安全年会（NDSS）旨在促进全球信息技术安全领域的交流。

四、互联网工程任务组（IETF）

IETF 成立于 1985 年底，是全球互联网领域最具权威的技术标准化组织，主要任务是负责互联网相关技术规范的研发和制定。当前的绝大多数国际互联网技术标准出自 IETF。

（一）主要职责

IETF 是一个由互联网技术工程领域的专家自发参与和管理的国际民间机构，汇集了与互联网架构演化和互联网稳定运作等业务相关的网络设计者、运营者和研究人员，其主要任务是负责互联网相关技术标准的研发和制定。IETF 大量的技术性工作均由其内部的各种工作组承担和完成。这些工作组依据各项不同类别的研究课题而组建。在成立工作组之前，先由一些研究人员通过邮件组自发地对某个专题展开研究，当研究较为成熟后，可以向 IETF 申请成立兴趣小组开展工作组筹备工作。筹备工作完成后，经过 IETF 上层研究认可后，即可成立工作组。工作组在 IETF 框架中展开专项研究，如路由、传输、安全等专项工作组，任何对此技术感兴趣的人都可以自由地参加讨论，并提出自己的观点。各工作组有独立的邮件组，工作组成员内部通过邮件互通信息。IETF

每年举行三次会议，每次会议的参会人数规模均在千人以上。

（二）组织架构

IETF 体系架构分为三类：IAB、IESG，以及在互联网八个领域里的工作组（Working Group）。

标准制定工作具体由各个 Working Group 承担，其分别专注于 Internet 路由、传输、应用等八个领域。

IESG 的主要职责是接收各个工作组的报告，对其报告进行审查，然后对其所提出的相关标准和建议提出指导性意见。

IAB 是 IETF 的顶层委员会，主要由探讨与因特网结构有关问题的互联网研究员组成，参与建立各种与因特网相关的组织，如 IANA、IESG 和互联网研究指导组（IRSG）。IAB 最初由美国国防高级研究计划局（DARPA）于 1979 年创建，其主要职能是负责定义整个互联网的架构和长期发展规划，并向 IETF 提供指导并协调各个 IETF 工作组的活动。在新的 IETF 工作组设立之前，IAB 负责审查相关的工作申请，从而保证其设置的合理性。IAB 的主要职责包括：负责互联网协议体系结构的监管，把握互联网技术的长期演进方向，负责互联网标准的制定规则，指导互联网标准文档 RFC 的编辑出版，负责互联网的编号管理，组织与其他国际标准化组织的协调工作，批准 IETF 主席和任命互联网研究任务组（IRTF）主席等。

五、联合国互联网治理论坛（IGF）

互联网治理论坛（Internet Governance Forum，IGF）是根据联合国大会决议召开的信息社会世界峰会（WSIS）的重要成果。2001 年 12 月 21 日，联合国大会通过 56/183 号决议，决定举办 WSIS，并将 WSIS 分为"日内瓦会议"和"突尼斯进程"两个阶段。根据突尼斯进程的安排，联合国秘书长宣布自 2006 年起每年举办一次 IGF。IGF 是目前全球最高级别的研讨全球性互联网治理问题的开放性论坛。论坛秉承平等、开放、包容原则，通过多利益相关方参与模式，汇聚来自政府、政府间组织、技术社群、民间社团、学术界和私营部门等各方的力量，由各方发起组织的数十场至百余场研讨会是 IGF 的主要组成部分。论坛在国际电信联盟（ITU）、ICANN 等国际互联网组织的政策制定，以及各国、各互联网社群和企业实施或参与的互联网管理方面发挥着重要作用。

多利益相关方咨询小组（Multistakeholder Advisory Group，MAG）由联合国秘书长发起成立，旨在更好地指导 IGF 的年度工作，具体负责为每年 IGF 的议题、议程、筹备工作等提供建议，是 IGF 的最高咨询和决策机构。MAG 由来自国家政府、私营部门、技术社群和民间社会的 50 多位专家组成。

领导小组（Leadership Panel）由联合国秘书长于 2022 年 8 月设立，致力于为IGF提供战略意见和建议，推广IGF及其成果，支持高层和一般利益相关方参与IGF，与其他利益相关方和相关论坛交流IGF成果，支持决策者和论坛对IGF议程设置过程发表意见。清华大学薛澜教授作为一般会员代表被任命为IGF领导小组成员。

六、亚太顶级域名联合会（APTLD）

亚太顶级域名联合会（Asia Pacific Top Level Domain Association，APTLD）成立于 1998 年 7 月，是一个主要由亚太区域的国家和地区顶级域注册管理机构和相关的技术、政策机构联合组建的会员组织，在协调亚太地区各个国家和地区的顶级域注册管理政策和技术方案、提高亚太地区在国际互联网业界的影响力等方面具有重要的参与意义和地缘意义。

七、国际反网络钓鱼工作组（APWG）

国际反网络钓鱼工作组（Anti-Phishing Working Group，APWG）于 2003年成立，是由各行业的专业人士组成的非营利组织，也是全球规模最大和最有影响力的反钓鱼欺诈国际组织，专注于在全球范围内消除日益严重的网络钓鱼、恶意软件和电子邮件诈骗所带来的身份盗窃和欺诈问题，为各利益相关方提供一个讨论网络钓鱼问题的平台。目前，已有超过1800家公司和政府机构加入APWG，会员超过 3500 个，会员包括金融机构、互联网络服务提供商、执法机构和安全解决方案提供商等。

八、中文域名协调联合会（CDNC）

2000 年 5 月 19 日，中文域名协调联合会（Chinese Domain Name Consortium，CDNC）由两岸四地的互联网络信息中心（CNNIC、TWNIC、HKNIC、MONIC）在北京正式发起成立。作为一个独立的非营利组织，该机构承担着中文域名的协调和规范工作。CDNC 负责对各种中文域名实现方案按照国际惯例进行评定、制定中文域名技术标准和注册管理规范、协调相关国家和地区中文域名的运行等工作，并与国际互联网组织积极开展交流与合作，以尽快制定和推出有关的国际标准。为此，CDNC 设立了注册政策工作组、技术工作组、合作事务工作组等机构。

ICANN 国家和地区名称支持组织

（2021 年 5 月）

国家和地区名称支持组织（ccNSO）是 ICANN 为促进国家和地区顶级域（ccTLD）管理者交流合作、管理和制定 ccTLD 有关政策而成立的社群组织，由理事会统筹管理，下设多个委员会及工作组负责具体工作。

一、ccNSO 理事会

ccNSO 成立于 2003 年，目前共有 ccTLD 注册管理机构成员 172 个，其中亚太地区 56 个。ccNSO 理事会是 ccNSO 的议事决策机构，ccNSO 各工作组人员构成和成果均须由理事会审议批准。

ccNSO 理事会由 18 名理事和来自其他组织的无投票权联络员和观察员组成。在 18 名理事中，15 名理事由 ICANN 五个地理区域选出（每个地理区域 3 人，每个国家最多 1 人），3 名理事由提名委员会选派。ccNSO 理事任期 3 年，可无限期连任。理事会设主席 1 人、副主席 2 人，由全体理事会理事从理事会理事中投票选出，每届任期 1 年且可无限期连任。

二、ccNSO 下设机构

目前，ccNSO 共有多个工作组，主要机构的情况如下。

（一）准则审查委员会

准则审查委员会（Guidelines Review Committee，GRC）的功能是审查现行准则，确定其能否有效反映 ccNSO 当前的做法和工作方法，找出潜在差距并向理事会提出对现行准则的修改建议。GRC 由 2 名理事会成员、2 名至 5 名 ccNSO 成员的代表组成。GRC 主席由 ccNSO 理事会副主席兼任。

（二）会议计划委员会

会议计划委员会（Meeting Programme Standing Committee，MPC）的目标是协调和管理与 ccNSO 相关的会议的高级别日程安排，包括 ccNSO 成员在 ICANN 公开会议上的会议议程和相关事宜。所有 ccTLD 注册管理机构（无论是否为 ccNSO 成员）均可经理事会批准后加入该委员会，成员任期两年可连任两次。

（三）政策发展流程（PDP）工作组

ccNSO 下设的 PDP 工作组包括 ccTLD 退出（ccPDP3 Retirement）工作组、ccTLD 审议机制（ccPDP3 Review Mechanism）工作组，以及国际化域名 ccTLD 字符串选择和退出政策发展流程（ccPDP4 ccTLD IDN）工作组，这些工作组旨在就与国际标准 ISO3166-1 所列国家和地区的国家代码相关的授权顶级域名的退出问题提出报告和建议、制定与此相关的审查机制，以及为国际化域名（IDN）ccTLD 字符串的选择和退出提出政策建议。工作组会议对 ccTLD 注册管理机构的代表、其他利益相关团体的参与者、观察员和专家开放。

（四）战略和运营规划常务委员会

战略和运营工作组（Strategic and Operational Planning Working Group，SOPWG）于 2008 年 11 月的开罗 ICANN 会议上成立，2017 年 11 月更名为战略和运营规划常务委员会（Strategic and Operational Planning Standing Committee，SOPC），以反映其永久性的性质。SOPC 的目的是协调、协助和增加 ccTLD 注册管理机构对 ICANN 和 PTI 的战略和运营规划过程以及相关预算过程的参与度。SOPC 邀请 ccNSO 理事会和个别 ccTLD 注册管理机构共同或单独支持 SOPC 的立场或意见。所有 ccTLD 注册管理机构（无论是否为 ccNSO 成员）均可经理事会批准后加入 SOPC。

（五）技术工作组

技术工作组（Technical Working Group）的任务是从技术和政策的角度收集不同规模 ccTLD 的运行信息，为 ccTLD 社群提供 ccTLD 运行的技术和操作方面的建议。该工作组在每次 ICANN 会议上都需召开研讨会，向各 ccTLD 注册管理机构介绍有关经验。此外，该工作组还负责与 IANA 对接有关事宜。所有的 ccTLD

注册管理机构（无论是否为 ccNSO 成员）均可加入该工作组。

（六）TLD-OPS 常务委员会

TLD-OPS 常务委员会是 TLD-OPS 邮件列表的监督机构。该委员会的任务是管理 TLD-OPS 电子邮件列表的日常运行，并在必要时为 TLD-OPS 电子邮件列表（包括其生态系统）未来的改进和发展制定计划并施行。该列表是 ccTLD 联系人存储库。订阅者定期收到上述列表中的联系人发出的电子邮件，邮件内容包含所有订阅的 ccTLD 概况及其事件响应联系人的信息（联络人员、电话号码以及电子邮箱地址）。目前该委员会未公开招募志愿者。

（七）互联网治理联络委员会

互联网治理联络委员会（Internet Governance Liaison Committee）的任务是协调、协助和促进 ccTLD 注册管理机构参与互联网治理相关的讨论和进程。该委员会邀请 ccNSO 理事会和个别 ccTLD 注册管理机构集体或单独支持该委员会的立场或意见。该委员会将积极主动地寻求和促进对相关进程的参与和投入，并定期向 ccNSO 理事会、ccNSO 成员和更广泛的 ccTLD 社群提供反馈。所有 ccTLD 注册管理机构（无论是否为 ccNSO 成员）均可经理事会批准后加入该委员会。

三、ccNSO 近期的政策制定工作情况

ccNSO 近期在 ccTLD 退出机制及国际化国家和地区顶级域（IDN ccTLD）选择和退出的相关政策方面，取得了一定进展。现将有关情况简述如下。

（一）ccPDP3 已基本成型

ccPDP3 即 ccTLD 退出机制政策发展流程，其在 2017 年哥本哈根 ICANN 第 58 次会议上启动，旨在研究制定 ccTLD 退出的具体政策，以提升"相关决定的可预测性和合法性"。2017 年 6 月，ccNSO 正式成立相关的工作组。其原计划于 2019 年 1 月向 ICANN 董事会提交最终报告。目前该工作组已于 2020 年 5 月完成了中期报告，将对报告做进一步修改[①]。

---

① ICANN ccNSO, "Proposed Policy for the Retiremen to ccTLDs Interim Paper", May 2020.

以往曾多次发生过国家或地区发生变动导致 ISO 3166 国家和地区代码清单发生改变，ccTLD 需要随之调整的情况（如 ".su" ".yu" ".dd" 等）。但由于缺乏统一的退出政策，以往针对类似情况均采取一事一议的办法，由相关 ccTLD 注册管理机构与 ICANN 协商解决。

按照 ccPDP3 的规划，当 ISO 3166-1 标准中的任意 Alpha-2 码被除名时，与之对应的 ccTLD 退出程序都将被启动。对于不与 Alpha-2 码对应的 ccTLD，一旦 ISO 3166 标准维护机构对这些代码进行（除纳入 Alpha-2 码外的）调整，IANA 管理者都会考虑启动 ccTLD 退出程序。

当某 ccTLD 退出程序启动后，IANA 管理者将向该 ccTLD 注册管理机构发出取消通知（Notice of Removal）。该 ccTLD 应在发出通知之日起 5 年内完成顶级域退出前的所有工作。如需延期应在后续的退出方案中说明，并征得 IANA 管理者的同意，但最长不超过 10 年。退出方案中该 ccTLD 注册管理机构应说明该 ccTLD 停止注册、续期和转移的时限，并附上告知注册者有关退出事宜的沟通方案。

鉴于 ccTLD 的政策通常由所属国家和地区自行决定[①]，且 ccTLD 调整的情况随国家和地区的情况而各不相同，通过统一的 ccTLD 退出机制进行规制并不现实。ccPDP3 提出的具体政策也仅限于退出机制生效的条件、退出时限、大体步骤等，具体的退出工作仍应根据相关的 ccTLD 注册管理机构提出的退出方案来实现。

（二）IDN ccTLD 字符串选择和退出政策发展流程（ccPDP4）启动

2007 年，ICANN 正式推出 IDN ccTLD，允许 ccTLD 使用非 US-ASCII 字符。鉴于政策发展流程所需时间较长，为尽快满足一些国家和地区对 IDN ccTLD 的迫切需求，ICANN 采取了临时政策先行的模式，于 2009 年形成了临时性的 IDN ccTLD 申请快速通道流程（Fast Track Process）。2013 年，ccNSO 通过 IDN ccPDP 明确了 IDN ccTLD 字符串选择的标准和要求，并对所涉相关方面的行动、角色、责任进行了规范，同时，正式提请 ICANN 将 IDN ccTLD 政策制定纳入 ccNSO 的职责范围。[②]

2019 年 3 月，ccPDP3 形成初步成果后，ccNSO 在初步审查工作组（Preliminary Review Team，PRT）的建议下，认为应启动新的政策发展流程，进一步细化和

---

① ICANN GAC, "Principle Sandguide Lines for the Delegation and Administration of Countrycode Top Level Domains", April 2005.

② ICANN ccNSO, "Final Report IDN ccNSO Policy Development Process", March 2013.

明确 IDN ccTLD 字符串的选择和退出机制，做好变体管理，维护 DNS 的安全与稳定。

值得注意的是，PRT 的报告公布后，有公众评议意见认为，未来应留意具有多种文字表述的语言的 IDN ccTLD 申请，建议针对同时管理 ASCII 码和其他文本的 ccTLD 的注册管理机构设立一定的规则，并援引了简体中文和汉语作为案例。PRT 回应称将在下一轮政策发展流程中加以探讨①。现有的 IDN ccTLD 政策允许同一语言的每个书写系统均可申请 1 个 IDN ccTLD。

---

① ICANN ccNSO, "Issue Report ccPDP4 on the Development of Policy Recommendations for the (De-) Selection of IDN ccTLD Strings", May 2020.

ICANN 通用名称支持组织

（2022 年 1 月）

一、背景情况

鉴于新冠疫情的影响，2021 年 ICANN 所有线下活动均取消，相关政策制定工作改由线上进行。近期，GNSO 主要聚焦快速政策制定流程（EPDP）、下一轮新通用顶级域（New gTLD）开放、当下全球域名市场情况、DNS 滥用、隐私保护对公共安全的影响等议题。

二、政策制订和发展情况

（一）关于《gTLD 注册数据临时规范》快速政策制定流程（EPDP）

ICANN 于 2018 年 5 月出台了《gTLD 注册数据临时规范》（以下简称《规范》），以应对欧盟《通用数据保护条例》（GDPR）生效后可能出现的风险。其后，《规范》又衍生出了《注册数据访问协议》（RDAP）和针对《规范》的快速政策制定流程（EPDP）。RDAP 和 EPDP 拟分别从技术层面和政策层面制定一套完善的隐私保护体系，以彻底满足 GDPR 的合规要求。ICANN 已于 2019 年 3 月发布了《RDAP 技术实施指南》（以下简称《指南》）和《RDAP 响应概要》（以下简称《概要》），要求所有注册管理机构和注册服务机构根据《指南》和《概要》在当年 8 月 26 日前完成 RDAP 的部署工作。

该 EPDP 的推进活动分为两个阶段。阶段 1 的任务是将《规范》确定为 ICANN 的共识政策，供域名注册管理机构和域名注册服务机构参考。阶段 2 着力规划授权合法第三方访问非公开域名注册数据的有效途径。

EPDP 目前的整体进度处在阶段 2，其核心任务是负责制定和开发"标准化访问和披露系统"（SSAD）。EPDP 小组已于 2020 年 7 月 31 日向 GNSO 理事会提交了阶段 2 最终报告。在 2020 年 9 月 24 日的社群会议上，GNSO 理事会通过了 EPDP 小组的阶段 2 最终报告，并向 ICANN 董事会进行报告。当前，ICANN

各利益相关方对 SSAD 已达成的共识有：（1）建立及选择认证机构并且出台相关的认证政策，对访问请求者进行身份认证；（2）关于民事和刑事法律当局等政府实体的认证，由国家和地区指定的认证机构确定；（3）提出访问请求的条件及要求；（4）请求必须明确特定目的；（5）SSAD 的条款和条件；（6）应该监控并采取适当措施以制止任何对 SSAD 的滥用行为。

对 SSAD 尚未达成共识的部分有：（1）关于 SSAD 系统如何处理披露请求，社群对这一问题存在不同的观点；（2）关于由 GNSO 理事会审查对 SSAD 系统相关建议的实施或改进情况等，有利益相关方担心其不一定能满足需求；（3）关于财务可持续性的问题，提供数据需要花费相当大的成本，有利益相关方质疑其可持续性。下一步，各社群将与 ICANN 董事会和 GNSO 理事会就 SSAD 成本收益问题进行磋商和讨论。

（二）关于下一轮新通用顶级域（New gTLD）开放

自 2012 年实施首轮开放计划以来，ICANN 已陆续引入 1200 多个 New gTLD。New gTLD 的引入有效提升了域名市场的活跃度，但也带来了诸如市场竞争、侵害消费者权利、恶意滥用和侵害国家主权等一系列的挑战。为了解决首轮开放中出现的问题，为后续轮次的开放工作作好铺垫，ICANN 规定，在批准增加 New gTLD 之前，ICANN 必须确保解决市场竞争、消费者保护、安全稳定和弹性、恶意滥用、主权和权利保护等问题。为了集中研究制定新通用顶级域后续轮次开放的政策方案，GNSO 理事会于 2015 年 12 月成立了"New gTLD 后续程序政策制定流程（SubPro）工作组"，并将其分为五个小组，分别研究解决整体流程、支持和外联相关问题，法律和监管问题，字符串争用、异议和争议相关问题，国际化域名及技术和运营问题，相对独立的地名顶级域保护相关问题。

SubPro 工作组于 2020 年 1 月启动最终报告起草工作，最终报告草案在申请条件、流程等方面未出现颠覆性的变化。SubPro 工作组于 2020 年 8 月 20 日至 9 月 30 日对其最终报告草案进行了公开意见征集程序，收到了来自团体、组织和个人的 50 多份意见书。SubPro 工作组正在将收到的所有意见整理成一整套审查文件，以便进行分析。在 ICANN 69 期间，工作组对"为有经济需要的新申请人提供财政援助"和"社群优先级评估（CPE）流程审核"进行了审议。

（三）全球域名行业发展情况

从注册服务机构市场方面看，截至 2021 年底，全球获得 ICANN 认证的注册服务机构共有 2451 家，分属 426 个财团/企业。不同地域的注册服务机构数量差异较大，美国和中国最多，其次为加拿大和德国，非洲、南美洲及中亚地区最少。从注册服务机构管理的 gTLD 数量来看，目前全球排名前三的注册服务机构分别是美国谷戴德公司（GoDaddy）、美国纳姆齐普公司（Namecheap）和加拿大图克斯公司（Tucows）。谷戴德管理的 gTLD 数量为 6000 多万个，纳姆齐普和图克斯均为 1000 多万个。我国注册服务机构万网和阿里云分别排名第五和第八。随着域名行业的竞争加剧，注册服务机构对域名业务规模的依赖性增大，注册服务机构间合并的情况增多，这种趋势使得域名市场的整合程度提高，但与此同时，注册服务机构的多样化发展呈萎缩态势。

（四）".org" 域名注册管理机构收购案

2019 年 11 月 13 日，精神资本公司（Ethos Capital）宣布将以 11.3 亿美元的价格收购全球第三大通用顶级域".org"，该收购案受到了 ICANN 社群的极大关注。通用顶级域".org"的注册管理机构为"公共利益注册局"（Public Interest Registry，PIR），是一家位于美国弗吉尼亚州莱斯顿的非营利性机构，由国际互联网协会（ISOC）于 2002 年创建。在收购计划中，PIR 拟在被收购后由非营利性机构转为营利性机构，并将取消".org"的价格上限，这将大幅增加相关非营利机构持有".org"的成本。

上述举措引发了公众和社群的强烈抗议和批评，质疑该收购案为内幕交易的声音此起彼伏，ICANN 收到了大量质疑该交易合法性的信函，PIR 前主席马克·罗滕伯格（Marc Rotenberg）也公开反对这一收购计划。2020 年初，Ethos Capital 作出了 3 项承诺，包括建立一个独立的"PIR 管理委员会"、建立一个"社群支持基金"、扩大".org"奖励项目，但这未平息质疑声浪。

根据 ICANN 与 PIR 签署的注册管理机构协议，PIR 必须事先获得 ICANN 的批准，才能进行任何可能导致控制权变更的交易。ICANN 董事会于 2020 年 5 月 7 日作出正式决定，不批准 PIR 将顶级域".org"出售给私人投资公司。ICANN 董事会表示，如果批准全球第三大通用顶级域的收购案，将会对域名行业的未来带来无法接受的不确定性，因此，ICANN 董事会认为，拒绝该交易可以更好地满足公众利益。PIR 对 ICANN 的决定表示"失望"，但强调将继续遵守 ICANN 的章程、流程和协议。

（五）WHOIS 系统因应欧盟 GDPR 调整后对最终用户和公共安全的影响

《规范》中约定，自 GDPR 正式生效后，将对 WHOIS 系统的显示内容进行限制。2018 年 5 月 25 日以后，在查询 WHOIS 系统时，只会显示部分技术数据，以及域名所属注册服务机构状态、域名注册状态、域名注册创建和过期日期，但不会显示任何个人数据。未经授权的个人或组织可以通过匿名电子邮件、Web 表单及其他技术、法律手段联系域名注册者。具有合法利益的第三方，仍可访问注册管理机构或注册服务机构所持有的非公开数据。

自 WHOIS 系统按 GDPR 要求对相关字段进行隐藏后，由于从外部无法进行查询，各国政府调查与网络犯罪、恶意行为、欺诈、钓鱼和侵犯知识产权等相关的案件遇到了一定的困难。特别是 2020 年以来，GDPR 对执法机构获取数据造成了很大的困难，一些注册服务机构会直接配合执法机构提供相关信息，但更多的注册服务机构仅响应当地执法部门的要求，若是跨司法管辖区或跨国进行数据调取，情况会变得更加复杂，获取数据的时间也会更长。上述结果造成最严重的影响之一就是延误破案时机，2021 年由此造成的经济损失高达 230 亿美元，并且这一数据在逐年翻倍。

根据谷歌浏览器安全项目提供的数据，恶意软件网站数量在 GDPR 实施 17 个月以后大幅下降，但无论是在 GDPR 实施前还是实施后，钓鱼网站数量都呈上升趋势，且上升幅度较大。在对世界主要国家和地区大中型以上注册管理机构和注册服务机构的数据进行分析时发现：（1）在 GDPR 实施后，注册服务机构接到的数据披露申请数量最少为 30 个，最多为 3400 个，注册管理机构接到的申请数量相对较少；（2）在 GDPR 最初实施的一段时间内，数据披露申请数量有小幅增长，随后下降；（3）申请案件中仅有 1/3 是申请调取域名注册人的数据，2/3 是申请调取其他数据；（4）从申请者类型来看，约 75% 来自执法机构，约 15% 来自知识产权保护机构；（5）重复申请调取数据者占比达 75%；（6）在响应速度方面，注册管理机构比注册服务机构更慢。ICANN 目前正在加快推出"标准化访问和披露系统"（SSAD），以解决 WHOIS 系统非公开数据查询的问题。

三、未来展望

自新冠疫情爆发以来，在线办公、线上教育等行业出现逆势增长，线下企业纷纷转型线上，这为域名行业带来了巨大的机遇和红利，同时也带来了风险。根据 ICANN 发布的与 DNS 滥用、公共安全相关的数据，全球的域名滥用形势已经非常严峻，需要全球协作共同打击网络违法犯罪行为。从 ICANN 各社群、域名行业相关组织、政府、学术机构、民间社团、私营企业等各个类别的代表对当前域名行业运行情况的分析来看，虽然疫情期间大部分工作人员都在远程办公，但全球 DNS 生态系统依然维持稳定运转，显示出其强大的生命力。

亚太顶级域名联合会

（2020 年 9 月）

亚太顶级域名联合会（APTLD）成立于 1998 年 7 月，是由亚太区域内的国家和地区顶级域注册管理机构及相关的技术、政策机构联合组建的会员组织，目前拥有 60 余家会员机构，是全球四大地区性顶级域名组织之一。APTLD 会员分为两类，一是正式会员，仅地理位置在亚太区域、在 ICANN 官方数据库备案的国家和地区顶级域（ccTLD）管理机构可以以正式会员的身份加入；二是准会员，一切正式会员以外的、与域名行业相关的组织和个人均可以以准会员的身份加入。相比准会员，正式会员享有参与董事会、对 APTLD 组织运营事务进行投票和表决、获得域名注册数据服务等额外权利。

长期以来，APTLD 在协调亚太顶级域名政策制定和技术方案开发、促进亚太社群交流合作、资源分享等方面发挥了重要作用，在提高亚太地区在国际互联网业界的影响力等方面具有重要的参与意义和地缘意义。

一、APTLD 的主要活动

APTLD 的主要活动形式包括召开会员会议、举办线上社群讨论，以及提供会员新闻简报、开展问卷调查等信息服务。

在会员会议方面，APTLD 每年召开 2 次会议，每次会议为期 4 天，组织 2～4 场培训、12～17 场主题研讨会，各会员单位派员参与，交流探讨域名行业技术、政策和市场方面的动态及经验，会议同时也吸引互联网名称与数字地址分配机构（ICANN）、国际互联网协会（ISOC）、亚太互联网络信息中心（APNIC）、亚太互联网治理论坛（APrIGF）、欧洲互联网注册网络协调中心（RIPE NCC）、非洲顶级域名组织（AFTLD）等重要国际组织的代表参会并分享经验。2018 年至 2019 年的四次会议，APTLD 分别选取了尼泊尔、乌兹别克斯坦、阿联酋、马来西亚作为会议地点，2020 年将在澳大利亚举办会议。可以看出，APTLD 会议在地理位置选择上有各地区轮换的原则。2018 年至 2019 年的四次会员会议重点关注和讨论的议题包括：欧盟 GDPR 的实施情况及对域名领域的影响、国际化域名和多语种邮件的发展情况与经验、各国域名政策对比、域名推广策略与营销手段、域名竞拍与争议解决、系统安全解析、注册管理机构创新业务、区块链等新技术对域名解析系统冲击等。

在线上讨论方面，APTLD 主要通过邮件列表进行日常讨论，配合不定期的专题工作组、在线语音会议等形式，探讨亚太社群普遍关注的话题和 APTLD 组织运营事务。2018 年至 2019 年，APTLD 主要就欧盟 GDPR、统一域名争议解决政策（UDRP）召开两次线上语音会议；会员代表建立了 APTLD 三年战略计划（2019—2021）工作组和 APTLD 透明与可靠性工作组，针对相关问题进行研讨并产出了相应的成果文件；社群邮件列表的讨论议题包含 GDPR、DNSSEC、国际化域名应用、ICANN GNSO 关于启用二字母顶级域名的相关提案等，针对 GNSO 二字母顶级域名的相关提案，APTLD 社群表示强烈反对，并呼吁亚太区域各 ccTLD 管理机构向 ICANN 分别提交反对评议。

此外，APTLD 每两周通过邮件向会员发送一份新闻简报，内容主要包括 APTLD 各会员组织的动态新闻、主要国际组织动态、互联网基础资源领域主流媒体新闻摘录等；同时，APTLD 面向正式会员（Ordinary Member）提供数据调研服务，主要包括实时的亚太 ccTLD 注册量数据图表（见图 4），数据由各正式会员自愿提供；另外，APTLD 不定期地根据会员需求发起问卷调查，2019 年 APTLD 发起了关于"ccTLD 管理机构与政府间关系"的问卷调查，相关的报告面向参与调查的会员开放。

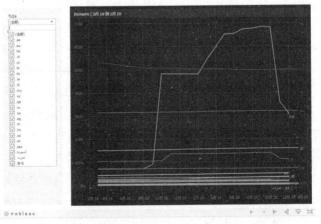

图 4　APTLD 提供的亚太 ccTLD 注册量数据图表

二、APTLD 社群动态与趋势观察

总结 2018 年至 2019 年 APTLD 社群的相关活动，APTLD 及其会员社群的主要动态趋势包含以下五个方面。

（一）APTLD 的国际影响力不断扩大

截至 2019 年 12 月，APTLD 会员规模已从最初的 6 家发展为超过 60 家，与欧洲国家顶级域注册管理机构委员会（CENTR）相当，成为全球规模并列第一的同类型组织。通过与 ICANN 等国际组织及欧洲、美洲、非洲等相关地区的组织和机构建立合作，APTLD 的影响力日益增强。2019 年 2 月，APTLD 通过与 ICANN 中东域名系统论坛合办第 75 次会员会议，深化了 ICANN 与 APTLD 的相互参与及合作，未来，双方将在会员培训、会议参与、政策讨论等方面进一步加强交流与合作。

此外，APTLD 会员，尤其是一些大型注册服务机构和注册管理机构，正日益加大对国际互联网治理政策等领域的研究投入。很多技术社群组织开始重新定位，将工作重心逐渐由传统的域名管理与推广向国际互联网治理政策层面拓展，提升对 APTLD 国际互联网治理平台的参与度，从而发挥国际影响力。这也使 APTLD 这一平台被国际社群进一步重视，影响力日益拓展。

（二）网络空间国际政策对基础资源领域的影响深远

欧盟 GDPR 是近年来互联网行业的一大热议话题，APTLD 社群也对该政策进行了多个方面、多种形式的研究和讨论。GDPR 对欧盟互联网用户数据安全的要求直接影响包括 WHOIS 在内的一些互联网基础资源信息披露的范围。自 2018 年 5 月 GDPR 实施以来，APTLD 组织了多次培训与研讨，各会员分享了各自在实践中遇到的问题和应对措施。其中，跨国二级域名注册管理机构中部网络信息中心（CentralNic）在培训会上深入讲解了 GDPR 对欧盟国家个人用户数据采集的原则、保管等具体流程规则，他们对欧盟国家用户信息跨境采集和保管的法律兼容等问题进行了分析，并在 APTLD 社群分享了 GDPR 赋予注册申请用户的法律权利；新西兰域名委员会（DNC）就 GDPR 与《新西兰隐私法》条款的异同之处进行了比较，认为有一定的共通性；美属萨摩亚顶级域名.as 注册管理机构称，美国加州于 2018 年 6 月出台的《加州消费者隐私法案》有异曲同工之效，他们认为，未来三年全美乃至世界各国都将纷纷出台数据保护相关的政策；来自 ICANN 的代表则表示，数据信息保护需要各社群和各利

益相关方的共同协作和努力。

此外，ICANN 的各项政策也在 APTLD 社群引发讨论。自 2012 年 ICANN 启动新通用顶级域（New gTLD）项目以来，已有 1200 多个新顶级域入根，ICANN 正在参考上一轮开放的相关政策制定 New gTLD 项目的后续流程，并即将开放第二轮 New gTLD 申请，目前已经建立了政策制定流程（PDP）的章程。APTLD 社群以 ccTLD 的运行管理者为主，一些会员建议，ccTLD 注册管理机构可以抓住下一轮新通用顶级域开放的机会，更多地关注和发展国际化域名（IDN）相关的服务，同时做好对现有政策的审视和调整，以应对接下来的挑战。

（三）亚太地区注册管理机构发展迅速，域名产品推陈出新

APTLD 每次会议都会邀请各与会代表分享自身机构发展情况和近期动态。近两年，来自新加坡、马来西亚、越南、斯里兰卡、蒙古国、老挝、阿曼、印度尼西亚、俄罗斯、德国、新西兰和澳大利亚等国家的会员机构代表就注册管理机构现状、未来的发展及创新服务等话题进行了分享。其中，阿曼电信管理局运营管理的".om"国家域名在 2017 年注册数已达 4000 个，月解析量达 6.48 亿次，阿曼将在未来加强对 IPv6、DNSSEC 的投入；老挝国家互联网中心于 2010 年正式成立以来，主要承担".la"国家域名的推广与维护工作，其面临市场规模小、偏远地区的无线宽带建设成本高、缺乏基础技术领域的人才及市场推广经验等困难，并在这些领域寻求协助和合作；斯里兰卡针对中小型公司推出了包括提供企业域名、企业邮箱、企业网站等在内的配套服务；印度尼西亚的域名管理机构 PANDI 通过与第三方合作推出了一系列的付费二级域服务，并以".id"为例分享了印尼用户行为习惯相关的数据，介绍了如何利用社交媒体和网站收集数据并加以应用；新加坡互联网络信息中心（SGNIC）用域名服务为网络交易提供电子发票，以提高互联网金融的效率；印度公司 XGen Plus 致力于促进多语种邮件、国际化域名的发展，针对印度官方语言多达 22 种的情况，预测印度将率先实现国际化域名的普遍应用；马来西亚互联网络信息中心（MYNIC）利用社交媒体帮助乡村地区建立农产品供应链，从而成功推广了国家顶级域名；CentralNic 公司推出了域名保护锁、DNS 解决方案等增值服务。

（四）国家和地区间的基础资源合作日益频繁

借助 APTLD 平台，亚太国家和地区间基础资源合作日益频繁，联合能力建设等互助项目机制逐渐成熟。2018 年至 2019 年，APTLD 共牵头了面向东帝汶".tl"、瓦努阿图".vu"、马尔代夫".mv"、阿曼".om"、伊拉克".iq"、

阿富汗".af"、老挝".la"、乌兹别克斯坦".uz"等注册管理机构的 10 余次双边或多边能力建设项目。ICANN、澳大利亚".au"、新西兰".nz"、俄罗斯".ru"、马来西亚".my"、印度".in"、印尼".id"、葡萄牙".pt"等注册管理机构，以及中立星（Neustar）、艾斐域（Afilias）等大型行业公司均派出行业专家作为能力建设讲师加入项目，为提升发展比较落后的会员在技术、政策、营销等方面的能力提供了帮助。此外，一些有意向长期开展双边合作的注册管理机构也借助 APTLD 平台签订了合作要约，如越南互联网络信息中心（VNNIC）于 2019 年分别与俄罗斯国家域名中心（ccTLD .ru）和韩国互联网振兴院（KISA）签订了合作备忘录（MoU）。

（五）国际组织任职发挥积极作用

APTLD 董事会是其组织的主要管理机制，负责 APTLD 的重大事项决策和日常管理，以月度董事会会议的形式对重要事项进行讨论和表决。董事会成员共 8 人，全部由正式会员投票选举产生。CNNIC 长期担任 APTLD 董事，这成为中国社群提高亚太地区及国际互联网业界影响力的重要抓手。2018 年至 2019年，CNNIC 专家参与 APTLD 董事会，充分履行 APTLD 董事职责：一方面，通过积极参与讨论，充分发挥国际任职的桥梁作用和发声作用，提高了中国社群在 APTLD 的声誉，积累了丰富的国际组织管理经验；另一方面，参与国际组织任职获取的资源、渠道和信息，有助于参与方引导社群讨论和决策方向，为扩大国际合作、促进国际参与探索和创造了更多的机会。

参与国际组织任职提高了中国社群在亚太以及全球互联网基础资源社群中的影响力，为未来深度参与国际互联网治理积累了宝贵经验。

根据对 APTLD 组织的动态观察，发现值得互联网基础资源领域行业机构思索和参考的建议包括：一是如 APTLD 一类的地区性国际组织（Regional Organization，RO）有重要的参与价值，通过地区性平台，了解行业共性或差异性问题、竞争者发展情况，有助于经验交流和借鉴；二是通过地区性组织平台可拓宽业务合作渠道，借助 APTLD 等 RO 平台，能够与其他国家互联网基础资源管理机构以及全球性互联网基础资源协调组织加深接触和交流，共同探索合作机会。

美国查封伊朗网站

（2021 年 6 月）

2021 年 6 月 22 日，美国政府以国家安全、反恐怖主义和网站资质违法为由，"依法查封"36 个伊朗网站。此次制裁暴露出传统通用顶级域被美国网络权力滥用的隐患，侧面反映出美国政府的网络制裁"工具箱"具备可操作性。

一、通过美国注册局接管域名、查封网站

综合美国政府的声明和业内的技术分析，此次美国政府是依据法院命令，通过对注册在美国的两家互联网域名注册局下达指令，接管目标网站的域名，使原网站无法正常访问，并经域名解析导向展示美国政府公告的网页，实现"查封网站"。美国商务部下属的工业与安全局（BIS）、出口执行局，以及美国司法部下属的联邦调查局（FBI）负责案件调查，美国司法部下属的国家安全局反情报和出口管制科负责执行。

此次受制裁网站使用的域名涉及".com"".net"".tv"".org"四个顶级域，由 20 多家域名注册商运行、2 家域名注册局管理。注册商中存在部分非美国企业，而注册局均为美国企业或机构，分别是威瑞信（Verisign）和公共利益注册局（PIR）。业内分析表明，这次实际执行域名接管的机构正是这两家域名注册局，注册商没有直接参与。以威瑞信公司运行管理的域名"presstv.com"为例，威瑞信将网站的域名解析服务器从原来由伊朗管理的服务器修改为由美国亚马逊公司管理的服务器，亚马逊同时将网站的域名解析指向了美国亚马逊云服务提供的 IP 地址，并在这些 IP 地址对应的网站主页上显示美国政府的公告。

二、政治上以打击意识形态隐患和恐怖主义为由头

根据美国政府的声明，受制裁的 36 家网站针对美国进行意识形态攻击并支持恐怖主义活动。其中，3 家网站的运营者是伊拉克什叶派组织真主党旅（KH），其此前已被美国政府指定为外国恐怖组织，并列入特别指定国民名单（SDN）。

根据美国财政部外国资产管制办公室（OFAC）的规定，进入 SDN 的实体将被切断与美国相关的业务或金融交易。另外 33 家网站为伊朗主要的媒体网站，包括 PressTV、Al-Alam 等，主要服务中东本地用户，并不以美国人为主要传播对象，但美国政府认定，其运营主体伊朗伊斯兰广播电视联盟（IRTVU）"伪装成新闻媒体组织，以虚假信息和恶意影响行动攻击美国"，而且，IRTVU 也被列入 SDN，从而不得获得美国企业的服务。[①]

美国制裁伊朗具有传播属性的网站已有先例。2020 年 10 月，美国政府处置了 92 个伊朗网站，同样以"传播针对美国的不实信息"和"支持恐怖主义"为由，依据美国财政部和司法部的有关规定执行。

当时，美国政府的声明着重阐述了这些网站的意识形态风险。该声明称，有关网站进行了"反美"传播。这些网站的运营主体伊斯兰革命卫队（IRGC）因从事恐怖主义活动，已在 2019 年被美国政府认定为外国恐怖主义组织。美国司法部国家安全副检察长表示，美国政府将不遗余力地阻止伊朗政府"滥用美国公司和社交媒体进行政治宣传，挑拨社会矛盾"。同时，有关网站存在程序性违法：4 家网站向美国用户提供具有新闻属性的内容，但没有依照《外国代理人登记法》（FARA）进行登记；其余的 88 家网站在西欧、中东、东南亚地区传播有利于伊朗政府的言论，而其运营主体 IRGC 与直接受益的伊朗政府均受美国制裁，没有获得美国财政部的 OFAC 许可，即不能享受美国企业提供的网络服务。

三、法律上以网络服务商的美国身份为执法抓手

首先，执法着手于注册局，而非注册商。在多利益相关方治理模式下，ICANN 和域名管理者审慎维护着全球互联网域名，一般只在有充足理由证明网站明显违法时，域名管理者才会处置域名，例如接到用户或商家有关域名版权纠纷、钓鱼网站、恶意软件等域名滥用情况的投诉，或者收到管辖地国家机关的命令。此次被接管网站的域名注册商中存在非美国企业，但其顶级域均受美国注册局管理，美国政府称网站域名"为美国企业所有"，从而创造了"美国连接点"——即美国政府对其具有管辖的权利，企业应当服从政府的命令。

其次，合法化对伊制裁。多年来，美国政府不断升级制裁伊朗的法律"工具箱"，形成了《国际紧急经济权力法》（IEEPA）、商务部《出口管理法》及《出口管理条例》（EAR）、财政部《伊朗交易和制裁条例》（ITSR）等一系列法律

---

① 美声明指出，IRTVU 为伊斯兰革命卫队（IRGC）所有或所控制，后者为 KH 杀害驻伊拉克联军和伊拉克安全部队提供了关键支持。

法规，对伊朗实行直接制裁和次级制裁，扩大对非美国实体涉伊交易的管辖范围。2020 年，美国制裁 92 家伊朗网站，所遵循的法律正是 ITSR，同时重申，如果要向伊朗政府提供服务，必须获得美国财政部的 OFAC 许可。在伊朗有关主体与"恐怖主义""威胁国家安全"等因素"捆绑"的情况下，获得 OFAC 许可实际上几乎不可行。

四、手段上检验网络制裁"工具箱"的可操性

这次美国对伊朗网站实施"查封"的威慑意义多于实质意义。在 2016 年美国政府宣布向 ICANN 移交互联网基础资源管理权后，此次制裁客观上对美国政府而言具有检验网络制裁"工具箱"可操作性的作用。查封行动没有完全屏蔽伊朗运营者的网络传播，没有对伊朗社会民生和国际贸易造成重大影响。部分伊朗网站配置了以伊朗国家代码".ir"为顶级域的网站（例如 presstv.ir），而不使用由美国商家管理的".com"等通用顶级域，从而保证了用户的正常访问。据媒体报道，一些网站在被查封后通过社交媒体表达了抗议。

制裁的完整实施显示出美国政府的网络制裁"工具箱"具备可操作性。**第一**，再次实践了在不触碰顶级域的情况下，通过域名劫持来接管网站的方法。顶级域管理者对其管理的域名，除了可以直接删除，还可以修改、锁定，如暂停或修改某网站的解析指向。通过这些路径管控境外网站的可行性一直存在，这在近两次对伊朗网站域名接管的行动中得到检验。**第二**，"依法"办事，程序正当。从执法依据来看，对比前后两次对伊朗网站域名查封的行动，此次美方聚焦网站运营者的资质问题，避免触碰网络中立的内核，即网络内容的价值主张能否成为网络与电信执法依据的问题。从执法机关来看，比较历史上几起由国家主导的重大网络攻击事件，此次是美国政府司法部门负责，与"国家制裁"相比存在本质差异。

总之，美方发挥产业链优势，综合法律手段、行政手段开展系统性制裁，在手法上以国内治理的方式制裁外国网站，进行长臂管辖。依据美方的执法声明，本次网站查封"事实清楚、依据正确、程序合法"。伊朗政府官员批评美国抹杀言论自由，抗议美方在伊朗核问题谈判过程中采用"非建设性手段"向伊朗施压，但这难以引发国际声讨。

乌克兰请求 ICANN 撤销俄罗斯顶级域

（2022 年 3 月）

乌克兰副总理兼数字化转型部部长米哈伊洛 •费多罗夫（Mykhailo Fedorov）于 2022 年 2 月 28 日通过 ICANN 政府咨询委员会（GAC）的乌克兰代表，致信 ICANN 总裁兼首席执行官（CEO）马跃然（Göran Marby），谴责俄罗斯对乌军事行动，请求 ICANN 切断俄与全球互联网的连接，以"打击虚假信息"。

费多罗夫在信中请求 ICANN 暂时或永久撤销".ru"".su"（苏联 ccTLD）和".рф"（西里尔字母俄 ccTLD）等俄罗斯所属互联网 ccTLD。乌克兰政府派驻 ICANN 的 GAC 代表也请求 ICANN 国家和地区名称支持组织（ccNSO）采取类似措施。另外，乌克兰还请求撤销上述域的 SSL 证书，关闭俄罗斯联邦位于莫斯科和圣彼得堡的 DNS 根服务器。

一、ICANN 组织机制使个人不能作出撤销 ccTLD 的决策

ICANN 的决策和政策制定机制使总裁或 CEO 等关键岗位不能直接作出决策。任何政策提案必须经过社群的讨论、研究、表决后才会送交 ICANN 董事会进行最终决策。

ICANN 总裁和 CEO 无权单方面作出同意乌克兰提议的决策。ICANN 采用了自下而上、基于共识的政策开发模式，通过三个支持组织（SO）和四个咨询委员会（AC）开展核心工作。ICANN 董事会只对三个支持组织的提案作出决策，或是向相关支持组织提出提案，交相关组织进行研究讨论。ICANN 组织承担支撑 ICANN 社群成员参与政策制定的功能，其本身秉持中立立场，不承担决策功能。

同时，ICANN 总裁和 CEO 无权单独对国家顶级域管理政策提出提案。按照 ccNSO 政策制定流程的规定，ccTLD 管理政策相关提案要由至少 10 名 ccNSO 成员共同提出，或是由 ccNSO 理事会、ICANN 董事会或某个地区性 ccTLD 组织提出。须经过成立工作组、发布初期报告、启动公众评议、编制最终报告、

征询 GAC 意见、理事会审议批准、成员批准等较为漫长的制定流程后，政策才会提交董事会投票作出最终决策。

二、互联网基础资源社群普遍反对乌克兰代表的提议

以 ICANN"多利益相关方"为代表的互联网基础资源社群对乌克兰代表的提议普遍持反对态度。

ccTLD 管理社群普遍反对"断网"。ccTLD 管理者在 ccNSO 的内部讨论中表示，ccNSO 不应对国内政治纠纷、国际冲突、战争持任何立场。ccNSO 应确保对全部 ccTLD 管理机构实现平等对待，无论其是否为组织成员。ccNSO 应遵循以上原则，否则将对互联网及 ccNSO 自身造成破坏。ccNSO 理事、中国互联网络信息中心专家姚健康博士在理事会讨论中也表示，互联网是全球通信平台，应保持其稳定可靠运行。多位理事对此表示赞同。ccNSO 于 3 月 4 日发表公开声明[①]，重申不会对国内国际政治冲突或者战争持任何立场。

互联网技术社群对"断网"表示反对。ICANN 安全与稳定咨询委员会（SSAC）的相关技术专家表示，互联网是重要的基础设施，是为了实现全球平等接入，由于战争和政治等因素撤销国家顶级域的行为是非法的。国际互联网协会（ISOC）总裁安德鲁·苏利文（Andrew Sullivan）认为，互联网不是传统的通信工具，它的设计是为了全球任何人都可以通过互联网进行沟通，如果互联网屈服于政治压力，"互联网为人民服务"的初心就会被打破。

主流互联网治理领域专家反对"断网"。美国佐治亚大学教授、互联网治理领域知名学者米尔顿·穆勒（Milton Mueller）于 3 月 1 日发表评论文章 *ICANN, Ukraine and Leveraging Internet Identifiers*，建议 ICANN 不采纳乌克兰的提议。一是乌提议"不正当"，有违 ICANN 保护互联网免受无关干扰的原则，采纳其建议将对 ICANN 带来"自杀式"后果。二是乌提议"非必要"，保持互联网开放有助扩大舆论对乌的有利影响，同时对俄网络制裁存在滥用风险，将损害普通用户公平访问互联网信息的权利。

三、ICANN 拒绝乌克兰的相关请求

ICANN 于 2022 年 3 月 3 日通过 CEO 回信的方式拒绝了乌克兰的请求。ICANN 在回信中表示，ICANN 的目标是建立一个单一的、全球性的、可互操作的互联网。从本质上讲，建立 ICANN 是为了确保互联网的正常运行，而不

---

① ICANN ccNSO, "ccNSO Council Statement on the Neutrality of the ccNSO", March 4, 2022.

是为了使用其协调角色来阻止互联网运行。ICANN 没有制裁的权力。

回信还表示，ICANN 在 ccTLD 管理方面的工作主要是验证来自相应国家或地区的授权方的请求。全球共同商定的政策中并未规定 ICANN 可根据乌克兰的要求采取单方面行动来断开这些域的连接。ICANN 的使命不包括采取惩罚性行动、宣布制裁或限制部分互联网的接入。

从整体上看，此次乌克兰提出撤销俄罗斯国家顶级域的事件，考验了 ICANN 作为全球互联网基础资源管理机构的中立性。事实证明，ICANN 的"多利益相关方"模式和国际互联网社群秉持其初衷，本次未受地缘政治的影响。

【专家视角】

DNS 根服务器系统介绍

（2022 年 3 月）

互联网的相关政策和立法发展可能对域名系统（Domain Name System，DNS）产生影响，关于这些政策和立法的讨论时有发生。了解支持 DNS 的技术对于开展有意义且信息充分的讨论至关重要且不可或缺。如果在不了解这些技术的情况下采取行动，可能会导致意想不到的后果，进而对互联网的安全、稳定与弹性产生负面影响。

全球 DNS 帮助用户在互联网上找到他们的定位。互联网上的每台计算机都有唯一的地址，该地址是一串相当复杂的数字，这串数字被称为互联网协议（IP）地址。IP 地址很难被记住。而 DNS 支持用一串熟悉的字母（即域名）来取代晦涩难记的 IP 地址，从而提高了使用互联网的便利程度。这一"转换"过程也称为 DNS 解析。如今，根服务器通常是获取所有 DNS 数据的过程的起点，这是因为它回答了 DNS 解析过程中的第一个问题。本文[①]将介绍 DNS 的底层技术。

一、DNS 解析过程

人们喜欢使用姓名识别身份，而计算机通常使用数字进行识别。在浏览互联网时，您的浏览器需要知道您访问的网站所在的网络服务器的 IP 地址或全球唯一识别码。在浏览器导航栏中键入网站的域名或单击 URL 链接后，浏览器将启动 DNS 解析过程，将域名转换为 IP 地址。

通常，这一过程开始时，浏览器会向实施 DNS 解析过程的"递归解析器"发送问题"请问要查询的域名的 IP 地址是什么"。解析器会在本地保留最近查询过的问题的答案副本（称为"缓存"），这样，解析器可能无须执行进一步的

[①] 本文的一个重要参考来源是 ICANN 首席技术官办公室（OCTO）发布的编号为 OCTO-10 的文件 *Brief Overview of the Root Server System*。

操作，就已经能够响应浏览器。

但是，如果解析器缓存中没有答案，那么接下来一定会显示一条描述，说明如何执行完整的 DNS 解析过程。在最常见的情况下，第一步是向其中一个根服务器发送包含网站完整域名的查询请求，询问该网站对应的 IP 地址。如果此前发送过查询请求，通常会通过选取响应速度最快的根服务器来选择根服务；如果没有任何的时间信息，则将随机选择根服务。然而，除了一些与此无关的次要技术信息，根服务器仅知晓顶级域（Top-Level Domain，TLD）的相关信息。具体来说，它们会维护一个 TLD 和域名服务器的列表，域名服务器存储这些 TLD 中的内容，如 TLD 中的二级域。由于查询的根服务器不知道网站的 IP 地址，因此它会向解析器返回"引荐"（Referral）答案作为响应。此引荐答案就是一个包含网站名称 TLD 的域名服务器的列表。例如，如果您尝试访问网站"www.example.com"，您的解析器将向其中一个根服务器发送一个查询请求，询问该完整域名的 IP 地址，此时，根服务器将返回一个包含".com"（我们示例中 www.example.com 的 TLD）的所有域名服务器的列表作为响应。

解析过程的第二步是，将同一查询请求发送到从根服务器的引荐响应中收到的其中一个 TLD 域名服务器。与根服务器类似，TLD 域名服务器通常只包含它们负责的域的域名服务器相关信息。对于 TLD 域名服务器，这些域是 TLD 中的二级域。因此，就像发送到根服务器的查询请求一样，发送到 TLD 域名服务器的查询请求也会收到引荐答案，其中列出了所查询的二级域的所有域名服务器。在我们之前的示例中，解析器会向其中一个".com"域名服务器发送对"www.example.com"的查询请求，询问完整域名的 IP 地址。该".com"域名服务器将返回一个包含"example.com"的所有域名服务器的列表作为响应。

此解析过程将一直持续，其间会向不同的域名服务器询问相同的问题并收到引荐答案，直到将查询请求发送到符合以下条件之一的域名服务器：知晓答案，即网络服务器的 IP 地址；域名服务器能够发布权威性声明，表示所查询的域名不存在。在我们的示例中，解析器将向其中一个"example.com"域名服务器发送对"www.example.com"的查询请求，假定该域名服务器知晓"www.example.com"对应的 IP 地址，于是，该域名服务器将会向解析器返回该地址作为响应，该地址进而将返回给浏览器，从而允许浏览器发起与网络服务器的其中一个 IP 地址的连接。

显然，这些步骤中的每一步都需要一定的时间，但前面所述的本地答案缓存会加快速度。在向域名服务器发送问题之前，解析器会检查其本地缓存以查看最近是否提出过相同的问题（由根据需要定义的"存活时间"来衡量）。如果提出过相同的问题，则返回上次查询时收到的响应。如果没有提出过，当域名服务器返回答案时，解析器会将这个答案保存在本地答案缓存中，并且会在将查询请求发送到域名服务器之前查看该缓存。该缓存对于 DNS 的性能和可扩展性至关重要。更为复杂的是，如果使用了域名系统安全扩展（DNS Security Extensions，DNSSEC），收到的每个响应（包括引荐和答案）中的数据都将进行加密签名。当解析器收到响应时，它将检查这些签名以确认数据没有被攻击者修改。

二、根区

通常，根区（Root Zone）仅包含顶级域（TLD）的相关信息，特别是所有 TLD 和域名服务器的列表以及这些 TLD 的其他数据。这一列表称为根区，其可在相关的网站上公开获取。

根区中的每个 TLD 都具有用于引荐响应的关联域名服务器信息，并且根区中的大多数 TLD 都具有 DNSSEC 信息，从而使解析器可以检测对 TLD 信息所做的未经授权的修改。

鉴于根区数据在解析过程中所发挥的作用，根区对 DNS 的运营至关重要。对 TLD 进行更改须获得 TLD 管理者的授权，并且所做的更改不得对全球 DNS 的运营产生负面影响。TLD 管理者通过 ICANN 附属的 IANA 进行更改，该机构将从技术上验证请求的正确性，并确保在通常情况下每天更新根区 2～3 次（在异常情况下可以提高更新频率），随后通知根服务器已发布新的根区。然后，根服务器获取新的根区并开始向 DNS 请求回复新的信息。

三、根服务器系统的发展

在公共 DNS 使用之初，根服务器的数量很少，因此递归解析器经常只能将来自世界各地的消息发送到少量的系统。然而，随着互联网的发展和 DNS 查询数量的增加，对根服务器的需求也在逐渐增加。这些需求通过以下两种方式来解决：一是通过一种称为"任播"（Anycast）的技术来使用互联网路由系统，这种技术允许在不同地方的多台计算机使用与根服务器关联的相同的IPv4 和 IPv6 地址（称为"根服务器标识"）；二是添加更多的根服务器标识。

尽管对可以使用任播技术提供根服务的附加计算机（使用这种方式的计算机称为"节点"）数量没有技术上的限制，但却存在一定的技术局限性，这使得最初可添加的根服务器标识的数量受到限制。这个数量被限制为 13，这是引荐响应答案在 DNS 响应中占用的空间大小所致的。虽然增强的 DNS 协议在很大程度上解决了这一限制，但任播节点的使用足以让根服务器系统从 20 世纪 80

年代初期位于加利福尼亚州两所大学的几台单独的计算机扩展到由 12 个独立组织运营的 1000 多台计算机。这些组织被称为根服务器运营商（Root Server Operator，RSO），他们满足了不断发展的互联网需求。有关根服务器系统发展史的更多信息，请参阅 ICANN RSSAC 发布的报告 *RSSAC023：History of the Root Server System*。

四、根服务器运营商

根服务器运营商（RSO）是运营一个根服务器标识（即与根服务器关联的 IPv4 和 IPv6 地址对）的组织。根服务器标识有 13 个，这些标识已预置在互联网上几乎所有的递归解析器中。ICANN 是 12 个 RSO 之一，其负责管理的 "L" 根服务器，也被称为 "ICANN 管理的根服务器"（ICANN Managed Root Server，IMRS）。

所有 12 个 RSO 都尽最大努力遵守一系列的服务期望，这些期望可以在 RSSAC001 文件中找到。除了这些期望以及他们都会对根区的查询请求提供相同的响应这一事实，RSO 都是彼此独立且自治的。每个 RSO 都会独立选择自己运行的服务器类型、这些服务器上使用的软件以及放置服务器的位置。所有 RSO 均承诺只服务于 IANA 发布的根区，不过，即使 RSO 没有履行这一承诺，DNSSEC 提供的加密签名也会阻止该 RSO（或任何人）修改根区中的数据。

五、RSO 指导原则

每个 RSO 都有自己的理由成为根服务的积极组成部分。对于大多数 RSO 而言，一个重要的动机是提供一种服务帮助互联网更具弹性和更加一致。尽管 RSO 彼此独立，但他们都共同承诺要可靠，并对来自数百万个递归解析器的查询提供一致、正确的答案。

为了履行这一承诺，RSO 已同意遵守一套与提供根服务相关的指导原则。这些原则的完整描述可以参阅 RSSAC037 文件和 RSSAC055 文件，下面总结了其中四项与 RSS 运营核心相关的原则。

（1）IANA 是 DNS 根区数据的唯一来源，RSO 致力于为 IANA 全球根域名系统名字空间提供服务。

（2）IETF 定义 DNS 在技术方面的运营规则。

（3）RSO 必须诚信经营，表明其致力于实现对互联网共同利益作出的承诺。

（4）RSO 在为根区服务时必须保持中立和公正。

六、13 个标识可以有 1000 多台服务器

有人可能会认为有 13 台根服务器来匹配这 13 个根服务器标识。这是不正确的。

目前，运行中的服务器超过了 1000 台。这是因为每个 RSO 在世界各地都有许多托管主机，所有这些主机通过任播技术使用相同的 IP 地址提供服务。

每个将根服务器标识的 IP 地址公布到全球路由系统中的服务器称为一个"节点"（Instance）。由于每个 RSO 都独立制定运营决策，因此，有些 RSO 只有几个节点，而另一些 RSO 则有数百个节点。

七、根服务器节点的位置

根服务器节点遍布全球，包括各大都市、小城市、偏远地区，甚至岛屿。网站 https://root-servers.org/提供了一个交互式地图，其显示了每个根服务器运营商节点当前的大致位置。

这些节点可以异常快速地将根查询响应传递给几乎所有的递归解析器，以至于在出现更多查询请求的情况下不会对最终用户产生显著的影响。拥有大量节点的另一个好处在于，整个系统可以抵御拒绝服务攻击，因为可以在更多位置应对这些攻击。

一个常见的问题是："我如何帮助提供根服务？"托管一个根服务器节点是各组织帮助提高根服务器系统性能和弹性的一种方法。包括 ICANN 在内的一些 RSO 促进了合格组织部署其运营的根服务器标识的节点。有关 ICANN 管理的根服务器，请访问 https://www.dns.icann.org/imrs/host/以获取相关的文件。

八、根服务的客户

如今，全世界有超过 46 亿人使用互联网，但他们并不是根服务的直接客户。实际情况如 DNS 解析过程所示，大多数根服务的客户是由互联网服务提供商（ISP）和管理自己网络的组织所运行的数百万个的递归解析器。因此，最终用户可以依赖递归解析器从根服务器系统中及时获取正确的数据。

九、如果一个 TLD 从根区中被移除会怎样

纵观 DNS 的发展史，添加的 TLD 远多于被移除的 TLD。只有在少数情况下才会移除 TLD，而这些情况通常是一个国家和地区不再存在或发生更名。

例如，当捷克斯洛伐克分为捷克和斯洛伐克两个独立的国家时，联合国 ISO-3166 双字母代码维护机构（ISO-3166/MA）将捷克斯洛伐克的代码（CS）变为"过渡保留"代码（取消分配代码的第一步），并创建了两个新代码（捷克的代码 CZ 和斯洛伐克的代码 SK）。当 CS 变为"过渡保留"代码时，IANA 与 TLD 管理员合作，将现有注册的域名转移到适当的新 TLD，最终，当所有的域名都完成转移，并且 CS TLD 管理员获得批准后，CS 域从根区中被移除。

移除一个 TLD 是一个相当复杂且缓慢的过程。移除一个 TLD 时，不仅需要保持 DNS 稳定，还要最大程度地减少对最终用户的干扰。但是，经常会出现这样的问题："如果在没有得到 TLD 管理员批准的情况下移除 TLD，会发生什么情况？"虽然这种情况在 DNS 的发展史上前所未有，但我们可以探索这种可能性。这里有两种情况：根区进行 DNSSEC 签名之后和根区进行 DNSSEC 签名之前。

在第一种情况下，为了移除或修改 TLD 相关的信息，有人会拦截对根服务器的查询请求，这将导致 DNSSEC 签名验证失败。虽然这实际上会成为对该 TLD 的拒绝服务攻击，但它会在全球范围内引起注意，并可能引发调查和补救。

第二种情况更为复杂，因为 DNS 内部没有检测或阻止修改的机制——从 DNS 的角度来看，如果数据经过 DNSSEC 签名，则认为数据是真实的。由于在根区被签名之前对其所做的修改都发生在 DNS 之外，因此所有保护和补救措施也必须在 DNS 之外实施。但是，虽然不可能依赖 DNS 检测到签名之前的修改，但世界各地的许多组织（包括 TLD 管理员）都在监控根区，并且毫无疑问会注意到所发生的变化。与上一种情况一样，最终结果将引发调查和补救。

在这两种情况下，根服务器和 RSO 在数据修改或缓和措施中没有发挥任何作用——这是因为根服务器只是提供根区 DNS 数据的一种方式。最坏的情况是，试图从一个根服务器中移除 TLD 的攻击将导致对该特定根服务器的拒绝服务。最终用户甚至都不会注意到这种情况，因为解析器会自动且透明地回退到其他的 12 个根服务器标识。

十、根服务器系统的发展

在过去的几十年里，根服务器系统的性能表现如此之好，以至于很少有互联网用户知道它的存在。RSO 将继续在全球范围内添加节点，以增强根服务的稳定性与弹性。即使在新冠疫情导致的封锁期间，根服务器系统也可以轻松扩展以满足远程工作和互联网使用的需求。不过，根服务器系统将在技术上继续发展，包括增强功能以提高性能和弹性，以及减少根区数据的集中化。IETF 的 DNS 运营工作组对 DNS 协议的技术发展进行了讨论，该工作组对所有人开放。

根服务器系统本身的大多数技术发展工作都由根服务器系统咨询委员会决策委员会（RSSAC Caucus）完成，该决策委员会向所有具有 DNS 系统运营知识和经验的人员开放。

在根服务器系统治理方面，我们仍然需要积极努力。互联网已经从一个连接研究人员的小型网络发展成一个庞大的基础设施，世界越来越依赖这个基础设施，因此，为了适应这一变化，一个由社群组成的工作组（RSS 治理工作组）正在讨论发展根服务器系统治理模型的最佳方式。诚挚欢迎中国社群中任何对此感兴趣的人员加入讨论。

（作者简介：张建川，ICANN 北京合作中心主任）

【专家视角】

ICANN 域名注册数据相关政策的进展及启示

（2020 年 5 月）

　　ICANN 社群目前面临的一个重大问题是，如何协调历史上形成的域名注册数据收集和展示规则与全球隐私立法（特别是欧盟的 GDPR）之间的不一致。《gTLD 注册数据临时规范》快速政策制定流程（EPDP）的相关工作旨在解决这一问题。

　　该 EPDP 的政策制定工作于 2018 年 7 月启动，分为两个阶段。第一阶段是域名注册管理机构和域名注册服务机构如何在公开的"注册数据目录服务"（Registration Data Directory Services，RDDS）中收集、传输、存储、展示相关的域名注册信息（包括注册人、管理联系人和技术联系人的信息）。目前，该EPDP 已进入第二阶段，即合法的第三方如何提出访问非公开域名注册数据的请求，以及域名注册管理机构和服务机构如何考虑并授予其访问的权限。

　　域名注册数据加速政策制定的相关工作引发了各界的广泛关注，域名行业企业、互联网公司、律所、知识产权保护机构，以及各国政府和政府间国际组织都高度重视并积极参与。本文介绍了注册数据目录服务的重要性、服务过程中的数据传输流程，以及相关的启示。

一、域名注册数据目录服务

　　任何人注册域名后都会产生域名注册数据，例如注册人的姓名（或单位名）、联系方式（电话、通信地址、电子邮件）及主机地址等。依照业界惯例，这些信息都是公开的，任何人都可以访问某个域名的相关注册数据。提供这项数据访问的服务被称为 RDDS，也常被称为 WHOIS。ICANN 通过协议要求域名注册管理机构（即管理某个顶级域名的机构）和域名注册服务机构（即帮助用户注册二级域名的机构）提供这项服务。

　　在一个完整的域名生态系统中，这些信息由域名注册服务机构（也称为注册商）收集并传输给域名注册管理机构（也称为注册局）。在某些情况下，如果注册管理机构和服务机构不在同一个国家或地区内，那么这些注册信息还涉及跨境传输的问题。

二、域名注册数据目录服务的重要性

作为一项全球分布但统一协调的技术性工作，域名注册数据目录服务有利于保护域名系统（DNS）的安全、稳定及弹性。域名注册目录数据服务最重要的功能是给最终用户、执法部门提供一种联系到域名持有人的机制。当域名滥用行为威胁到了域名系统的安全稳定运行，或者要调查网络犯罪及网上侵权（如知识产权）等事务时，相关部门能通过这一机制找到这些域名的注册人。

根据与 ICANN 签署的协议及共识政策，历史上域名注册管理机构和服务机构都需要公开发布其域名注册信息，并允许第三方在符合法律规定的情况下获取这些信息。目前，域名注册数据目录服务用户仅能够访问最少量的注册数据，但可以通过匿名化的电子邮件或网络表格的形式联系域名持有人或其他联系人（技术联系人和管理联系人）。这一机制的设计是为了提供一种方式能联系上（而非用来确认）域名持有人。

三、域名注册数据目录服务中的跨境数据传输

每一个域名注册管理机构及注册服务机构都被要求维护自己的注册数据库并运营自己的域名注册数据目录服务。域名注册数据的传输涉及以下环节：

（1）域名注册服务机构从注册人处收集数据。

（2）域名注册服务机构传输数据给域名注册管理机构。

（3）域名注册服务机构传输数据给其数据托管机构。

（4）域名注册管理机构传输数据给其数据托管机构。

注意，域名注册服务机构和域名注册管理机构的数据托管机构是不一样的。

在某些情况下，注册数据也通过以下方式进行传输：

（1）为了提供与合同合规相关的咨询并执行 ICANN 的协议和政策，域名注册服务机构或者注册管理机构传输特定的相关域名有限的注册数据给 ICANN。

（2）如果某域名注册管理机构出现其关键注册系统无法正常运转的风险，则需要将注册数据传输给域名应急托管机构（EBERO）。

四、相关立法的启示

越来越多的国家或地区都在着手制定其数据保护及隐私相关的法律法规，这可能会影响域名注册管理机构和注册服务机构提供域名注册数据目录服务和跨境数据传输的能力。这反过来会对全球域名注册数据目录服务的用户造成影响。

ICANN 全球社群意识到，法律制定者和技术社群的充分沟通交流是非常有必要的，这有利于避免类似 GDPR 对域名注册数据目录服务产生影响这种意外情况的发生。

（作者简介：张建川，ICANN 北京合作中心主任）

第七专题
我国的网络空间治理

1994 年 4 月 20 日，我国全功能接入国际互联网，成为国际互联网大家庭的第 77 名成员，由此掀开了数字化进程大发展的新篇章。跨入 21 世纪，我国的信息基础设施建设日新月异，数字经济蓬勃发展，互联网应用百花齐放，网络空间治理也更加全面和深入。2011 年，国务院设立国家互联网信息办公室，以落实互联网信息传播方针政策和推动互联网信息传播法治建设等职能。2014 年，中央网络安全和信息化领导小组成立，以统筹各个领域的网络安全和信息化重大问题，研究制定网络安全和信息化发展战略、宏观规划和重大政策，推动国家网络安全和信息化法治建设，不断增强安全保障能力。

政府力量和社群力量相互支持、相互促进。世界互联网大会作为我国主导的国际性互联网交流平台，自 2014 年以来取得了令人瞩目的成就。中国 IGF 汇聚了我国互联网产业和社群的力量，并积极参与全球互联网治理进程。以中国互联网络信息中心为代表的我国互联网社群紧跟全球网络空间治理大势，从互联网基础资源等自身业务领域出发，在国际舞台上积极发声，贡献中国智慧和中国方案。

近年来，我国互联网相关的立法逐步完善，包括儿童在内的网络用户权益得到有效保障，数据作为重要生产要素纳入治理范围，推动我国数字治理迈上新台阶、数字贸易取得新进展，在国际同行中也赢得了口碑和赞誉，网络强国梦想的实现就在前方。

世界互联网大会简介

（2022 年 11 月）

一、概况

自 2014 年起，世界互联网大会（World Internet Conference，WIC）已经连续成功举办多届。每年有千余名来自全球各地的政府部门高级别代表、国际组织及行业机构代表、全球互联网领军企业高管和顶尖专家学者在中国乌镇会聚一堂，共享全球互联网发展经验，共商全球互联网治理之道。WIC 不断凝聚各方智慧共识、持续深化数字合作，携手各方构建网络空间命运共同体，已成为全球互联网共享共治和数字经济交流合作的高端平台，得到了国际社会的高度关注、大力支持和广泛认可。

WIC 的宗旨是搭建全球互联网共商、共建、共享平台，推动国际社会顺应信息时代数字化、网络化、智能化的趋势，共迎安全挑战，共谋发展福祉，携手构建网络空间命运共同体。

WIC 设有三个主要机构，包括会员大会、理事会和秘书处。会员大会是 WIC 的最高权力机构，每五年召开一次，会员包括来自国际组织、全球互联网领军企业、权威机构、行业组织的代表及顶尖专家学者。理事会是会员大会的执行机构，在会员大会闭会期间领导 WIC 开展日常工作，对会员大会负责。秘书处是 WIC 的常设办事机构，负责开展各项日常工作。

自 2014 年首届乌镇峰会召开以来，WIC 已经召开了 9 次乌镇峰会（其中 2020 年为互联网发展论坛），我国正在用实际行动为互联网最新技术和前沿思想构筑发展交流的平台，中外融通、共享共治、多方参与的网络空间国际治理理念渐入人心，WIC 有望成为谋求多维度国际合作、深化互利共赢再全球化模式、共同推进全球治理体系变革的重要国际盛会。

二、重要成果

WIC 乌镇峰会除了各类主题论坛，每年同期举办的还有"互联网之光"

博览会，其主要展示我国互联网发展的成就、我国对世界互联网发展的积极贡献，以及全球互联网最新的技术、产品和应用。从 2016 年第三届开始，WIC 在乌镇峰会上举行世界互联网领先科技成果发布会，展示全球互联网领域最新科技成果，扩大互联网创新力量的影响力，彰显互联网领域从业者的创造性贡献。2019 年，WIC 启动了"直通乌镇"全球互联网大赛，探索互联网发展的新技术、新模式、新业态，搭建国内外互联网项目、技术、人才和资本合作的平台。2021 年，WIC 开始面向全球征集"携手构建网络空间命运共同体"实践案例，以进一步推广互联网等信息技术在实践应用中的先进经验。

2015 年 12 月 16 日，习近平总书记参加第二届 WIC 乌镇峰会开幕式并发表主旨演讲，从人类文明进步的历史高度深刻阐述了互联网发展的重大意义和深远影响，深入分析了网络空间面临的严峻挑战，阐述了让互联网更好造福世界各国人民的根本宗旨，提出了推进全球互联网治理体系变革的"四项原则"、构建网络空间命运共同体的"五点主张"。

第二届 WIC 乌镇峰会期间，组委会秘书处高级别专家咨询委员会正式成立，中外互联网领军人物为 WIC 乌镇峰会的举办出谋划策，为我国的互联网发展献计献策。经高级别专家咨询委员会讨论，WIC 组委会提出《乌镇倡议》，集中反映了有关各方推动网络空间建设、发展和治理制度创新、管理创新、技术创新的愿望和责任，进一步增强了国际社会对加强网络空间互联互通、共享共治的信心和决心。《乌镇倡议》成为国际互联网发展和治理领域的重要成果。

2019 年，第六届 WIC 乌镇峰会发布了《网络主权：理论与实践》成果文件，其清晰界定并系统阐述了信息时代网络主权的概念、基本原则与实践进程。2020 年发布的 2.0 版完善了网络主权的实践进程，增加了网络主权的义务维度、网络主权的体现、网络主权的展望等最新研究成果。2021 年的 3.0 版进一步丰富了网络主权的体现和实践进程，增加了网络主权的国际法属性、相关概念等内容，提出了基于网络主权建立更具包容性的国际协作框架等可行性建议。

三、成立国际组织

2022 年 7 月 12 日，WIC 国际组织成立大会在北京举行，习近平主席发来贺信。

习近平指出，成立 WIC 国际组织，是顺应信息化时代发展潮流、深化网络空间国际交流合作的重要举措。希望 WIC 坚持高起点谋划、高标准建设、高水平推进，以对话交流促进共商，以务实合作推动共享，为全球互联网发展治理贡献智慧和力量。

习近平强调，网络空间关乎人类命运，网络空间未来应由世界各国共同开创。中国愿同国际社会一道，以此为重要契机，推动构建更加公平合理、开放包容、安全稳定、富有生机活力的网络空间，让互联网更好造福世界各国人民。

贺信深刻阐明了互联网发展治理对当今世界的重大意义，反映了我国愿与世界各国在网络空间携手合作的真诚愿望，为充分发挥世界互联网大会的作用、推动构建网络空间命运共同体提供了重要遵循。

截至 2022 年，来自 6 大洲近 20 个国家的百余家互联网领域的组织、企业及个人加入 WIC 国际组织，成为初始会员，其中包括享誉全球的互联网领军企业、权威行业机构、互联网名人堂入选者等。大家作为全球互联网发展的亲历者、推动者、引领者和贡献者，将在 WIC 国际组织这个平台上发挥更加重要的作用。

中国 IGF 简介

（2022 年 12 月）

2020 年 5 月 28 日，中国互联网协会启动成立国家级互联网治理论坛——中国互联网治理论坛（简称中国 IGF），并组建多利益相关方咨询委员会，致力于促进中国社群之间以及与国际各方在互联网治理相关方面的交流互动与合作，凝聚中国社群共识并产出方案、成果，宣介中国互联网治理理念和经验。

2020 年 7 月 24 日，第一届中国 IGF 在线举行，主题是"包容治理、数字普惠"。中国互联网协会理事长尚冰等领导出席论坛并发表讲话，时任联合国副秘书长刘振民、ISOC 总裁兼首席执行官安德鲁·苏利文（Andrew Sullivan）、ICANN 董事会主席马腾·波特曼（Maarten Botterman），以及多位国际互联网名人堂入选者、国际互联网组织负责人、国际专家纷纷发来祝贺视频，来自企业、研究机构、高校、网民群体等的专家和代表围绕论坛主题进行了交流探讨。

2020 年 9 月 8 日，中国 IGF 举办"抓住数字机遇，共谋合作发展"国际研讨会高级别会议，时任国务委员兼外交部部长王毅在会上发表题为《坚守多边主义　倡导公平正义　携手合作共赢》的主旨讲话，并提出了《全球数据安全倡议》。

2021 年 12 月 16 日，第二届中国 IGF 在北京举行，论坛以"共建共享数字文明——提升数字素养，完善数据治理"为主题，邀请了国内相关的主管部门、企业、智库、科研与学术机构等多利益相关方及国际组织的代表，围绕数字文明、数据治理、数字素养、网络空间治理、互联网可持续发展等议题展开探讨和交流。

2022 年 3 月 10 日，中国互联网协会互联网治理工作委员会成立会议暨第一届委员会第一次全体成员会议以线上会议的方式召开。该工作委员会成立后，将承接举办中国 IGF 的相关工作，并积极开展国际交流与合作，促进与各个国家和地区 IGF 的交流，宣传推广中国互联网发展的理念与成果。

2022 年 12 月 29 日，由中国 IGF 主办，ICANN、中国互联网络信息中心、伏羲智库协办，中国互联网协会互联网治理工作委员会、中国信息通信研究院互联网治理研究中心承办的第三届中国 IGF 以线上方式举办。论坛邀请了来自政府、企业、科研与学术机构、行业组织等多利益相关方的代表齐聚一堂，围绕论坛主题"共谋数字合作，共建数字文明，共享数字未来"，交流和探讨如何通过拓展、创新数字领域的合作以及加强数字各领域的治理，推动构建安全、包容、开放的数字文明，共享人人受益、可持续发展的数字未来，携手构建网络空间命运共同体。

中国互联网络信息中心的互联网治理参与情况

（2022 年 12 月）

白成立以来，中国互联网络信息中心（CNNIC）在我国互联网发展事业的一线努力前进，积极参与网络空间国际治理的重要进程，为推动我国互联网络基础资源的发展、拓展更广泛的国际合作、提升域名领域的国际地位做出了重要贡献。党的十八大以来，以习近平同志为核心的党中央高度重视网络空间国际治理工作。CNNIC 与政府部门和科研机构开展了更加紧密的协作，积极与国际互联网社群深化交流，在网络空间国际治理领域发挥了重要作用，提升了影响力。

截至 2022 年，CNNIC 的专家在互联网国际组织中担任职务达 90 多人次，参与 12 项重要的国际项目，参与制定 14 项国际标准，为我国的网络空间国际治理持续构建开放、共享的研究环境和国际交流平台，促进科研成果的落地和转化。

一、参与国际治理活动，提升国际话语权

网络空间国际治理平台机构是开展网络空间国际治理工作的重要载体。CNNIC 自成立以来就积极参与网络空间国际治理，密切参与国际平台的活动，通过在国际舞台上主办论坛、设立技术合作项目、展示丰富多样的成果等方式，不断提高国际知名度和影响力。

（一）参与互联网名称与数字地址分配机构（ICANN）

长期以来，CNNIC 与 ICANN 建立了良好的合作关系，双方在各领域都开展了深入合作。CNNIC 工作委员会专家委员钱华林研究员曾于 2003 年担任 ICANN 董事。2002 年，CNNIC 参与举办了第 14 届 ICANN 上海会议，这是 ICANN 会议第一次在中国大陆地区举行，也是此前历次 ICANN 会议中规模最大的一次，体现出我国互联网高速发展的成就对全球互联网业界的巨大吸引力。

2013 年，CNNIC 参与举办了第 46 届 ICANN 北京会议，ICANN 在 CNNIC 设立了全球首个合作中心——ICANN 北京合作中心，CNNIC 开始成为一个纽带，帮助加强中国互联网社群和 ICANN 之间的沟通和协作。此外，ICANN 原总裁法迪·切哈德（Fadi Chehade）、马跃然（GÖran Marby）等 ICANN 高级官员也曾先后多次到访 CNNIC。与此同时，CNNIC 还积极参与 ICANN 下属的 GNSO、ccNSO、GAC、SSAC、RSAC 等社群的相关活动，密切跟进 ICANN 的政策更新，参与各工作组的讨论，积极应对 ICANN 管理权移交和国际化的进程，参选 ICANN 关键岗位等。2016 年，CNNIC 重点跟进 IANA 职能管理权移交工作进展，通过参与移交草案相关的编制组、IANA 职能管理权移交协调工作组（ICG）的各项工作，以及向 ICANN 发表公开评议等多种方式参与 IANA 职能管理权移交进程。CNNIC 与 ICANN 的合作正不断拓展和深化，CNNIC 在国际域名领域的地位和影响力也在不断提升。

（二）参与联合国互联网治理论坛（IGF）

自 2012 年 IGF 巴库会议起，CNNIC 便积极参与 IGF 的相关活动，通过在 IGF 平台上积极宣传 CNNIC 对本土域名发展所发挥的促进作用，以及分享 CNNIC 申请 New gTLD 的经验等，展示了我国互联网快速发展的成就和 CNNIC 开放、进取的形象。党的十八大以来，CNNIC 进一步加强国际交流，自 2014 年 IGF 伊斯坦布尔会议开始，CNNIC 连续举办研讨会，话题涉及互联网可持续发展、共享经济时代的治理创新等，积极宣传治网理念和互联网发展成就，共同推动建立包容与开放的国际治理。通过举办这些活动，CNNIC 增强了在全球互联网社群中的影响力。

（三）参与区域网络空间国际治理平台机构

党的十八大以来，CNNIC 进一步加强推动亚太地区国家域名领域的发展与合作，积极推进与亚太伙伴在互联网基础设施建设领域的交流与合作，积极参加域内网络空间国际治理领域的交流平台及机构组织的活动。亚太顶级域名联合会（APTLD）是一个由来自亚太地区各国域名管理机构及相关机构组成的国际性组织，致力于推动互联网区域性合作。CNNIC 作为其创始成员，自 2013 年起开始承担 APTLD 秘书处的职责，为 APTLD 的运营和发展作出了巨大的贡献。同时，多名 CNNIC 的专家曾担任 APTLD 董事。

亚太互联网络信息中心（APNIC）是全球现有的五个地区性互联网 IP 地址注册管理机构（RIR）之一，负责向亚太地区经济体提供 IP（IPv4 和 IPv6）地址和分配自治系统（AS）号码。CNNIC 从 APNIC 成立伊始就积极参与相关活动，多名 CNNIC 的专家曾担任 APNIC 执行委员会委员，为推动形成对我国有利的 IP 地址国际政策作出了积极贡献。

二、推动国际标准制定，促进国际化域名建设

党的十八大以来，按照党中央建设网络强国的战略要求，CNNIC 高度重视参与国际互联网技术与标准制定的工作，充分发挥自身业务专长，积极参与互联网工程任务组（IETF）等国际互联网标准化组织的技术标准制定流程，在国际化域名建设等方面不断推出成果。

（一）积极参与互联网工程任务组（IETF）

2001 年，CNNIC 开始以中文域名等国际化域名标准化工作为重心参与 IETF 的技术活动。在国际标准制定的过程中，CNNIC 共制定了与国际化域名、国际化邮件地址、下一代 WHOIS 协议、安全领域等相关的 14 项 RFC 标准，为中文域名等业务的推进解决了相关的技术问题，并在国际化域名、国际化电子邮件地址、WHOIS 等领域逐步确立了主导地位，推动了".中国/中國"国家顶级域名入根。CNNIC 技术专家曾任 IETF EAI 工作组联合主席、秘书，IETF 应用领域工作组联合主席，应用领域评审委员等职务。当前，CNNIC 的技术专家正担任 IETF 邮件存储和扩展优化工作组（EXTRA）联合主席。

CNNIC 推动 IETF 制定国际电子邮件地址等相关标准的工作并取得了快速进展。2012 年，CNNIC 在"国际化多语种邮箱电子邮件发布会"上，发出了全球首封多语种邮箱电子邮件，标志着我国向国际互联网强国迈出了重要一步。2013 年，CNNIC 多语种邮件项目获得亚太经济合作组织（APEC）的支持，在 APEC 各成员国推动多语种邮件技术的部署。2014 年，CNNIC 推动开源软件 POSTFIX 支持多语种邮件。

2015 年，CNNIC 参加 APEC 电信会议第 51 次会议，与越南和文莱共同申请的"多语种邮件在电子政务中的应用"APEC 项目获得审批通过，该项目致力于研究亚太各经济体如何在电子政务中应用多语种电子邮件。2016 年，CNNIC 联合乌克兰、日本等国的代表推动 APTLD 发布支持多语种电子邮件技术（EAI）的声明。谷歌 Gmail、微软新版 Outlook、Hotmail 邮件系统等已支持 CNNIC 主导的 EAI 国际标准。

2017 年 10 月，CNNIC 提交的论文《关于域名变体等效解析机制》获互联网架构委员会（IAB）审议后认可，并受邀参与 IAB 在加拿大温哥华召开的新

型名址系统技术研讨会。CNNIC 的代表以此论文为基础和与会专家就新型名址系统的相关问题展开了广泛的讨论，为确定 IETF 相关国际技术标准的后续走向打下基础。基于在国际化域名领域做出的积极贡献，CNNIC 技术专家于 2020 年当选 IAB 委员。

（二）发起中文域名协调联合会（CDNC）

CDNC 由两岸四地的互联网络信息中心（CNNIC、TWNIC、HKNIC、MONIC）于 2000 年在北京联合发起成立，通过会议形式研讨并推进中文域名业务和技术相关的工作。CDNC 自成立以来，协调并制定了统一的中文域名字表，并在 IETF 推动制定了中文域名和中文邮件相关的国际技术标准，为中文域名的国际化发展做出了积极贡献。

（三）积极举办主场活动，搭建多方交流平台

2014 年，CNNIC 作为世界互联网大会乌镇峰会的承办单位之一，积极参与了世界互联网大会的筹办工作，包括嘉宾邀请、议题设计、分论坛筹备等，获得了广泛认可。

近几年来，CNNIC 举办的论坛和议题涉及互联网全球治理、互联网技术与标准、互联网创新与经济发展等多个热门领域，每年邀请多位国际组织代表，国际互联网名人堂成员，学界、技术领域、民间社团的知名专家，以及产业界领袖出席峰会并担任演讲嘉宾，为各方搭建理论探讨和实践交流的平台。2014 年，CNNIC 被授予"首届世界互联网大会乌镇峰会组织工作先进集体"。

CNNIC 于 2012 年、2013 年、2016 年分别实施了东南亚互联网基础资源战略合作项目和亚太地区基础资源能力建设项目，针对域名系统、网络安全和网络空间国际治理等内容，为来自蒙古国、约旦、印度尼西亚、老挝、韩国等"一带一路"沿线国家的互联网络信息中心和其他机构的代表进行培训，积极宣传我国的治网理念和互联网发展成就。

三、扎实开展治理研究，持续做好政策支撑

在网络空间治理政策研究方面，CNNIC 深入学习贯彻习近平总书记关于网络强国的重要思想，重点开展基于自身业务特长的互联网基础资源、互联网可持续发展等有针对性的研究，取得了丰硕的成果，在网络空间国际治理领域形成了课题研究、专题报告、决策建议、公共评议等一系列的研究成果。

同时，CNNIC 非常重视代表中国互联网社群积极参与互联网管理、技术等

相关的国际组织，促进与 ICANN、IETF、ISOC、APNIC、APTLD、IGF 等的合作交流，与多个互联网域名注册管理机构建立了战略伙伴关系，加强推进实施互联网基础资源能力建设国际项目，体现了 CNNIC 在国际域名领域中的责任与担当。

四、深化国际交流，巩固对外合作

过去五年，CNNIC 积极与全球和地区性的主要互联网国际组织建立良好的合作关系，不断深化合作领域，不断扩大合作范围，积极参与筹办国际论坛及各类活动，携手共建网络空间命运共同体。

CNNIC 与全球最大的非营利性专业技术学会——电气和电子工程师协会（IEEE）一直保持着良好的合作关系。2015 年 4 月 27 日，IEEE 秘书长詹姆斯·普兰德盖斯特（James Prendergast）率团到访 CNNIC，双方围绕互联网技术标准、网络基础资源安全等方面进行了会谈。2016 年 5 月，CNNIC 与 IEEE 促成技术政策专家论坛（ETAP）首次在北京举办。该论坛落地我国，促进了本地化互联网治理实践与全球互联网发展进程的融合。

2004 年，CNNIC 开始与国际互联网协会（ISOC）建立交流合作。2004 年 3 月 9 日，时任 ISOC 主席弗雷德·贝克（Fred Baker）、IAB 互联网架构委员会委员帕特里克·法尔特斯特罗姆（Patrik Faltstrom）、Cisco 高级技术专家托尼·海恩（Tony Hain）和拉里·邓恩（Larry Dunn）等四位世界级网络技术专家专程访问中国科学院计算机网络信息中心及 CNNIC，就当前互联网热点技术问题进行了学术交流和研讨。

2009 年，CNNIC 和 ISOC 在北京联合举办了主题为"关于加强中国互联网用户 ICT 素养培训"的活动。此外，CNNIC 还与经济合作与发展组织（OECD）、韩国互联网振兴院（KISA）等国际组织在不同领域开展了深入交流。2016 年 11 月，应 OECD 总部的邀请，CNNIC 代表团赴巴黎就数字经济、数据跨境流动等领域开展交流。CNNIC 还与 OECD 就其研究成果产出方面进行合作，对其出版的英文书籍 *OECD Digital Economy Outlook 2015* 和 *Data-Driven Innovation: Big Data for Growth and Well-Being* 进行中文翻译和出版工作。2006 年，CNNIC 与韩国国家互联网发展局（KISA 前身）建立合作关系，双方互相交换部署 DNS 服务器。2013 年，CNNIC 和 KISA 签署战略合作伙伴关系，逐步深化在域名市场与政策、国际化域名、下一代互联网等方面的合作。

除全球性国际组织之外，CNNIC 与"互联网之父"的渊源也颇深。"互联网之父"罗伯特·埃利奥特·卡恩（Robert Elliot Kahn）和温顿·瑟夫（Vinton

G. Cerf）博士，德国波茨坦大学教授、"德国互联网之父"维纳·措恩（Werner Zorn）等曾多次到访 CNNIC，与 CNNIC 就互联网技术、互联网治理等多个领域开展深入交流。

五、在新时期积极进取，在对外交流和国际合作中不断迈上新台阶

在新的发展阶段，CNNIC 与 ICANN、IETF、ITU、APTLD、APNIC 等国际组织开展了更深层次的交流与合作，在国际任职、推进国际政策和国际标准制定、巩固和提升 CNNIC 在国际组织的活跃度和贡献度等方面均取得了可喜的突破。

2018 年底，CNNIC 进一步与 ICANN 深化合作，并在"L 根镜像"、PTI 管理软件开发、DNSSEC 部署、EBERO 项目，以及加强人员交流培训等多个领域不断深化合作。2012 年，CNNIC 针对 ICANN 管理的 L 根域名服务器成功引入镜像节点且运行良好，双方未来将在全球 L 根镜像服务器部署以及在我国引入新镜像节点等方面开展合作。

"建久安之势、成长治之业"。在新时期，CNNIC 的网络空间治理工作将以习近平总书记提出的网络空间治理新理念、新思想、新战略为指导，在国际实践中贯彻落实习近平总书记提出的建设网络强国的目标，助力我国从网络基础设施大国转变为互联网强国，支持我国在网络空间治理和域名管理的国际舞台上，讲好中国故事，传递中国声音，推广中国经验。

我国网络空间国际治理面临的新外部形势及应对策略

（2020 年 12 月）

对于网络空间的治理问题，人们的认识是随着以互联网为代表的信息通信技术在人类生产生活中的作用愈发显著而不断深入的。从最初的以互联网基础资源为重点的互联网治理，到涵盖网络安全、数字经济、网上信息保护等各领域的网络空间治理，治理的内涵不断深化，外延不断拓展。这一方面是因为新技术、新应用的不断涌现，刷新着人类对于网络空间的认知，另一方面也是因为能被各方所普遍接受的网络空间国际治理体系、规则尚待构建。随着传统国际关系向网络空间延伸，网络空间国际治理已逐渐成为各国博弈的新战场。如何参与网络空间国际治理，妥善应对我国面临的新外部形势，为我国争取更多的国际话语权、规则制定权和议题设置权成了摆在我们面前的重要课题。

一、网络空间国际治理的发展态势

（一）政府作用和网络主权理念更加深入人心

在网络空间国际治理发展的初期，以互联网基础资源为重点的网络空间国际治理主要以技术社群、跨国企业、社会团体等主导的多利益相关方模式为主。随着以互联网为代表的信息通信技术在全球范围内的应用更广泛，政府的作用愈发显著，多利益相关方自治的网络空间国际治理模式在应对日益严峻的网络安全形势时捉襟见肘，也无法在大国博弈中置身事外。多国政府倾向于将网络空间国际治理的主导权掌握在自己手里。与此同时，我国所倡导的网络主权原则也受到越来越多国家的认可。2015 年，联合国信息安全政府专家组报告中写入了"国家主权和源自主权的国际规范与原则适用于国家进行的信息通信技术活动，以及国家在其领土内对信息通信技术基础设施的管辖权。"2018 年，欧盟实施的《通用数据保护条例》（GDPR）也通过实际行动宣示了欧盟对其境内数据的管辖权。

（二）网络安全仍是各国斗争和博弈的焦点

"棱镜门事件"的爆发让世界各国更加深刻地认识到网络安全的重要性。习近平总书记指出，"没有网络安全就没有国家安全"。这揭示了网络安全对国家整体安全的重要性。当前，围绕网络安全治理的斗争愈演愈烈，各国都将网络安全放在网络空间治理的重要位置，也将其作为大国博弈的重要手段。目前，各国在网络安全问题上矛盾重重，在是否将武装冲突法引入网络空间的问题上缺乏共识，在网络恐怖主义、网络犯罪的界定上分歧明显。出台各方普遍接受的网络安全国际准则、规则依然遥遥无期。可以预见，在不久的将来，网络安全治理问题仍将是网络空间国际治理的焦点议题，制定网络安全国际行为准则依旧在路上。

（三）数字经济引领全球经济发展

当前，数字经济已成为拉动全球经济发展的重要驱动力。世界主要大国都将发展数字经济放在了推动本国经济发展的重要位置。自 2016 年 G20 杭州峰会发布《G20 数字经济发展与合作倡议》以来，数字经济更是成为了 G20 会议的年度议题。与此同时，亚太经合组织（APEC）、《区域全面经济伙伴关系协定》（RCEP）等区域经济合作组织、协定也高度重视数字经济议题。从数据来看，数字经济对经济社会转型升级的推动作用愈发明显。然而，单边主义、保护主义的逆流阻碍了数字经济的进一步发展，数据隐私保护等问题也让数字经济中极为重要的数据跨境流动困难重重。即便如此，数字经济仍将是全球经济发展的重要引擎，相信在 RCEP、欧盟数字单一市场等一体化进程的带动下，数字经济将更加具有普适效应，并带动更多的国家和地区搭上发展的快车，在经济社会发展方面取得更大的突破。

（四）新技术、新应用治理问题逐渐显现

随着以互联网为代表的信息通信技术的蓬勃发展，更多的新技术、新应用逐渐呈现在世人面前。5G、物联网、人工智能、区块链等技术的出现将全球引入了万物互联的时代，也给网络空间国际治理带来了新的挑战。5G 技术作为一项具有划时代意义的通信技术，为网络空间的发展带来了无限可能。从目前来看，国际组织、技术社群在 5G 技术的应用方面都没有起到关键性的作用，传

统的国际关系、地缘政治才是解决 5G 治理问题的根本所在。在人工智能领域，人工智能的伦理问题一直受到各方的广泛关注，且尚未形成广泛共识，这也将是人工智能治理问题讨论的重要方向。在区块链领域，除了各国经济部门所推动的数字货币、数字发票等应用，将区块链技术运用到包括互联网基础资源在内的其他网络空间治理领域也将成为该技术治理发展的新方向。总之，随着新技术、新应用的不断涌现，新的治理问题将会层出不穷。

即使从 2003 年信息社会世界峰会算起，网络空间国际治理对于人类社会来说仍然是一个新鲜事物，其边界尚未确定，规则有待构建。它是动态而非静态的，是发展而非停滞的。我们必须随着技术的进步不断更新我们应对的方式、方法，不断适应变化中的网络空间国际治理体系，不断深入参与网络空间国际治理，扩大我国在网络空间国际治理领域的话语权、规则制定权和影响力，努力构建网络空间命运共同体。

二、网络空间国际治理展望及应对策略

随着以互联网为代表的信息通信技术在社会生产生活中的应用愈发广泛深入，从互联网基础资源到以互联网为载体的各类社会活动都逐渐成为国际社会广泛讨论的热点和各国关注的焦点。自 2014 年以来，网络空间国际治理得到了前所未有的发展，外延不断拓宽，内涵不断丰富，逐步涵盖了网络空间的各个方面。网络空间国际治理早已不再是技术社群的后花园，而是国家实力较量的竞技场。面对日益复杂多变的国际局势和甚嚣尘上的单边主义逆流，我们仍应遵循"四项原则""五点主张"，高举构建网络空间命运共同体的伟大旗帜，积极作为，推动网络空间国际治理体系变革，改变不公正不合理的制度安排，为构建和平、安全、开放、合作、有序的网络空间不懈奋斗。

（一）进一步推动"四项原则""五点主张"成为网络空间国际治理重要共识

2015 年 12 月，习近平主席在第二届世界互联网大会开幕式上提出了推进全球互联网治理体系变革的"四项原则"和构建网络空间命运共同体的"五点主张"，这成为我们开展网络空间国际治理工作的根本遵循。"四项原则""五点主张"从网络基础设施建设、数字经济发展、网络文化交流、网络空间国际治理和网络安全五方面为开展网络空间国际治理提供了中国方案，体现了中国立场和主张，获得了国际社会的广泛认同。2016 年 9 月，G20 杭州峰会通过了《G20 数字经济发展与合作倡议》，这充分体现了"四项原则""五点主张"中

"推动数字经济创新发展，促进共同繁荣"的有关内容。2016 年 12 月，在第十一届联合国互联网治理论坛期间，由国家互联网信息办公室主办的"保护网络文化多样性，促进交流互鉴"开放性论坛进一步宣介了"四项原则""五点主张"中"打造网上文化交流共享平台，促进交流互鉴"的政策主张。在 2020 年世界互联网大会发展论坛期间，世界互联网大会组委会发布了《携手构建网络空间命运共同体行动倡议》，其纳入了网络空间国际治理的最新成果，是对"四项原则""五点主张"的最新诠释。

（二）积极参与互联网基础资源政策和标准的制定

当前，互联网基础资源国际治理模式仍以多利益相关方模式为主。我国在互联网基础资源领域虽然需求和保有量较大，但话语权、决策权和影响力仍有待提高。当前，互联网基础资源国际治理模式、体系的改革窗口期尚未再次形成，现阶段国际社会针对该模式、体系的改革意愿和动力不足。我国的互联网基础资源注册管理机构、分配机构，以及相关企业、社会团体、研究机构、网民个人等各利益相关方应通过各种方式，多层次、多角度地积极参与互联网基础资源政策和标准的制定，进一步加强与相关各方特别是发展中国家的沟通协调，找准共同关切、扩大共同利益、形成政策呼应。

（三）积极引导区域内数字经济发展

当前，数字经济已成为全球经济发展的重要驱动力。在 G20、APEC 和 RCEP 等组织、协定中，数字经济都是重要的议题。2022 年，我国数字经济总量超 50 万亿元，占 GDP 的比重达 41.5%。作为数字经济大国，我国在数字经济领域具有一定的优势。然而，随着各国的数据保护意识逐步增强，控制、限制数据跨境流动的趋势愈发明显，这对数字经济的发展造成了一定的阻碍。

为了进一步推动我国数字经济的发展，促进数据有序流动，以 RCEP 签署为契机，积极引导区域内数字经济发展和数据有序流动，制定既符合我国利益又兼顾地区数字经济发展的配套政策（如设立地区专门的数据管理仲裁机构等），消除贸易壁垒，打造数字单一市场，逐步形成区域各国在数字经济领域对我国的向心力，将区域全面经济伙伴关系打造为数字经济合作样板，进一步巩固我国在该框架内数字经济领域的优势地位。同时，进一步加强与"一带一路"沿线国家在数字经济领域的务实合作，深化与欧盟在数字经济、数据隐私保护等相关领域的沟通交流，探索与欧盟数字单一市场进行对接。

（四）积极回应发展中国家的网络安全关切，稳妥推进网络安全国际规则的制定

当前，网络安全已成为国家总体安全的重要组成部分。网络安全国际治理和地缘政治、国家实力深度捆绑，已成为核武器、反恐等传统安全议题外最重要的国际安全议题之一。我国一贯坚持和平利用网络空间，反对任何形式的网络冲突。同时我们注意到，广大发展中国家、欠发达国家网络安全能力较弱，频繁遭受网络攻击，迫切希望通过制定具有普遍约束力的网络安全国际准则、规则来制止网络攻击行为。

一是应继续保持与各国在联合国信息安全政府专家组等平台的对话、接触，增信释疑，避免误判。以联合国信息安全政府专家组为代表的联合国主导下的网络安全国际治理平台受到各方的广泛认可，相关专家组报告体现了世界主要国家对网络安全问题的基本共识。利用好这一平台有利于加强与发展中国家在网络安全问题上的协调，了解各国在网络安全问题上的最新动向。

二是应加强与发展中国家、欠发达国家在网络安全问题上的沟通，并为相关国家提升网络安全能力给予一定的支持和帮助。以积极的行动为发展中国家、欠发达国家提供网络安全培训和技术援助。

三是应不断增强对与网络安全相关国际法的认知，为参与制定具有普遍约束力的网络安全国际规则、准则做好充分准备。进一步加强对网络空间特别是网络安全相关国际法的认识、理解，借鉴联合国在制定外层空间国际规则的经验、条款，积极贡献中国方案。

（五）积极扩大网络空间国际治理共识

相比于互联网基础资源、网络安全等领域，信息基础设施建设、未成年人上网保护和网上个人信息保护等领域已积累了较多的国际共识。通过积极扩大相关领域的国际共识，有助于增进我国与其他国家间在网络空间国际治理问题上的相互理解和支持，从而化解分歧、矛盾，进一步提升我国在网络空间国际治理领域的话语权、决策权和影响力。

一是推进全球信息基础设施建设。"大幅提升信息和通信技术的普及程度，力争到 2020 年在最不发达国家以低廉的价格普遍提供因特网服务"是联合国2030 年可持续发展议程的内容之一。"一带一路"倡议也将"设施联通"作为一项重要指标。在"四项原则""五点主张"中同样列入了"加快全球网络基础设施建设，促进互联互通"的内容。推进全球信息基础设施建设是网络空间国际治理领域的重要共识。作为一个制造业强国和信息通信技术大国，我国可通

过联合国及其下设的平台机构，加大在网络基础设施建设方面的支持力度，推动发展中国家和欠发达国家信息通信水平的提升。

二是加强未成年人上网保护国际合作。《乌镇倡议》提出"世界的未来属于青少年，网络的发展塑造青少年"。如何做好未成年人上网保护工作是世界各国面临的共同问题。加强未成年人上网保护，减少和避免未成年人特别是儿童在使用互联网的过程中遭受侵害已成为全球共识。2017 年，我国加入了由多国政府、联合国儿童基金会、互联网企业等多方共同参与的致力于防范儿童网上性侵害的 WePROTECT 全球联盟，为开展未成年人上网保护国际合作迈出了坚实的一步。应继续加强在未成年人上网保护领域的对外沟通交流，与世界各国交流互联网治理经验，并以此为契机增进国际社会对我互联网治理工作的理解和支持。

三是促进网上个人信息保护的交流互鉴。随着 2018 年 5 月欧盟《通用数据保护条例》（GDPR）的生效，以及"剑桥分析事件"的不断发酵，全球范围内针对网上个人信息保护的讨论显著增加。增强对互联网用户的个人隐私信息保护已逐渐成为世界各国的广泛共识。应进一步推动与世界各国关于网上个人信息保护的交流合作，探索建立各方普遍接受的网上个人信息保护规则准则，努力兼顾个人信息保护和信息产业持续健康发展。

四是加大网上知识产权保护的互动合作。习近平总书记指出，网络信息技术是全球研发投入最集中、创新最活跃、应用最广泛、辐射带动作用最大的技术创新领域，是全球技术创新的竞争高地。与此同时，由于互联网的匿名性、交互性和流动性等特点，网上盗版侵权等行为屡禁不绝，在一定程度上阻碍了技术、文化等领域的创新发展。当前，在保护知识产权问题上各国已达成了广泛共识，网上知识产权保护就是其中的重要一环。应进一步加强与世界知识产权组织（WIPO）、世界主要知识产权大国在保护网上知识产权领域的交流合作，扩大在该领域的共识，进一步保护和鼓励技术创新。

从《个人信息保护法》看我国互联网基础资源相关的法律体系

（2021 年 8 月）

2021 年 8 月 20 日，《中华人民共和国个人信息保护法》（简称《个保法》）正式通过，成为我国首部专门针对个人信息保护的系统性、综合性法律，为我国数据治理和数字治理进一步夯实了法制基础。国际上，世界主要国家和地区的信息与数据监管成为互联网基础资源领域的热议话题，技术社群关注有关动态对其主营业务开展、合规与政府关系工作、技术政策制定的影响，《个保法》也将引起国际热议。本文从互联网基础资源和国际比较的视角，结合国内外关于个人信息保护、关键信息基础设施安全保护的监管趋势，评析《个保法》所开辟的我国个人信息保护体系。《个保法》的立法工作就具有国际化视角，最终版也强调和重视与国际衔接。

一、形成以《个保法》为基础的监管体系

（一）我国个人信息保护领域的基本法出台将指导建立健全该领域立法体系

国内关于对个人信息保护进行专门立法的呼声持续高涨，《民法典》中关于个人信息权益的确认和有关权利的规定激起国内外热议，《个保法》经过十多年的酝酿论证和多次审议最终成形。《个保法》的出台经历了三版审议稿，在三审稿的第一条新增了"根据宪法"的表述。法学专家周汉华指出，这间接地回应了此前关于"个保法是民法的特别法"的评价，有非常重大的意义，表明本法的立法依据是我国宪法规定的"公民的人格尊严与自由不受侵犯"。本法是个人信息保护领域的基本法，如果出现和其他个人信息保护相关法律规定冲突的情况，应该优先适用本法。

基于《个保法》，国家将继续出台法规、细则、标准，不断建立健全个人信

息保护的法规体系。总则规定，国家推动形成政府、企业、相关社会组织、公众共同参与个人信息保护的良好环境。对于存在风险或问题的境外个人信息接收方，国家网信部门将出台出境限制或禁止清单。

（二）将形成一批第三方专业机构

本法提出诸多程序要求，有关的具体操作都需要国家网信部门统筹制定标准与方法。一是平台将个人信息传输到境外时，要求具备一定的"资质证明"，包括通过国家网信部门的安全评估、得到专业机构认证、采用国家网信部门的标准合同与境外接收方订立合同等。二是国家网信部门将针对小型个人信息处理者、处理敏感个人信息以及人脸识别、人工智能等新技术、新应用，制定专门的个人信息保护规则、标准。三是个人信息处理者应当定期对其个人信息保护情况进行合规审计，对于可能存在风险和违规情况的信息处理者，网信部门可以要求其委托专业机构进行合规审计，这有助于推动个人信息保护监督工作专业化。

（三）重视国际规则，将有更多国际衔接

本法总则要求，国家积极参与个人信息保护国际规则的制定。在跨境方面，本法规定可以按照我国缔结或参加的国际条约执行。此外，对于前述的标准制定工作，本法也提出，网信部门应推动国际标准互认。

根据全国人大常委会法制工作委员会刘俊臣所作的立法说明，此次法案的起草工作的原则之一就是"坚持立足国情与借鉴国际经验相结合"。从20世纪70年代开始，经济合作与发展组织、亚太经济合作组织和欧盟等先后出台了个人信息保护的相关准则、指导原则和法规，有140多个国家和地区制定了个人信息保护方面的法律。本法的立法过程借鉴了有关国际组织和国家、地区的有益做法，以建立健全适应我国个人信息保护和数字经济发展需要的法律制度。

二、确立"知情-同意"核心规则，全流程保护个人权利

（一）确立"知情-同意"核心规则

《个保法》紧紧围绕规范个人信息处理活动、保障个人信息权益，构建了以"知情-同意"为核心的个人信息处理规则。这与欧盟的《通用数据保护条例》

（GDPR）和美国加州的两部关于个人信息权利的法案相近。这意味着，当原有的个人信息授权条件发生改变时，个人信息处理者处理个人信息将不再合法，处理者如果继续处理个人信息，应重新进行有效的"告知"，获得专门的"同意"，方能开展有关活动。

（二）要求个人信息处理者积极作为，全过程、各环节保护个人权利

本法明确提出，在原有的个人信息授权条件发生改变时，个人信息处理者应当主动删除个人信息，例如信息处理目的已经达成、委托处理合同不再有效等情况，除非重新获得有效的同意。

在信息处理环节，对于两个以上个人信息处理者的情况，如果侵权造成损害，要负连带责任，委托处理个人信息的要对受托人的处理活动进行监督，受托人不得擅自转委托他人处理个人信息，个人信息处理者因分立、合并等原因需要转移个人信息的，应当向个人告知接收方的名称或者姓名和联系方式。

三、关键平台和大平台须专岗专人负责，主动接受专业审计和社会监督

（一）公共事务组织适用本法对国家机关的规定

具有管理公共事务职能的组织履行法定职责处理个人信息，适用本法关于国家机关处理个人信息的规定，包括遵循必需限度、依法履行告知义务、应当境内存储等。

全国人大常委会法制工作委员会杨合庆指出，近年来，一些个人信息泄露事件反映出有些国家机关存在个人信息保护意识不强、处理流程不规范、安全保护措施不到位等问题。公共事务职能部门和组织处理大量的个人信息，应当对保护个人信息权益、保障个人信息安全负相应的责任。

（二）主动进行合规审计，大平台和重要平台须专岗专人负责，接受社会监督

考虑到个人信息处理者"社会责任与社会影响力相适应"的问题，本法针对处理信息规模和业务影响两个角度设计了义务"梯度"，随着平台规模和影响扩大，个人信息处理者的义务逐级累加。

第一级，对平台规定了普遍义务，要求平台将外部法规要求等内化为内

部制度和操作流程、进行信息分类管理、采取加密等安全技术措施、定期开展合规审计等。

第二级，在"量"的方面，对于"处理个人信息达到国家网信部门规定数量的个人信息处理者"，要求指定"个人信息保护负责人"，要求其公开个人信息保护负责人的联系方式并报送主管部门。在"质"的方面，对于敏感信息的处理者和对个人权益有较大影响的处理者，如处理敏感个人信息、利用个人信息进行自动化决策等的平台，要求其进行"个人信息保护影响评估"，评估报告和处理情况记录应当至少保存三年。此外，重视特殊平台的特殊社会责任，例如，对不满十四周岁的未成年人的信息要专门处理，处理者应当制定专门的处理方法，而且必须给用户提示风险情况。

第三级，对于"提供重要互联网平台服务、用户数量巨大、业务类型复杂的个人信息处理者"，即通常所称的"大平台""巨头""守门人"等，本法要求其成立主要由外部成员组成的独立机构，对个人信息保护情况进行监督，强调其平台规则应"公开、公平、公正"，并定期发布个人信息保护社会责任报告。

对于互联网基础资源平台，其内部负责"个人信息保护"和负责"关键信息基础设施安全"两方面工作的人员将出现重叠。本法规定，"处理个人信息达到国家网信部门规定数量的个人信息处理者"应当指定个人信息保护负责人，负责对个人信息处理活动及采取的保护措施等进行监督。近期通过的《关键信息基础设施安全保护条例》同样要求"专岗专人"，要求设置专门安全管理机构具体负责本单位的关键信息基础设施安全保护工作，同时，"履行个人信息和数据安全保护责任、建立健全个人信息和数据安全保护制度"也属于其职责范围。

（三）保证个人信息质量是《个保法》的要求，也是国际监管趋势

处理个人信息应当保证个人信息的质量，这是面向所有个人信息处理者提出的，具有普遍适用性。结合国际趋势，互联网基础资源领域将受到较大影响。我国的《关键信息基础设施安全保护条例》同样规定，关键信息基础设施运营者应维护数据的完整性、保密性和可用性。在国际上有关互联网基础资源的法规中，欧盟正在审议的《关于在欧盟全境实现高度统一网络安全措施的指令（草案）》（NIS2）首次提出，互联网域名服务机构有义务保证域名注册数据准确。这一要求主要是确保互联网域名注册情况可追溯，存在一定的开展公共监督、便利司法执法的考虑，对网络域名服务提供者施加了责

任，引起了技术社群的关注。

（四）关键平台和大平台的个人信息以境内存储为原则、出境为例外

针对个人信息跨境提供的问题，《个保法》对平台安全资质提出了要求，包括通过国家网信部门的安全评估、得到专业机构认证、采用国家网信部门的标准合同与境外接收方订立合同等。同时，依据平台业务特性进行了区分规定：普通处理者应告知个人跨境提供信息的情况并取得单独同意；关键信息基础设施运营者和处理个人信息达到国家网信部门规定数量的个人信息处理者，其在境内收集和产生的个人信息应进行本地化存储，确需出境的应通过国家网信部门的安全评估。

本法与《数据安全法》《网络安全法》的有关内容相衔接。《数据安全法》和《网络安全法》规定，关键信息基础设施的运营者在境内收集和产生的重要数据的出境安全管理，适用《网络安全法》规定，关键信息基础设施的运营者在境内运营中收集和产生的个人信息和重要数据应当在境内存储，因业务需要，确需向境外提供的，应当按照国家网信部门会同国务院有关部门制定的办法进行安全评估。①

在处理信息跨境的问题上，我国的立法在国际上属于较为严格的。欧盟的数据"基本法"GDPR 的出发点是保障公民的基本权利，NIS2 中关于信息安全的要求亦最终落脚于社会民生。我国对数据的治理呈现出突出的"安全"特色。自 2014 年总体国家安全观提出以来，中央政法委强调要把大数据安全作为贯彻总体国家安全观的基础性工程，《网络安全法》《数据安全法》《关键信息基础设施安全保护条例》等陆续出台，不断强化网络安全和数据主权的主张，强调信息数据跨境应以安全为前提。《个保法》关于个人信息跨境的要求与总体国家安全观和有关法律关于国家安全和主权的要求一脉相承。

四、责任追究精细化，倾向照顾个人利益

《个保法》根据个人信息处理的不同情况，对违法处理个人信息的行为设置了不同梯次的行政处罚措施。对未造成严重后果的轻微或一般违法行为，可由执法部门责令改正、给予警告、没收违法所得，对拒不改正的可处以一百万元以下的罚款；对情节严重的违法行为，可处以五千万元以下或上一年度营业额百分之五以下的罚款，并可以对相关责任人员作出相关从业禁止的处罚。同时，

---

① 参见《中华人民共和国数据安全法》第三十一条和《中华人民共和国网络安全法》第三十七条。

《个保法》还专门规定，对违法处理个人信息的应用程序，可以责令暂停或终止提供服务。

在责任追究部分，本法照顾个人利益，防范出现个人与企业"单打独斗"的情况，这与国际趋势相符。一是归责原则采用过错推定原则。处理个人信息侵害个人信息权益造成损害，个人信息处理者不能证明自己没有过错的，应当承担损害赔偿等侵权责任。欧盟 GDPR 和美国加州也采用过错推定原则。二是为个人信息保护相关的集体诉讼提供法律依据。本法规定，个人信息处理者侵害众多个人的权益的，法律规定的消费者组织可以提起诉讼，此外，还可以由国家网信部门确定的组织依法向人民法院提起诉讼。个人信息和数据处理者或将面临越来越"强势"的个人信息主体和民间组织。此外，一些惩罚措施体现出落实到负责人的思路，例如，违法行为情节严重的，可以禁止其在一定期限内担任相关企业的董事、监事、高级管理人员和个人信息保护负责人。

提升我国数据治理水平，促进跨境数据
高效流动

（2020 年 11 月）

随着数据与人类生产生活的紧密融合，数据治理的重要性愈发凸显。数据的高效利用和数据安全、个人隐私之间如何平衡，已经成为全球关心的议题。世界各国纷纷出台数据治理相关的法律法规，这使得数据跨境的制度成本不断提高，限制了其作为经济增长动能的潜力，因此，跨境数据流动成为构建全球数据治理规则体系的关键问题之一。作为世界第二大数字经济体，我国理应在数据治理领域下大力气，在全球数据治理规则体系中扮演更重要的角色。

一、提升我全球数据治理话语权，首先要加强国内数据治理体系的建设

一要不断完善国内数据治理法律法规体系，为跨境数据治理提供有力抓手。要区分跨境数据高效流动和跨境数据自由流动。数据应在得到有效保护、保障安全的前提下流动。目前，我国国内的数据治理体系建设已经取得了一定进展，尤其是数据治理法律法规体系的建设已有初步成果。《儿童个人信息网络保护规定》已正式施行，《个人信息保护法》《数据安全法》即将出台，我国国内的数据保护水平将得到有效提升。相关法律法规对数据出境作了相关规定，为跨境数据治理提供了依据。相关法律法规体系的建立将为我国企业"走出去"参与国际竞争提供政策支撑，为外资"引进来"以服务消费者提供政策引导，还便于我们参与制定全球数据治理规则，以形成和平、安全、开放、合作、有序为核心的数据治理体系。

二要提高监督执法与国际合作效率，考虑设立专门的数据安全和个人信息保护机构。《个人信息保护法》（草案）、《数据安全法》（草案）等规定的个人信息安全评估、个人信息保护认证、数据安全风险评估，以及政府部门个人信息

保护措施的监督，均需要由专业机构来实施。相关工作需要较高的技术手段，需要配备专门的人才和设备。成立独立、专业的个人信息保护机构，有助于规定的监管措施落到实处。同时，欧盟、日本、墨西哥、新加坡、英国等均设立了专门的数据保护机构，成立类似机构可便于与国际同类机构开展交流，加快形成双边、多边跨境数据流动机制。

二、统筹国家安全和数据领域发展，构建符合自身需求的跨境数据治理之路

一是应结合实际，走出一条符合具有中国特色的跨境数据治理之路。我国的数字产业已经日臻成熟，出现了诸多具有竞争力的数字产品，全球化发展的势头正盛，对高效的跨境数据流动有着强烈的需求。在数据安全方面，在地缘政治向网络空间快速渗透的今天，数据安全和国家安全紧密相关，随着全球地缘政治格局的变化导致的国家安全压力凸显，我国的数据安全压力将长期存在。因此，我国的跨境数据治理须在欧盟式的以个人数据保护为核心的监管和美国式的以促进数据自由流动为目的的立法之间做好平衡。因此，要加强跨境数据治理研究，找出一条具有中国特色的跨境数据治理之路，在数据本地化和跨境数据高效流动、创新与治理、发展和安全等多个维度上取得平衡。

二是应在个人信息、公共安全、国际合作三个领域做好跨境数据治理体系建设。在个人信息方面，应加快出台个人信息跨境流动规则体系和相关的法律法规，适时成立专门的个人信息保护机构，统筹网上个人数据和实体个人信息的保护；在公共安全方面，应做好数据分级分类，加快落实数据出境风险评估，为一般数据的跨境流动提供最大的法律确定性和自由度，同时建立国际数字执法协作机制；在国际合作方面，可推动数据跨境双边或多边谈判，或将数据治理纳入现有谈判中，在自贸区、自贸港探索建立跨境数据流动示范区以寻求优秀实践案例，为平台企业出海提供切实保障，将我们的标准和实践带出去。

三、推动形成全球数据治理规则，抢占未来发展先机

我们应该看到，美欧已经在跨境数据治理领域先行一步。近年来，美欧在数据治理领域由于各自独特的数据产业发展水平、市场环境和地缘政治利益，形成了不同的跨境数据治理模式，由此带来的法律规制上的竞争与博弈也与日俱增。美国倡导数据自由流动，依靠其技术和产业优势，抢占世界数据市场。欧盟则采取"内松外严"的策略，对内推动"数字单一市场"，在成员国之间实现数据自由流动，对外严格管控数据跨境，试图构建法规屏障，以此促进本地

数字产业的发展。

我们应以提出《全球数据安全倡议》为契机，推动形成具有中国特色的数据治理全球规则。当前，面临百年未有之大变局，个人信息保护成为国际贸易壁垒和地缘政治博弈的工具。一些国家违背自由市场原则和公平竞争规则，肆意以个人信息保护和国家安全为借口打压我国企业。我国提出的《全球数据安全倡议》对此进行了有力回应，为制定数据安全全球规则提供了蓝本。我们要用好这一契机，将相关主张进一步落到实处，将数据治理纳入双边、多边谈判中，形成数据安全相关认证机制，探索促进数据安全跨境、高效流动的具体措施。

未来，数据将向数据治理水平更高的市场汇聚。随着各国数据保护立法日臻完善，在数据跨境保护标准对等的要求下，数据保护水平更高、数据保护能力更强的市场将形成比较优势，数据势必将从保护程度低的市场向保护程度高的市场流动。由于规模效应，数据存量更大的市场的数据使用效率也更高，最终将形成数据汇聚的"马太效应"。

《中共中央关于制定国民经济和社会发展第十四个五年规划和二〇三五年远景目标的建议》指出，要"建立数据资源产权、交易流通、跨境传输和安全保护等基础制度和标准规范，推动数据资源开发利用"。我们应牢牢抓住发展机遇，在保护好国家安全和消费者利益的基础上，不断完善数据治理体系，最大程度地释放数据的价值。

签署 RCEP，推进数字贸易

（2020 年 12 月）

第四次区域全面经济伙伴关系协定领导人会议于 2020 年 11 月 15 日举行，东盟十国及中国、日本、韩国、澳大利亚、新西兰 15 个国家，正式签署《区域全面经济伙伴关系协定》（RCEP）。截至 2018 年，该协定的 15 个成员国涵盖全球约 23 亿人口，占全球总人口的 30%，GDP 总和超过 25 万亿美元。RCEP 的签署标志着全球规模最大的自由贸易协定正式达成。RCEP 将在至少 6 个东盟成员国和 3 个东盟自由贸易协定伙伴交存批准书、接受书或核准书后正式生效。下一步，各方将致力于履行各自国内的核准程序，推动协定早日生效实施。

一、基于多年经贸基础，圈出亚太最大共识圈，推动亚太地区经贸一体化

RCEP 的签署历时多年，这是由于多方谈判的难度客观存在，但同时，多年来区域内经贸规模的扩大为协议的签署也奠定了坚实的基础。中国和东盟的人口数量分别为 14 亿和 6 亿，是全球极具增长潜力的两大市场。2020 年前三季度，在美国制裁、疫情冲击的环境下，我国同东盟国家直接贸易和转口贸易的联系更加紧密，东盟首次取代欧盟成为我国第一大贸易伙伴。我国与其他 RCEP 成员的贸易总额达 10550 亿美元，约占我国对外贸易总额的三分之一。2020 年，全球主要经济体中只有我国实现经济正增长。我国强调和坚持多边主义，我国的经济韧性和治理能力有目共睹。RCEP 正是在这样的基础上，进一步以官方正式文本的形式固定了下来，为推动区域多边贸易实现更高水平的发展提供了法律依据。

商务部有关负责人表示，RCEP 的签署是东亚区域经济一体化新的里程碑。商务部引述国际智库的测算结果表示，到 2025 年，RCEP 有望带动成员国出口、对外投资存量、GDP 分别比基线多增长 10.4%、2.6%、1.8%，到 2030 年，有

望带动成员国出口净增 5190 亿美元，国民收入净增加 1860 亿美元。中国国际问题研究院常务副院长阮宗泽认为，RCEP 的达成为亚太自贸区（FTAAP）进程提供了实现路径，将进一步提升亚太地区今后在全球发展格局中的分量。对外经济贸易大学教授崔凡表示，中国将在 RCEP 的基础上加快推进中日韩自贸协定谈判、中欧投资协定谈判和其他多个自贸谈判。

二、聚焦破除贸易壁垒，刺激新经济领域的发展

在涉及的领域方面，与全球其他的自由贸易协定相比，RCEP 拥有更强的包容性，涵盖传统的货物贸易、争端解决、服务贸易、投资等议题的全面市场准入承诺，以及知识产权、数字贸易、金融、电信等新议题，RCEP 成员国将在协议领域逐步降低贸易壁垒。

在规则方面，RCEP 的服务贸易承诺水平显著高于原有的"10+1"自贸协定。在投资领域，RCEP 采用负面清单模式作出了市场开放承诺，纳入了较高水平的贸易便利化、知识产权、电子商务、竞争政策、政府采购等内容。

（一）零关税范围扩大，首次以负面清单形式对投资领域进行承诺

商务部国际司指出，中方服务贸易开放承诺达到了已有自贸协定的最高水平，在我国入世承诺的约 100 个部门的基础上，承诺服务部门新增了研发、管理咨询、制造业相关服务、空运等 22 个部门，并提高了金融、法律、建筑、海运等 37 个部门的承诺水平。其他 RCEP 成员国在建筑、医疗、房地产、金融、运输等服务领域作出了高水平的开放承诺。

在货物贸易方面，RCEP 的 15 方之间采用双边两两出价的方式对货物贸易自由化作出安排。RCEP 生效后，区域内 90% 以上的货物贸易将最终实现零关税，且主要采取立刻降税到零和 10 年内降税到零两种方式，这使 RCEP 自贸区有望在较短时间内兑现所有的货物贸易自由化承诺。

在服务贸易方面，RCEP 成员国至少有 65% 的服务行业将完全开放，并提高外资持股比例，包括电信服务、金融服务、计算机及相关服务、分销和物流服务。同时，通过采用"负面清单"方式确保法规和措施的透明度，使企业投资具有更大的确定性。日本、韩国、澳大利亚、新加坡、文莱、马来西亚、印尼 7 个成员国采用负面清单方式承诺；我国等其余 8 个成员国采用正面清单方式承诺，并将于 RCEP 生效后 6 年内转化为负面清单。

可以预见，随着原产地规则、海关程序、检验检疫、技术标准等统一规则的落地，取消关税和非关税壁垒效应的叠加将逐步释放 RCEP 的贸易创造效应，

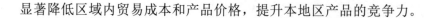

显著降低区域内贸易成本和产品价格，提升本地区产品的竞争力。

（二）对金融、电信、知识产权作出更全面和高水平的承诺

在服务贸易章节，RCEP 设立了金融服务、电信服务和专业服务三个附件，对金融、电信等领域作出了更全面和高水平的承诺，对专业资质互认作出了合作安排。

在电子商务方面，RCEP 增强了在线消费者保护、网上个人信息保护、透明度、无纸化交易、跨境数据流、接受电子签名等方面的作用，为企业提供更便利的数字贸易环境，并为相关企业进入成员国市场提供了更大的机会。

在知识产权方面，RCEP 将提高所有成员国知识产权保护和实施的标准，其中约定了对非传统商标（例如声音标记和工业品外观设计等）进行保护。成员国公司能够提交指定多个国家或地区的单一专利或商标申请，而不必在每个国家提交单独的申请，从而节省成本和时间。

RCEP 首次引入了新金融服务、自律组织、金融信息转移和处理等相关的规则，就金融监管透明度作出了高水平承诺，在预留监管空间以维护金融体系稳定、防范金融风险的前提下，为各方金融服务提供者创造了更加公平、开放、稳定和透明的竞争环境。商务部国际司指出，金融服务附件代表了我国金融领域的最高承诺水平。这些规则将不仅有助于我国金融企业更好地拓展海外市场，还将吸引更多境外金融机构来华经营，为国内金融市场注入活力。

电信附件制定了一套与电信服务贸易相关的规则框架。在现有的"10+1"协定电信附件基础上，RCEP 还包括了监管方法、国际海底电缆系统、网络元素非捆绑、电杆、管线和管网的接入、国际移动漫游、技术选择的灵活性等相关的规则。这将推动区域内信息通信产业的协同发展，带动区域投资和发展重心向技术前沿领域转移，促进区域内产业融合创新，推动产业链价值链的提升和重构。

三、国际影响：客观上扩大了我国经济的对外辐射力

RCEP 对世界经济贸易的意义和影响无疑是深远的。在全球疫情肆虐的背景下，世界经济发展停滞、国际贸易投资萎缩、保护主义单边主义加剧，RCEP 的签署提振了国际多边主义的士气。协定文本充分考虑了域内的发展水平差异与国情差异，在消费者保护、金融服务、电子商务、数据跨境等方面，不仅尊重缔约国主权的合理要求，也针对具体情况作出了例外的安排，并约定了开展技术援助和实施能力建设项目。其对于平衡发展中市场"保育"与发达市场"开

拓"的努力，可以说具有突出的"亚太特色"。

对我国而言，RCEP自贸区的建成将为我国在新时期构建开放型经济新体制，形成以国内大循环为主体、国内国际双循环相互促进的新发展格局提供有力支持。我国目前的经济体量约占RCEP自贸区的一半，在RCEP框架下可能进一步加强对区域和全球经贸的带动作用，也可以与"一带一路""泛亚高铁经济圈""海南自贸港"等倡议和设想结合，综合提高我国对东南亚、南海地区经济的辐射力度和开放水平。

从地区经贸整体发展的角度来看，原本并没有自贸协定的中日、日韩之间也建立起新的自贸伙伴关系，区域内的自由贸易程度进一步提升。其中，与日本签署自贸协定，是我国首次与世界前十的经济体签署自贸协定。中日韩三国存在互补空间，产业链高度融合，打造自贸区可以实现多方共赢，形成东亚高活力经贸圈，并进一步为未来建立亚太自贸区奠定基础。

就全球影响力来说，此次签署RCEP的15个成员国的总人口数、经济体量、贸易总额均占全球总量的约30%，这意味着约占全球经济体量三分之一的区域形成一体化大市场，且货物贸易中零关税产品数占比超过90%。尽管印度退出了谈判进程，但是RCEP成员国表达了希望印度加入RCEP的强烈意愿，并承诺RCEP在生效后仍对印度保持开放。阮宗泽称这份协议"关键且及时"，"宣告了多边主义和自由贸易的胜利，将有力提振各方对经济增长的信心"。商务部副部长兼国际贸易谈判副代表王受文指出："协定的签署只是一个起点，RCEP为本地区提供了一个平台，各方可在此基础上进一步合作，实现贸易投资更高水平的自由化便利化。"

四、国内影响：促进国内市场更高水平的开放，从市场竞争、政策、监管、司法等多角度影响一般企业

对我国而言，RCEP将促进国内市场更高水平的开放，直接体现在促进区域产业链、供应链和价值链的融合，以及对自然人移动、市场竞争、标准制定等方面的禁止要求作出限制，即原则上应促进资金、人员、货物在区域内自由流动。

市场国际化程度的提高将刺激产业价值链更新，整体上将有利于国家经济向价值链上游迭代升级，并将便利和丰富国内消费选择。RCEP域内资本要素、技术要素、劳动力要素齐全，成员国间货物、服务、投资等领域市场准入标准进一步放宽，原产地规则、海关程序、检验检疫标准、技术标准等逐步统一，这将促进域内经济要素自由流动和融合发展。同时，RCEP的签署及与之相伴

的我国市场机制的开放，会将越来越多的普通市场主体推向国际角力场。我国政府坚定履行市场开放的承诺，近两年已经推进到金融和市场机制的"深水区"。金融市场双向开放提速，国家金融监管部门陆续出台一系列放宽外资金融机构市场准入的政策措施和制度安排，境外金融机构加速布局中国内地市场。国内普通企业将更大面积地接触区域内发达经济体的企业和境外消费者，即使不从事跨境业务，也会面临更多的境外资本、技术、产品的冲击。

从国内参与谈判的部门来看，RCEP 的内容涉及的领域众多，这意味着国内的市场主体将受到产业政策、市场监管、司法裁量等多个角度的纵深影响。根据 RCEP 谈判期间的公告，我国有多个部委参与谈判。商务部率团，国家发展改革委、工业和信息化部、财政部、农业农村部、海关总署和国家市场监管总局等部门参与，这反映出 RCEP 影响的经济环节不局限于"跨境"，还将通过决策部门间的横向互通作用到各垂直领域。

此外，根据我国法律，在商事领域，除了知识产权有关的内容，我国加入的国际条约直接并且优先适用于国内法律。成为 RCEP 成员国意味着 RCEP 中除知识产权以外的其他内容将直接被国内司法裁量所吸纳，从而作用于国内一般企业。